U0937982

21世纪高校心理学教材

心理与教育统计（第二版）

⊙温忠麟 著

广东高等教育出版社·广州

图书在版编目（CIP）数据

心理与教育统计/温忠麟著. —2 版. —广州：广东高等教育出版社，2016.1（2024.8 重印）
（21 世纪高校心理学教材）
ISBN 978－7－5361－5428－5

Ⅰ.①心… Ⅱ.①温… Ⅲ.①心理统计 ②教育统计 Ⅳ.①B841.2 ②G40－051

中国版本图书馆 CIP 数据核字（2015）第 219221 号

广东高等教育出版社出版发行
（地址：广州市天河区林和西横路　邮编：510500）
佛山浩文彩色印刷有限公司印刷
开本：787 mm×960 mm　1/16　印张：22.75　字数：345 千字
2006 年 9 月第 1 版　2016 年 4 月第 2 版
2024 年第 2 版第 3 次印刷，累计第 5 次印刷
定价：43.00 元

本书所用例子的数据可到本社网址
www.gdgjs.com.cn/down 下载

21 世纪高校心理学教材

编　委　会

总　　序

由于社会的迫切需要，最近十余年我国心理学专业的学生和从业人员数量急剧增长，专门的心理学系和研究机构也从 20 世纪 80 年代末的十余个（所）发展到当前的百余个（所），不论在政治、经济、文化、教育、体育、管理、健康服务、社区服务、危机处理等领域，还是在学校、企业、医院、行政、司法、军队等部门，都发挥着巨大的功能，放射出耀眼的光芒。而从学科内部来看，当前不论国外还是国内的心理学研究均在迅速发展，各种新的理论和思想此起彼伏，各种新的研究、技术和方法不断涌现，使心理学各个领域在宏观的行为层面以及微观的脑基础层面都取得了丰富的新成果与长足进步，从而使心理学的面貌发生了极大的改变。

因此，为了反映当前国内外心理学各个领域的变化与发展，进一步深化高等院校心理学教学改革，加强心理学专业学生的理论素养以及能更好地培养适应新时期社会需要的实用技能与能力，促进我国心理学学科的进一步发展和建设，我们组织国内外心理学各领域有影响的专家、学者编写了这套反映当前心理学科发展和成果的“21 世纪高校心理学教材”，其中包括《普通心理学》、《实验心理学》、《认知心理学》、《心理与教育统计》、《心理与教育测量》、《教育心理学》、《发展心理学》、《社会心理学》、《管理心理学》、《心理咨询与治疗》、《人格心理学》、《认知神经科学》、《西方心理学理论与流派》、《心理科学研究方法》14 部。

我们在编写本套教材时力图体现以下四个特色：

第一，科学性与实用性的结合。一方面，在内容的选择上，既确保知识的科学性、正确性，注重科学研究、科学数据对心理现象的说明作用，强调理性对感性的超越，同时，也注重科学原理对日常经验、生活事实的解释作用，体现教材内容对“活生生”社会、生活实际的实用性。另一方面，在材料的组织上，注意处理好学科科学性和教材科学性的关系，既强调学科体系的科学性、系统性、完整性，同时也从有利于学生学习的角度出发，注重学科的基本结构，注意把握学科体系与教材体系的关系，突出有利于学生学习与掌握的实用性。

第二，前沿性与经典性的结合。虽然科学的心理学从冯特、詹姆斯等人到现在也不过只有一百二十余年的历史，但在这短短的一百二十余年中，心理学家们已从事过数不胜数的研究，获得了无法计量的数据和结果，生产了无法遍读的宏论或微言。因此，作为主要面向大学生的教材，我们需要，也只能在科学性、系统性的原则指导下，突出各领域的经典性研究、经典性方法与核心概念和原理，用经典或权威的研究、数据阐述学者们的核心思想与代表性研究。而由于最近十余年心理学界的研究和思想都正在和已经发生了巨大的变化，因此，本套教材在继承历史的基础上，更希望面向现在和未来，强调尽可能多地吸收和反映当前各学科领域的最新成果和进展，力图做到前沿与经典、历史与现在甚至未来相结合。

第三，国际化与本土化的结合。科学的心理学起源于欧洲，成长和壮大于北美，直到今天，欧美心理学仍在当今国际心理学界占据着主导地位。但中国国内外的华人心理学工作者在过去的近百年中，也在学习和借鉴西方心理学研究成果的基础上探索着自己的生存和发展之路，取得了不少重要和有影响的成果，尤其最近十余年，随着我国社会、民众对心理学的需要和重视，中国以及华人心理学工作者更是取得了不少令国际同仁刮目相看的新成就。因此，本套教材一方面注重较全面反映国际心理学各领域研究和发展的轨迹、前沿，同时也尽可能结合中国（华人）心理学界的研究与成果，注意反映中国及华人社会特有的心理现象与特点。

第四，学术性与易读性的结合。作为主要面向21世纪新时代大学生的教材，在编写过程中，我们既注重专业教材的学术性和科学性，同时也尽量顾及当代人学习和阅读的心理特点，不论在内容编选还是在写作风格、编排体例上，均强调教材的易读性、生动性和形象性，力图做到学术性与易读性的结合，希望使这套教材能成为一套教师认为好用、学生认为好学的专业教材。

本套教材作者来自国内外二十余所大学知名的心理学系或研究机构。各书的主编或著者大多是国内相关领域较有影响的专家和学者，在各自的领域从事过相当长时间的研究和高校教学工作，不少人先前编写的相应教材都是国内最有影响的教材，而其他作者也大多都在各自相应领域学有精专、有着相当丰富的高校教材编写经验。因此，我们期盼，在大家的精诚合作与努力下，这套教材将能以其独特、新颖的个性被社会悦纳，为我国心理学人才的培养和心理学事业的发展做出一定的贡献。

21世纪高校心理学教材编委会

2004年8月

内容提要

本书介绍了当今心理和教育研究中主要的统计方法，内容包括：描述统计（样本的数字特征和统计图表），概率基本知识，随机变量及其分布，参数点估计和区间估计，参数假设检验、分布检验、变量独立性检验，效应量和检验力，各种变量的相关分析，测量信度，一元和多元回归分析，单因素、两因素方差分析和重复测量实验设计的方差分析，基于项目的方差分析，一元和多元 Logistic 回归分析，因子分析和主成分分析。着重讨论了统计思想和统计原理、应用实例、SPSS for Window 操作方法、结果解释和表述。附有 SPSS for Windows 操作入门知识和中文 Excel 统计分析与操作。

本书适合心理学、教育学和其他社会科学各专业的本科生和研究生作为教材使用，也可供心理或教育研究人员和其他领域的统计工作者参考。

第二版
前言

本书第二版主要做了如下修订：

1. 在第七章增加了 SPSS 中检验方差齐性的 Levene 检验的介绍，并在第十章给出了 Levene 检验的原理。

2. 在第七章新增一节讨论效应量与检验力，内容包括效应量的概念，差异分析中常见的效应量，如何结合效应量和显著性结果做出统计结论，差异分析中检验力的近似计算，以及检验力与效应量、样本容量、显著性水平（α）的关系。

3. 在第八章的“测验信度”一节，增加了 α 系数的新近研究结果，说明应当如何报告 α 系数。

4. 在第九章的“多元回归分析”中，在介绍偏相关之后，增加了部分相关及其与 R^2 的变化的关系。

5. 第十章增加了方差分析的效应量和检验力的内容，还增加了一节讨论基于项目的方差分析。

6. 第十二章增加了一节，介绍如何用 SPSS 计算主成分。

此外，全书各章都有少许修订或修正。

温忠麟

2016 年 3 月 1 日

第一版 前言

诸多的心理、教育或社会统计教科书，无论是中文还是英文版本，大致可分为两类。一类是传统的以使用公式手算（包括使用计算器）为基本平台编写，优点是理论性比较强，讲解细致，适合传统教学和考试。但内容选取受到数值计算和结果展示的限制，不少篇幅用来推导统计公式的变换简化，或者对容易计算的特殊情形不厌其烦地一一介绍，而实际应用中一些非常有用的内容，则因计算工具的限制而忽略，统计方法的涵盖面过窄。虽然有的修订版增加了统计软件的使用，但内容体系和结构框架并没有根本改变。另一类是新近以统计软件为平台编写的，但侧重点往往放在软件的操作方面，统计理论比较薄弱，对统计背景的介绍和结果的解释过于粗略。

本书以统计软件 SPSS 为平台，以统计方法为主线，将统计理论和统计软件有机地结合在一起，方便读者学以致用。前面用了 6 章的篇幅讨论了统计的基本概念、样本的数字特征和统计图表、概率基本知识、随机变量及其分布等。后面 6 章在介绍统计量及其分布、参数估计和假设检验的基本知识后，根据不同变量类型之间的关系论述统计方法：回归分析（自变量和因变量都是连续变量）、方差分析（自变量是类别变量，因变量是连续变量）、Logistic 回归（自变量是连续变量，因变量是类别变量）和因子分析（自变量是潜变量，因变量是显变量）。

作为统计教材，既要有应用的功能，也要有应考（研究生考试）的功能，本书尽可能兼顾了这两种功能：

1．理论上侧重统计思想、原理和方法，不拘泥于数学证明。涉及的数学式子主要是为了建立统计模型，说明统计量的意义，揭示统计知识之间的联系。但有些可能在考试中需要的公式，还是做了推演，或者在正文中出现，或者在习题中作为练习。

2．不为计算上的考虑讨论特殊情形的处理。例如，关于总体均值的显著性检验，不分大样本、小样本，不分已知方差、未知方差，全部采用 t 检验。这样做不仅内容简洁，易于学习和使用，而且更切合实际情况。在应用中，已知方差的情形可以说是没有的。至于大样本的 Z 检验，不过是为了简单起见，作为 t 检验的近似而已。但是，为了概括检验的统计原理和满足考试的需要，对各种特殊情形做了总结并列出了检验统计量的公式。

3. 强调了统计结果的解释和表述。对每种统计方法，都有例子说明在写作论文或调查报告时应当如何报告统计结果，如何做出结论并给予解释。

4. 注重统计量之间、统计概念之间乃至统计方法之间的联系，尽可能集中、统一处理。例如将点二列相关系数归结为皮尔逊相关系数进行计算和检验，指出点二列相关系数显著性检验与相应的二分总体的均值差异显著性检验等价。

5. 介绍了许多在应用上有重要意义的统计量和统计方法，这些内容在基于手工计算的书中因计算量大而割舍。如回归分析中有关残差的检验，方差分析中各种多重比较方法，等等。

6. 由于统计软件的使用不需要传统的统计表，计算机统计结果本身就可以做出统计判决（估计和检验），本书给出了如何看计算机输出结果做出判决的详细说明。此外，本书也介绍了如何使用统计软件的函数功能产生统计表值。

7. 用案例方式给出 SPSS 操作步骤和结果解释。对于一种统计方法，原始数据如何编排、变量如何定义、主要有哪些操作，看一个例子就清楚了。同时，也在合适的地方注明如果要做其他分析应当如何操作。经验告诉我们，这种案例方式对软件学习和实际应用都非常有用。

8. 以 SPSS 为平台来建构统计内容框架，以统计方法为主线，兼顾 SPSS 功能。这是本书与 SPSS 使用手册或其同类书（以 SPSS 功能为主线）的主要差别。统计理论与软件功能既紧密联系，又相对独立。

9. 尽量使用统计的现代做法。例如，使用显著性概率进行检验，而传统上是使用临界值进行检验。在与传统做法出入较大时，都简单说明传统上是如何做的，以方便已有统计基础的读者做对照。

10. 本书的写作参考了多种优秀的中英文社科类统计教材和数理统计教材（见书末参考文献），博采众家之长。但本书不是译、编之作，从内容到文句，都有自己的特色。例题和习题全部都有心理或教育研究的实际背景，大多数都是本人新编的。

本书的例题、公式、图和表按章编号，前面数字表示章，后面数字是编号，全书引用都不会混淆。为方便读者使用 SPSS，与 SPSS 有关的概念给出了相应的英文。书末附有名词索引。

本书的写作得到华南师范大学副校长莫雷教授的关心和鼓励，得到了香港考试及评核局（Hong Kong Examinations and Assessment Authority）秘书长 Peter W. Hill 博士和研究发展部总监罗冠中博士的支持。广东高等教育出版社庞小娟女士为本书的出版付出了辛勤的劳动。香港中文大学教育学院博士生陈启山和华南师范大学教育科学学院研究生余洁玉协助修订了两个附录。在此一并向他们表示衷心的感谢。

虽然本书写作时力求概念、方法、表述和解释符合专业规范，但由于水平所限，本书难免有不妥甚至错误之处，恳请广大读者批评指正。

温忠麟

2006 年 1 月 28 日

目　录

引 言

统计学（statistics）是关于数据的收集、整理、描述和推断（以获得有关研究对象特征及规律）的一种方法论学科。当今社会，统计已经渗透到科研、生产和生活的许多领域。心理和教育统计，是将统计学的理论和方法用于解决心理研究或教育研究中的问题而发展起来的一门交叉学科。为了了解统计在心理和教育研究中的地位和作用，先看看心理和教育定量分析研究的整个过程。

心理和教育研究大致可以分为两大类：定性研究和定量研究。两者的区别主要在于研究方法和研究范式。定性研究主要是用文字来描述现象和叙述结果，目的是理解和解释现象，如心理分析主要采用定性研究。而定量研究采用比较科学的方法，通过收集数据和统计分析，借助数字和图表来呈现结果，目的是了解现象的数量特征或现象之间的关系，并做出解释或推断，如实验心理主要采用定量研究。

在选定了一个研究问题后，定量研究的主要步骤如下：

1．文献检索与文献综述

看看所要研究的问题前人是否做过研究或者研究的进展如何，有什么结论，必要时可以对研究问题进行微调或修改。

2．研究设计

研究设计的主要内容包括：选题依据；研究目标；研究内容；研究方法；研究步骤、进度；研究策略；预期成果；保证措施；等等。其中研究方法部分有可能需要统计知识的指导，可以借鉴文献中同类研究所用的方法。

3．前期研究

前期研究相当于正式研究的彩排，仅对少量的被试（被试通常是参与实验或被访问、调查的人）进行观测，看看被试是否理解指导语、研究程序能否依次进行并按时完成、测量工具是否合适等等。如果发现问题，要对研究设计进行修改。

4. 收集数据

收集数据就是正式接触被试，进行测验、调查或实验，获取有关变量在被试上的取值。

5. 数据登录和整理

将实验或调查得到的数据输入计算机。通常需要对数据进行整理，如将数据理顺、分类、排序；编写摘要、注释；编码、计数；数据转换。其中有些工作可能要在数据登录前进行。

6. 统计分析

根据所要研究的问题，用适当的统计方法对数据进行统计分析，通常要使用计算机统计软件来做。

7. 解释统计结果

统计结果（特别是运行统计软件所得到的结果）并不能直接回答所研究的问题。此时，需要对统计结果进行翻译、解释，才能对所研究的问题做出解答。

8. 呈现结果，得出结论

研究者自己能理解和解释统计结果是不够的，还要用一定的方式在论文或研究报告中呈现统计结果和研究结论，以便交流研究成果。

上述4～7步都属于统计的范畴，而其他步骤，即使没有直接应用统计知识，也离不开统计知识的指导。

由此可见，统计在心理和教育的定量研究中占有非常重要的地位，是定量研究的不可缺少的重要环节。统计的作用是通过收集、整理和分析数据，获得数据中隐含的信息，了解研究对象的数量特征、关系和规律性，对研究问题或现象做出合理的解释或推断。

经验告诉我们，没有统计软件的支持，统计知识往往停留在理论层面的阐述和少量数据的简单示范，难以真正应用到实践中。本书以SPSS为平台来编写，首次接触SPSS的读者最好先浏览一遍本书附录的SPSS入门知识。SPSS是Statistics Package for Social Sciences（社会科学统计软件包）的缩写，是社会科学研究人员首选的统计软件，也是目前世界上最流行的统计软件之一。SPSS兼有数据管理、统计分析、统计绘图和统计报表功能，广泛用于心理、教育、管理、市场、人口、保险等研究领域，也用于产品质量控制、人事档案管理和日常统计报表等。

本书在编排上以统计知识为主线，兼顾SPSS功能，把统计原理、应用实例、SPSS操作和结果解释有机地结合在一起。目的是让读者学以致用，让统计真正成为心理和教育研究的有力工具。

在本书的一般行文中，变量名和通常文献中的一样用斜体，有大小写之分，多个变量同名时用下标区分。但在SPSS中，变量名不分大小写，不用下标，一律用正体。在SPSS中定义变量时，不论输入大写还是小写，在数据窗口将显示小写，而在输出结果中则显示大写。如变量名，在SPSS中可分别输入“X1”和“X2”，或者“x1”和“x2”。在数据窗口显示小写“x1”和“x2”，在结果输出中则显示大写“X1”和“X2”。我们在例子中为SPSS准备数据时，或者直接看SPSS输出结果时，使用“X1”和“X2”；而引用结果时，还是使用变量名 X_1, X_2。可以在SPSS中使用中文作为变量名。

第一章
变量与数据

本章介绍统计的若干基本概念，包括总体、样本、样品、变量及其编码、变量类型和数据测量级别等。这些基本概念是学习和应用统计知识的起点。

第一节　被试与变量

一、总体与样本

研究对象的全体称为总体（population），组成总体的基本单元称为个体。总体包含的个体数目可以是有限的，称为有限总体；也可以是无限的，称为无限总体。即使是有限总体，通常也难以将总体中的个体逐一进行观测，而采用抽样观测，即从总体中抽出一部分个体进行观测。被抽到的个体称为样品（case），在心理和教育研究中，通常将样品称为被试（subject）。样品的全体称为样本（sample），样本所含的样品个数称为样本容量（sample size），通常用 n（或 N）表示。

用集合论的概念来说，总体是研究对象的全体组成的集合，个体是集合的元素。样本是总体的一个子集，其中的元素就是样品（如图 1－1 所示）。

例如，要研究一个城市的中学生体质状况，则该市全体中学生是一个总体。如果抽取该市 3 所中学共 905 个学生进行了体检，则这些参加体检的学生全体组成一个样本，样本容量是 905。

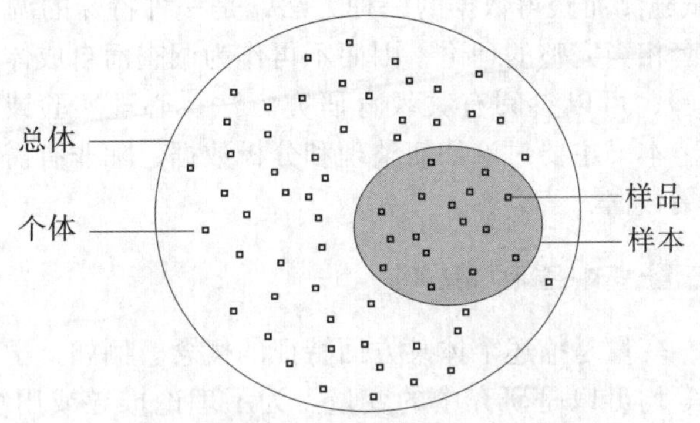

图 1-1　总体、个体、样本和样品示意图

二、变量

在一项研究中，研究者感兴趣的不是研究对象本身，而是与研究目的有关的变量。所谓变量（variable），是指研究对象的个体之间在性质和数量上可以变化并可以直接或间接测量的条件、现象或特征。例如，要研究学生的高考成绩，则语文、数学、英语成绩等都是要考虑的变量。又如，要研究一所大学的新生的视力状况，“视力”是肯定要考虑的变量，其他如学生的性别、年龄、所学专业等都是可能要考虑的变量。要考虑哪些变量，取决于研究目的。如要分析视力的性别差异，则要考虑“性别”这个变量；如要分析视力与学业成绩的关系，则要包含“学业成绩”这个变量。

对于一个变量，每一个个体都有一个确定的取值，称为变量值（value）。样本中所有样品（被试）的变量值全体称为样本数据（sample data）。收集数据，就是对所有样品（被试）观测记录其变量值的过程。

三、数据来源

在心理与教育研究中，主要通过调查（包括问卷、访谈和观察等）、实验或测验来收集数据。有时也将数据按其收集方法的不同分为调查数据、实验数据或测验数据。

调查（survey）是对研究对象自然产生的现象或客观存在的事实做观察、测量和记录。实验（experiment）是人为地控制、改变一些条件，观察、测量和记录研究对象在不同条件下的结果。实验数据的统计方法与实验设计方法有关，详见方差分析一章。测验（testing）是运用编制好的一组题目

（量表）对被试施测而获得数据的一种方法，是一种特殊的调查，但由于测验已经形成一套相当完整的理论，因而不再作为调查而自成体系。如何做调查、实验或测验，可以参阅有关教育研究方法、心理实验或心理（教育）测量的教科书。本书主要讨论如何整理和分析数据，除非有需要，一般不具体讨论如何收集数据。

四、变量命名和编码

许多时候，变量是描述个体某方面特征的概念。例如，学生的性别、年龄、语文成绩等均可以是研究中的变量。为了理论推导或用统计软件（如SPSS）分析数据，要给变量命名。理论上常用X、Y等字母作为变量名，在实际应用中常用变量名称或其缩写（汉字、拼音或英文均可）作为变量名，以便识别。涉及的变量较多时，同一类变量可以用相同的字母加上数字来命名，如X_1，X_2，X_3，X_4，等等。

对于确定的变量，每个个体都对应着一个变量值。如果一个被试是17岁的男生，语文成绩85分，则在这个被试上，“性别”的变量值是“男”，“年龄”的变量值是“17”，“语文成绩”的变量值是“85”。

如果变量的取值不是数值，要用数值进行编码（code）。例如，性别是一个变量，取值是“男”或“女”。可以将变量命名为“gender”或“xingbie”等，将“男”编码为1，将“女”编码为0。这样，“性别”的变量值是0或1。当然也可以将“性别”编码为别的数值，如将“男”编码为1，将“女”编码为2。但0－1编码较好，统计结果比较容易解释，如将“男”编码为1，将“女”编码为0，“性别”的平均值就是男生所占的比例。

在心理和教育研究中，有些变量不那么直观。例如，是否戴眼镜矫正视力，也是一个变量，可以取名为“yanjing”，戴眼镜的编码为1，不戴眼镜的编码为0。

一般地，在问卷或量表中的每一个题目，其实都是一个变量。以下面的问卷题目为例：

你高考填报志愿时，你的视力对你的专业选择

A. 没有影响　　　B. 有点影响　　　C. 影响很大

这个题目确定了一个变量，可以简称为“视力影响”。对每个被试，其填写的答案就是该被试的变量值。如一个被试的答案是“没有影响”，则该被试的变量值为“A”。可以将答案“A、B、C”分别编码为“1、2、3”。

为了简便，设计问卷题目时，不要用字母标识选项，而是用数值标识选项：

1. 没有影响　　2. 有点影响　　3. 影响很大

这种表面上看似很小的变化，在数据录入计算机时可以省不少时间，特别是问卷题目较多的时候。

五、反向题的重新编码

在调查或测验中，研究者为了控制被试的反应误差，有时会在问卷或量表中加入所谓的反向题（negative item）。与正向题比较，这类题目的意义和计分方向相反。如果原始数据中反向题（变量）也按其他题目（变量）那样的规则编码，则统计分析前要重新编码（recode）。例如，下面测量数学自我概念的4个题目中，题目（2）和（4）就是反向题：

（1）数学是我学得最好的科目之一。

（2）我的数学成绩很糟糕。

（3）我的数学总是学得很好。

（4）我不想再读数学了。

选项是：

1——完全不同意，2——基本上不同意，3——不同意多于同意，

4——同意多于不同意，5——基本上同意，6——完全同意

就题目（1）而言，如果一个被试完全认同题目中的内容，即数学是他学得最好的科目之一，那么选择选项“6——完全同意”可以得6分；反之，如果完全不认同该题目内容，选择选项“1——完全不同意”可以得1分。同理，可以得到选择其他选项的分数。这样，题目（1）得分越高，表示数学自我概念越高。

再看题目（2），如果一个被试完全认同题目中的内容，即他的数学成绩很糟糕，选择选项“6——完全同意”可以得6分；反之，选择选项“1——完全不同意”可以得到1分。同理也可以得到选择其他选项的分数。此时，题目（2）得分越高，表示数学自我概念越低。相对于题目（1）那样的正向题（得分越高，数学自我概念越高）来说，题目（2）是反向题（得分越高，数学自我概念越低）。

同样的分析可知，题目（3）是正向题，而题目（4）是反向题。在统计分析前，要对反向题进行重新编码。做法是将原来的得分1、2、3、4、5、6依次重新编码为6、5、4、3、2、1。重新编码后，在反向题上的得分越高，数学自我概念也越高。这样，反向题就可以和正向题一起进行统计分

析了。

在 SPSS 中，有专门的命令做变量的重新编码，见附录 A。

六、变量的操作定义

在一项研究中，并不是所有的变量都像“性别”那样不言自明，如“视力”、“收入”等等。此时，需要对这种变量（或相应的概念）给出具体而详细的界定，即操作定义（operational definition）。以“视力”为例，用通常的对数视力表检查，两只眼睛的视力可能不一样，对于近视的人来说，是否戴眼镜检查的结果就更不一样。所以，为了使一个研究可以对不同的研究对象重复进行，或者可以由不同的研究者重复进行，就需要对“视力”有一个明确的定义。例如，可以将一个人的视力定义为“两只裸眼的视力中较高者”，也可以定义为“两只眼睛的矫正视力中较高者”。变量的操作定义可以看作变量的测量指标（indicator），例如“收入”的测量指标是“被试的月均税前收入”。有时候，不仅变量，而且变量值也要有操作定义。例如，可以把成绩为 A 定义为“在考试时被试至少答对了 90% 的题目”。

一个变量的操作定义可以有许多种，如何定义要视研究目的而定，也有赖于研究者的专业知识。如果一个变量没有前人的操作定义可以利用，研究者可以根据研究目的和专业知识给出一个比较合理的定义。如果有前人的定义，除非确有必要重新定义，否则尽量采用已有的定义，使新的研究和已有的研究之间具有延续性和可比性。

前面说过，问卷或量表中的一个题目，实际上定义了一个变量。换句话说，该题目就是对应变量的操作定义。这就容易理解，如果不同的研究者使用同一个问卷来收集数据，实际上使用了相同的操作定义。

研究者感兴趣的一些变量，可能不在收集到的原始数据中，而要根据操作定义从原始数据中通过函数运算得到。常用的是用若干同类题目得分的平均分做成一个新的变量。例如，学生的学业成绩，可以用语文、数学和英语三科的成绩计算平均值得到。又如，“视力”的原始数据可能是“左眼裸眼视力”、“右眼裸眼视力”、“左眼矫正视力”、“右眼矫正视力”的数据，需要根据“视力”的操作定义计算出变量值。

七、重新认识总体和样本

在了解了变量的概念后，就可以进一步深化对总体和样本的认识与理解。

前面说过，要研究一个城市的学生体质状况，则该市全体中学生是一个总体。以身高这个变量为例，每个中学生都有一个身高数值，这些身高数值全体（数值个数与全市中学生人数相同），就是研究者感兴趣的总体。这样，一个变量对应着一个总体。而参加体检的905个学生的身高数值全体组成一个样本，其中的每个身高数值都是一个样品。

如果要同时考虑多个变量，则需要多元总体的概念。以身高、体重为例，此时该市每个中学生对应着两个数值，一个是身高，另一个是体重。该市全体中学生对应的身高和体重的二维数对的全体，组成一个二元总体，一个样品对应于一个二维数对。不过，如果分别考虑身高和体重，则身高有一个总体，体重也有一个总体。

八、数据电子表格

样本数据通常是统计分析的起点。计算机电子表格（如SPSS的数据窗口）通常都将数据排列成图1－2那样的形式。其中，一个被试的观测值占一行，一个变量的取值占一列。例如，第2行的数据是第2个被试在各变量上的观测值：男生，15岁，语文85分，数学79分。第1列的数据是性别这个变量在各个被试上的观测值，也就是各个被试的性别，在此“1”为男生，“2”为女生。第2列的数据是年龄这个变量在各个被试上的观测值，也就是各个被试的年龄。

	性别	年龄	语文	数学
1	2	16	91	89
2	1	15	85	79
3	1	17	89	82
4	1	16	87	82
5	2	16	78	90
6	1	17	76	95
7	1	15	83	56
8	1	15	75	34
9	2	15	78	62
10	2	16	81	78

图1－2　样本数据的电子表格

第二节　变量类型

认识变量的类型，对于选取合适的统计方法是很重要的。根据变量的测量和取值情况，通常可以将变量分为四类。

一、定类变量

定类变量（nominal variable）也称为类别变量，是用数字表示个体在属性上的特征或类别上的不同的变量。例如，学生“性别”就是定类变量，可以命名为“gender”或“xingbie”。定类变量的取值一般都不是数值，在数据处理时，需要用数值进行编码。如“性别”是“男”时，编码为1，“性别”是“女”时，编码为0。

定类变量没有绝对零点，没有测量单位。变量值之间有“相等”和“不等”的关系，但没有大小之分，不能比较大小，更不能进行加、减、乘、除四则运算。

以下面的问卷题目为例：

做作业碰到问题时，你通常会

1. 尝试自己解决　　2. 向老师求助　　3. 向同学求助

4. 向家人求助　　5. 其他

这个题目测量了求助方式，对应的变量可以命名为“qiuzhu”，是定类变量。虽然多数人会认为选项1比其他选项好，但至少选项3和选项4很难说哪个较好，所以这个变量的5个取值没有大小之分。可以按选项的代码为选项编码，这样做方便数据输入。如某人在该题目的答案是选项4，则他在变量“qiuzhu”上的得分是4，也可以说变量“qiuzhu”在该样品上的取值是4。

二、定序变量

定序变量（ordinal variable）也称为等级变量，是用数字表示个体在某个有序状态中所处的位置（层次、水平）的变量。例如“学生品德”Y定义为：$Y=1$（优秀），$Y=2$（良好），$Y=3$（一般），$Y=4$（差）。定序变量既无零点，又无测量单位。变量的值之间具有“等于”或“不等于”关系、序关系（优于、先于、劣于、后于等），四则运算没有意义。

以下面的问卷题目为例：

你喜欢教师这个职业。

1——完全不同意，2——基本上不同意，3——不同意多于同意，

4——同意多于不同意，5——基本上同意，6——完全同意

对应的变量可以命名为“like-T”，是定序变量，通常将选项对应的数字作为该变量的取值。显然，like-T 的值越高，表示越喜欢。对于反向题目，要进行重新编码。例如，“学生品德” Y 原来的编码是：$Y=1$（优秀），$Y=2$（良好），$Y=3$（一般），$Y=4$（差），如果希望 Y 的值越高，品德分也越高，就要对 Y 重新编码，将原来的 1 编码为 4，原来的 2 编码为 3，等等。

三、定距变量

定距变量（interval variable）也称为间距变量，是取值具有“距离”（间距）特征的变量。例如学生的身高，小李 160 厘米，小张 156 厘米，则小李与小张的身高相距 4 厘米。在测量上，定距变量有测量单位，但不一定有绝对零点。例如，学生某次“考试成绩”为零分，并不表示没有一点知识。又如温度为零，并不表示没有温度。定距变量的值之间具有等于、不等于、大于、小于等关系，可以进行加法、减法运算，而乘、除运算没有意义。

被试的身高是定距变量（实际上还是定比变量），但按被试身高得到的排名不是定距变量。由排名只知道第一名比第二名高，第二名比第三名高，但不知道第一名高出第二名多少，更不知道第一名与第二名之差是否等于第二名与第三名之差。

四、定比变量

定比变量（ratio variable）也称为比率变量，是一种既有测量单位又有绝对零点的变量。由于含有绝对零点，故可以构成有意义的比率。例如，身高、学生人数等是定比变量。定比变量在运算上除具有上面三种变量的特征外，还可以进行乘、除运算，派生出比例、速度、效率等指标（综合数量特征，也是变量）。

设想一下，如果每个被试都穿着 2 厘米高的鞋子量身高，测量到的身高（不减去鞋子的高度）仍然是定距变量，身高 160 厘米的人还是比身高 156 厘米的人高出 4 厘米。但这样测量到的身高不是定比变量，因为 0 不是绝对零点，使得除法没有意义。如身高 200 厘米（实际身高是 198 厘米）不是

身高 100 厘米（实际身高是 98 厘米）的两倍。

定类和定序变量也称为离散（discrete）变量或类别（category）变量。当讨论定类变量时，包括定序变量。定距和定比变量也称为连续（continuous）变量。当讨论定距变量时，包括定比变量。

五、数据的测量级别

上面四种不同级别的变量，对应于不同级别的测量数据。定比变量对应于定比（或比率）测量数据，定距变量对应于定距（或间距）测量数据，定序变量对应于定序（或顺序）测量数据，定类变量对应于定类（或类别）测量数据。定比和定距测量数据统称为尺度（scale）测量数据，它和定序（ordinal）测量数据和定类（nominal）测量数据一起构成 SPSS 中规定的三种数据测量级别。尺度测量数据的测量级别最高，类别测量数据的测量级别最低。级别高的数据可以转换为级别低的数据进行分析，如可以将百分制成绩转换成等级制成绩进行分析。值得一提的是，在心理与教育统计中，习惯上经常将量表题目测量的数据当作尺度测量数据来分析，特别是间隔均匀的五点以上量表。

习　题

1. 一项研究观测了 60 个被试（男女各半），有人就说有 60 个样本，这种说法有何不妥？如果需要比较男女被试，应当将 60 个被试看作几个样本？各包含多少样品？

2. 查阅学术期刊上 1 ~ 2 篇定量研究的论文，找出至少 3 个变量操作化定义的例子。

3. 识别以下变量的类型：

（1）比赛结果的排名顺序（第一、第二、第三等）；

（2）某校的在校人数；

（3）对工作的满意度（非常满意、满意、满意多于不满意、不满意多于满意、不满意、非常不满意）；

（4）被试的性别；

（5）被试的学历；

（6）某次数学考试成绩；

（7）人种（白种人、黄种人、黑种人等）；

（8）反应时间。

4. 一个研究者测量了 2 个个体，并用测量得分进行比较。根据他陈述的比较结果，请指出他所用的测量级别。

(1) 我能说甲的得分比乙的高，但不能明确高出多少。

(2) 我能说甲的得分是乙的 2 倍。

(3) 我只能说甲乙是不同的。

(4) 我能说甲的得分比乙的高出 3 分。

第二章 频数分析

在心理和教育研究中，通常都会收集多个变量的样本数据。统计分析从哪里开始呢？一般是先对每个变量做描述统计（descriptive statistics），以了解变量的大致分布情况和基本特征。描述统计主要有频数（frequency）分析和计算数字特征，也包括使用各种图表直观地反映变量的取值、分布和变化情况。本章先介绍频数分析，样本的数字特征和统计图表在后面两章做介绍。

第一节　类别变量的频数分析

对一个定类或定序变量，在有了样本数据后，很自然地会想知道变量的各个类别中分别含有多少个样品，即各个类别出现的次数。这是可以简单地“数”出来的，通常将结果列成一个次数分布表，包含各个类别出现的次数和所占的比例（proportion）。在统计中，次数也称为频数，比例也称为频率。为了便于比较，通常将比例转化为百分比（percentage），也称为频率百分比，它等于频率乘上100%。

例如，某大学心理系既招收理科生，也招收文科生。每个考生除了考语文、数学和外语三科外，还要选考一科。要了解招收的82名新生选考科目的情况，可以列成表2－1。以选考人数最多的物理为例，有20人选考，所占的比例是20/82＝0.244＝24.4%，即82名新生中有24.4%的人选考物理。

表 2－1　心理系新生选考科目人数和百分比

选考科目	人数	百分比（%）
政治	18	22. 0
历史	11	13. 4
地理	14	17. 1
物理	20	24. 4
化学	12	14. 6
生物	7	8. 5
合计	82	100. 0

如果只想粗略地了解选考文理科的情况，则只需要列出选考文科（政治、历史、地理）和理科（物理、化学、生物）的人数、比例和百分比。如果想进一步了解不同性别新生选考文理科的情况，可以列成表 2－2。根据表中数据，容易对男女生选考文理科的情况进行比较。选考文科的男生占 32. 3%，而选考文科的女生占 64. 7%。这说明，这些新生中男生多选考理科，而女生多选考文科。

表 2－2　心理系男女新生文理科选考人数和百分比

选考科目	男　生		女　生	
	人数	百分比（%）	人数	百分比（%）
文科	10	32. 3	33	64. 7
理科	21	67. 7	18	35. 3
合计	31	100. 0	51	100. 0

对于定序变量，还经常计算累积频率或累积百分比。例如，82 名新生的年龄及其分布见表 2－3。19 岁对应的累积百分比是将 17 岁、18 岁和 19 岁对应的百分比加起来的和。即从最小年龄开始，至当前的年龄为止，将百分比累加起来就得到累积百分比。它是小于或等于当前年龄的人数之和的百分比。19 岁对应的累积百分比是 80. 5%，表示有 80. 5% 的新生年龄在 19 岁或以下，可见累积百分比的统计意义相当明显。

但对于定类变量（而不是定序变量），计算累积百分比一般意义不大，如表 2－1，化学对应的累积百分比是 91. 5%，统计意义不明显。

表 2－3　心理系新生年龄分布

年龄	人数	频率	百分比（%）	累积百分比（%）
17	2	0.024	2.4	2.4
18	15	0.183	18.3	20.7
19	49	0.598	59.8	80.5
20	11	0.134	13.4	93.9
21	4	0.049	4.9	98.8
22	1	0.012	1.2	100.0
合计	82	1.000	100.0	

第二节　连续变量的频数分析

对于定距和定比变量，因为变量的取值通常都很多，直接按变量的取值分类意义不大。这时，首先将变量的取值范围分成若干个区间，一个区间中的数据为一组。然后，“数”出每组中的样品个数，即每个区间中数据出现的次数。接着就可以求每组中数据出现频率、百分比和累积百分比。最后列成一个次数分布表，见表 2－4。下面以心理系某年级的 80 个学生英语考试成绩为例，介绍如何来编制次数分布表。

【例 2.1】80 个学生英语考试成绩如下：

84，81，94，72，82，80，84，92，93，86，83，89，76，77，90，85，93，91，90，84，96，76，79，87，78，77，76，74，85，84，79，83，80，85，98，77，86，84，75，82，77，89，88，84，83，83，78，89，83，84，80，96，83，83，86，93，87，73，89，76，97，82，87，79，80，70，80，85，67，83，88，78，73，69，78，82，79，80，77，72

编制次数分布表的步骤：

第一步：求出全距（range）。全距是全部数据中的最大值与最小值的差，用符号 R 表示。本例中，$R=98-67=31$。

第二步：确定组距（size of the class interval）和组数。组距是一个组的终点与前一个组的终点的距离，即两者之差。组距的选取可以以全距为参考，全距大，组距可以大些；全距小，组距就要小些。通常还要兼顾组数和习惯做法（如以 5 或 10 为组距）。本例中组距定为 5。组数的多少要根据数据的多少而定。数据较多时（如100个以上），组数可以多一些（如10～16组）。数据较少时，通常分成7～9组。本例数据个数为80，组距为5，分为7组。

第三步：确定组限（limit）。组限就是每一个组的起止范围。每组的最小值称为组下限（起点），最大值称为组上限（终点）。本例的组限列在表2－4的第1列。注意，所有的组限中，最高组应能包括最大的数据，最低组应能包括最小的数据。

有时候要计算组中值（midpoint），见表2－4的第2列。它等于上限与下限之和的一半，例如“95～99”所在组的组中值是（95＋99）/2＝97。

第四步：分组登记次数。有了组限后，就可以将每个数据按组别计数登记，得出各组的次数 k，记入表2－4的第3列，并计算总数 n。

第五步：计算频率或频率百分比。将各组的次数除以总数，得到频率（k/n）或频率百分比（$k/n\times100\%$），见表2－4的第5列。通常是报告频率百分比，而不报告频率。

第六步：计算累积次数或累积频率百分比。把各组的次数累加在一起，得到累积次数，最后一组所得的累积次数应该等于总次数 n，见表2－4第4列。类似地可以计算累积频率或累积频率百分比，最后一组所得的累积频率是1（或100%），见表2－4最后一列。通常是报告累积频率百分比，而不报告累积次数。

表2－4　心理系某年级英语考试成绩分布表

分组	组中值	次数	累积次数	频率（%）	累积频率（%）
65～69	67	2	2	2.5	2.5
70～74	72	6	8	7.5	10.0
75～79	77	18	26	22.5	32.5
80～84	82	26	52	32.5	65.0
85～89	87	16	68	20.0	85.0
90～94	92	8	76	10.0	95.0
95～99	97	4	80	5.0	100.0
合计		80		100.0	

从表2－4的次数分布表可以看出许多信息。以“80～84”所在的组为例，包含的分数是80，81，82，83，84，有26个人的分数在这一组，占了32.5%。累积次数52说明分数低于84（含84）的有52个，占了65%（累

积频率)。

上面介绍的组限是通常报告用的组限。还有所谓的实际组限，使得相邻组之间没有空隙，即相邻两个组共用同一个组限。此时，为了避免某个数值刚好等于组限（致使该数值同时属于两个组），通常组限比数据取多一位小数。如“95 ~99”这组使用实际组限后应为“94.5 ~99.5”。组距和组中值的计算方法不变。组距为 99.5 - 94.5 = 5，组中值为（94.5 + 99.5）/2 = 97。因为一个组的起点就是前一个组的终点，所以组距等于该组的终点与起点的距离，即终点减去起点。在绘制直方图时，要使用实际组限，见第四章。

第三节　频数分析的 SPSS 例解

SPSS 的初学者应当先学习本书附录中的 SPSS 入门知识。下面假设读者已经掌握 SPSS for windows 的数据输入、变量定义、数据整理和变换等基本操作，本书的操作步骤和结果输出以 SPSS 11.5 为准。为明确起见，行文中对于菜单中的命令、选项以及窗口中的变量名、标签等用〈 〉标识，需由用户输入的内容以及分析结果显示的内容用“ ”标识。

【例 2.2】表 2 - 5 列出的是从某班随机抽取的 30 名学生的性别、年龄和语文、数学、英语水平测试成绩。先建立一个 SPSS 数据文件，在〈**SPSS Data Editor**〉的〈**Data View**〉窗口中输入表 2 - 5 的数据，第 1 列定义变量名“sex”，为数值型定类变量（nominal）；定义变量标签为“性别”；定义数值标签：“1”表示“男”，“0”表示“女”。第 2 列定义变量名为“age”，为数值型定序变量（ordinal）；定义变量标签为“年龄”。第 3 列至第 5 列依次定义变量名为“chinese”、“math”、“english”，为数值型尺度变量（scale）；变量标签依次定义为“语文”、“数学”、“英语”。数据文件取名为“ch2-2. sav”。

表 2－5　30 个学生的成绩

性别	年龄	语文	数学	英语
1	16	87	82	80
0	16	78	90	82
1	17	76	95	66
1	15	83	77	88
1	15	75	53	68
0	15	78	74	84
1	16	81	78	77
0	17	81	75	64
1	16	70	85	79
0	17	57	64	55
1	15	68	65	75
0	16	70	52	73
0	16	75	55	75
1	15	85	65	86
1	17	78	56	62
1	16	78	82	73
0	16	80	80	68
1	17	67	72	72
1	15	55	63	64
0	15	85	93	87
0	15	90	68	89
0	16	87	71	63
0	17	81	61	75
1	16	69	69	79
0	17	73	91	76
0	15	82	81	80
0	16	71	58	77
1	16	91	89	90
1	15	85	69	82
1	16	64	82	72

一、类别变量的频数分析

类别变量的频数分析比较简单，以“年龄”为例操作如下：

（1）击选〈**Analyze**〉菜单〈**Descriptive Statistics**〉下的〈**Frequencies**〉命令。

（2）在打开的〈**Frequencies**〉对话框中，击选变量框中的〈**年龄**〉，单击右向三角箭头，〈**年龄**〉被拉到〈**Variable(s)**〉框中［以后简称这步操作为将〈**年龄**〉指定为〈**Variable(s)**〉］。此时，原来的右向三角箭头变成左向，见图2-1。（如果要同时做多个变量的频数分析，重复此操作指定其他变量。）

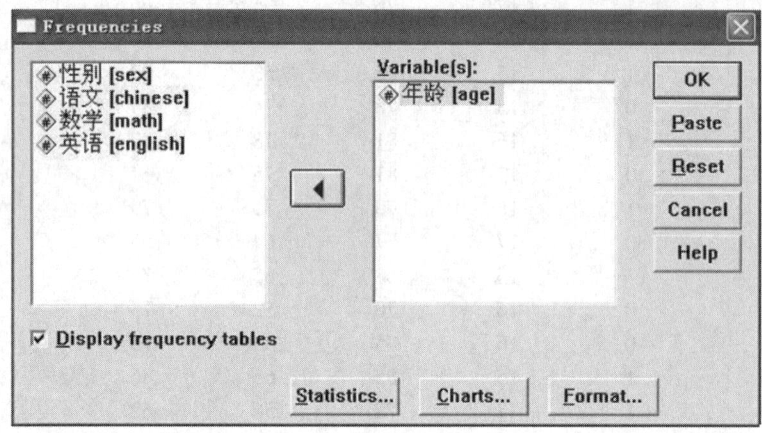

图2-1

（3）单击〈**OK**〉按钮。结果见图2-2。

年龄

		Frequency	Percent	Valid Percent	Cumulative Percent
Valid	15	10	33.3	33.3	33.3
	16	13	43.3	43.3	76.7
	17	7	23.3	23.3	100.0
	Total	30	100.0	100.0	

图2-2

说明：

①图2-2是频数分析命令最基本的结果，报告结果时不要直接使用计算机输出结果，应当编译加工成通常用的频数分析表（见表2-6）。

表2-6　年龄频数分析表

年龄	频数	百分比（%）	累积百分比（%）
15	10	33.3	33.3
16	13	43.3	76.7
17	7	23.3	100.0
合计	30	100.0	

②〈**Frequencies**〉命令可以计算数字特征（见第三章），还可以画图（见第四章）。

③由于舍入误差，百分比数字直接相加可能不正好是100。

二、连续变量的频数分析

连续变量的频数分析比较麻烦，需要将变量值分成区间组后重新编码，产生一个类别变量，然后按类别变量频数分析方法进行。假设已有数据文件ch2-2. sav，以“语文”为例操作如下：

（1）击选〈**Transform**〉菜单〈**Recode**〉下的〈**Into Different Variables**〉命令。

（2）在打开的〈**Recode into Different Variables**〉对话框中，将〈**语文**〉指定为〈**Input Variable**〉。在〈**Output Variable**〉框中的〈**Name**〉下输入“chn”作为重新编码后新的变量名。在〈**Label**〉下输入“语文”作为“chn”的标签。然后单击〈**Change**〉按钮（见图2－3）。

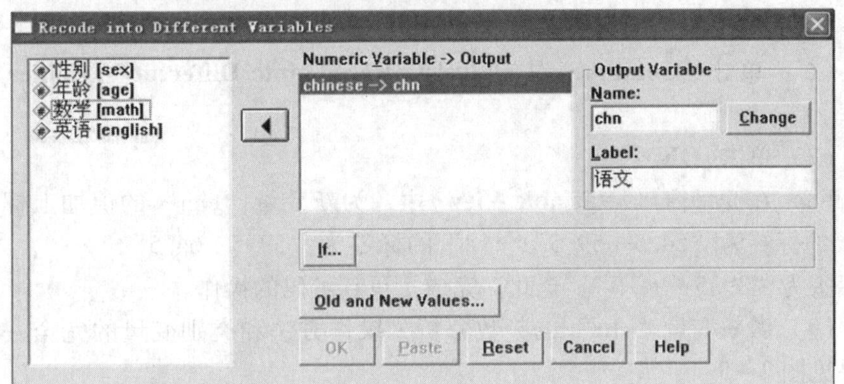

图2－3

（3）单击〈**Old and New Values...**〉按钮。

（4）在打开的〈**Recode into Different Variables: Old and New Values**〉对话框中，击选〈**Old Value**〉下的第一个〈**Range**〉，并在〈**through**〉左边输入“54. 5”，右边输入“59. 5”。在〈**New Value**〉下的〈**Value**〉右边输入“1”，然后单击〈**Add**〉。这样就完成了将第1组“54. 5—59. 5”重新编码为“1”的操作。此时将会在〈**Old→New**〉下看见〈**54. 5 thru 59. 5→1**〉，见图2－4。

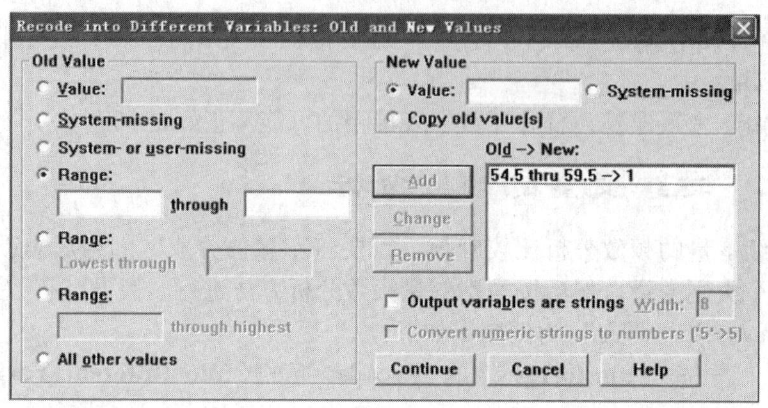

图 2－4

（5）重复同样的操作，将“59.5—64.5”重新编码为“2”，将“64.5—69.5”重新编码为“3”，将“69.5—74.5”重新编码为“4”，将“74.5—79.5”重新编码为“5”，将“79.5—84.5”重新编码为“6”，将“84.5—89.5”重新编码为“7”，将“89.5—94.5”重新编码为“8”。

（6）单击〈**Continue**〉按钮返回〈**Recode into Different Variables**〉对话框。

（7）单击〈**OK**〉按钮。

（8）在变量窗口〈**Variable View**〉中，为新变量“chn”的值加上标签。“1”的标签为“54.5—59.5”，“2”的标签为“59.5—64.5”，……，“8”的标签为“89.5—94.5”。至此，完成了重新编码的操作。

（9）做新变量“chn”的频数分析，操作方法和类别变量的完全一样。结果见图 2－5。

说明：

①报告结果时，将图 2－5 编译成表 2－7，其中的组限按习惯换成整数，但当原始数据本身就有小数时，可以直接报告实际组限。

②如果没有做第 8 步操作，即没有对新变量“chn”的值加上标签，图 2－5 第一列变成“chn”的值，即从 1 到 8，其余结果一样。

③如果有个别数据特别小或特别大，最小一组和最大一组可以不按固定的组距分组，而是将某个值以下的分成一组，或某个值以上的分成一组。如 59.5 以下分成一组，在图 2－4 所示的〈**Recode into Different Variables：Old and New Values**〉对话框中，击选〈**Old Value**〉下的第二个〈**Range**〉，并在

语 文

		Frequency	Percent	Valid Percent	Cumulative Percent
Valid	54.5-59.5	2	6.7	6.7	6.7
	59.5-64.5	1	3.3	3.3	10.0
	64.5-69.5	3	10.0	10.0	20.0
	69.4-74.5	4	13.3	13.3	33.3
	74.5-79.5	7	23.3	23.3	56.7
	79.5-84.5	6	20.0	20.0	76.7
	84.5-89.5	5	16.7	16.7	93.3
	89.5-94.5	2	6.7	6.7	100.0
	Total	30	100.0	100.0	

图 2－5

〈**Lowest through**〉右边输入“59.5”。如 89.5 以上分成一组，击选〈**Old Value**〉下的第三个〈**Range**〉，并在〈**through highest**〉左边输入“89.5”。

表 2－7　30 个学生语文成绩分布表

分组	次数	频率（%）	累积频率（%）
55—59	2	6.7	6.7
60—64	1	3.3	10.0
65—69	3	10.0	20.0
70—74	4	13.3	33.3
75—79	7	23.3	56.7
80—84	6	20.0	76.7
85—89	5	16.7	93.3
90—94	2	6.7	100.0
合计	30	100.0	

习　题

1. 某大学使用等级来记录学生的考试成绩。使用的等级从高到低为：A、A－；B＋、B、B－；C＋、C、C－；D；F。其中，C－为及格的最低等级。为了平衡老师之间的记分，规定成绩为 A 的占 5% 左右（不超过

10%），A－或A－以上的占25%左右（不超过30%），B－或B－以上的占75%左右（不超过90%），D不超过10%。对于例2.1中的英语考试成绩，请你对每个分数给出一个等级（只要不违反上面的规定便可），并列出一个表，说明各等级包含的分数，以及等级的累积百分比。（提示：由于事先不知道如何划分分数段，应当将英语成绩作为类别变量进行频数分析，求出各分数的频数和累积百分比，进而求出由高分到低分的累积百分比，然后找出等级之间的分界点。）

2. 对于例2.1中的英语考试成绩，将英语成绩作为连续变量，按表2－4的分组方式，仿照书上例子进行连续变量的频数分析SPSS操作，并写出表2－7那样的成绩分布表。

第三章 样本的数字特征

总体的情况和特征通常是不知道的，但可以通过样本所提供的信息来对总体的情况或特征做出描述或推测。最常用的样本数字特征是均值和标准差。本章也介绍一些其他常用的数字特征，如众数、中位数；方差、四分位差；偏态系数和峰态系数等。根据研究目的和变量级别计算适当的数字特征是描述统计的重要内容。

第一节　数据分布的集中趋势

这里介绍几种常用的反映数据分布集中趋势（central tendency）的数字特征，也称为集中量数，包括众数、中位数和均值等，其中最常用的是均值。在大多数情况下，它们反映了变量取值的集中位置，即有较多的数据集中在这些数字特征的上下。

一、众数

一个变量的众数（mode）是样本中该变量取值次数最多的那个数值。例如，表2－5中的变量“性别（sex）”，男生较多，所以众数是“男生”，对应的数值是1。变量“年龄（age）”的众数是16，因为16岁的被试最多。

对于给定的样本，众数是确定的数值。但有时候众数可能不是唯一的。例如，变量 X 的取值为：2，3，4，4，5，5，5，6，6，7，7，7，8，9，9，则众数有两个：5和7。

【例3.1】某年级数学期末考试后，随机抽取了10名学生的成绩：86，

83, 83, 88, 85, 86, 85, 79, 83, 76。因为数据少，容易看出众数是83。

众数的意义简明易懂，较少受极大值和极小值的影响，且其本身就出现在数据中，可以作为数据的代表。

对所有级别（类型）的测量数据都可以计算众数。不过，通常对定类和定序变量计算众数比较有意义，特别是定类变量。如果变量取值范围较大，如百分制成绩，计算众数往往意义不大。对于连续变量，直接用原始数据得到的众数稳定性差，即从同一个总体中抽取的不同样本，得到的众数可能相差很大。通常是将变量值分组，转化为定类变量后，才会对众数感兴趣。众数对应的组，含有最多样本数据。该组的组中值，可以作为近似的众数。但这个近似众数与用原始数据得到的众数可能相差较大。采用不同的分组方式，也可能得到很不相同的近似众数。

二、中位数

将变量的取值从小到大排列，如果样本容量是奇数，位于正中的那个值称为中位数（median），也称为中值；如果样本容量是偶数，位于正中的两个值的平均值为中位数。显然，变量取值有一半小于中位数，另一半大于中位数。

例如，变量 X 的取值为：3, 4, 5, 5, 6, 6, 7, 9, 10，共有9个数值，位于中间的（即第5个）值6是中位数。又如，变量 Y 的取值为：2, 3, 4, 5, 5, 6, 6, 7, 9, 10，共有10个数值，中间的两个数值是5和6，它们的平均值5.5是中位数。可见，当样本容量是偶数时，中位数可能不是样本中的数据。

【例3.1（续1）】某年级数学期末考试后，随机抽取了10名学生的成绩：86, 83, 83, 88, 85, 86, 85, 79, 83, 76。将10个成绩从小到大排列是：76, 79, 83, 83, 83, 85, 85, 86, 86, 88，所以中位数是 $(83+85)/2=84$。

中位数直观地反映了样本数据分布的中心位置，当需要将数据按大小分成两半时，中位数是分界点，有50%的数据在中位数之下。与下面要介绍的均值相比，中位数受极端数据（特别大或特别小的数据）的影响比较小。

中位数对定序变量最合适。对于类别数据，不能计算中位数。对于连续变量，直接用原始数据得到的中位数通常比众数稳定。对于分组整理后的连续变量的样本数据，可以按组中值的大小转化为定序变量，然后用组中值近似作为中位数。但这样得到的中位数还是会受分组方式的影响。除非只有分组数据而没有原始数据，否则应当使用原始数据计算中位数。

中位数受极端数据的影响小，甚至不受影响。例如，将例3.1中的最低分 76 改为 46，其余分数不变，则中位数还是 84。但由于中位数是根据数据的相对位置来确定的，在计算时不是每个数据都加入计算，从而有较大的抽样误差，不如均值稳定。

三、均值

均值就是通常的算术平均。先看一个例子。

【例 3.1（续2）】某年级数学期末考试后，随机抽取了 10 名学生的成绩：86，83，83，88，85，86，85，79，83，76。记学生的数学成绩为 X，10 名学生的平均成绩是

$$\bar{X}=\frac{1}{10}\times(86+83+83+88+85+86+85+79+83+76)=83.4$$

一般地，设变量 X 的观测值为 $X_1,X_2,\cdots,X_n$，则 X 的样本均值（mean，简称均值）为

$$\bar{X}=\frac{1}{n}\sum_{i=1}^{n}X_i \tag{3.1}$$

其中 $\sum_{i=1}^{n}X_i=X_1+X_2+\cdots+X_n$。

$\sum$ 是求和符号，表示对一个数列连加求和，求和号后面是数列的通项，求和号下面的“$i=1$”表示求和从第一项开始，求和号上面的“n”表示求和至第 n 项为止。例如，$\sum_{i=1}^{k}i=1+2+\cdots+k$，$\sum_{i=1}^{100}c=\underbrace{c+c+\cdots+c}_{100个}=100c$。由通常加法和乘法的运算律，容易推出下列性质：

$$\sum_{i=1}^{n}(X_i\pm Y_i)=\sum_{i=1}^{n}X_i\pm\sum_{i=1}^{n}Y_i \tag{3.2}$$

$$\sum_{i=1}^{n}cX_i=c\sum_{i=1}^{n}X_i\quad(c\text{ 为常数}) \tag{3.3}$$

由（3.1）显然有 $\sum_{i=1}^{n}X_i=n\bar{X}$，再由（3.2）和（3.3）可得

$$\sum_{i=1}^{n}(X_i-\bar{X})=0 \tag{3.4}$$

称 $X_i-\bar{X}$ 为第 i 个观测值的离均差（deviation），即第 i 个观测值与均值的差距，公式（3.4）说明，**全部观测值的离均差之和为零。**

如果 $X_1,X_2,\cdots,X_n$ 本身就是一个（有限）总体，总体的均值仍然用公式（3.1）计算。

设 $X_i = C + Y_i$，$i = 1, 2, \cdots, n$，C 是一个常数，则

$$\bar{X} = C + \bar{Y} \tag{3.5}$$

在手工计算年代，用公式（3.5）可以简化计算。

【例 3.1（续 3）】某年级数学期末考试后，随机抽取了 10 名学生的成绩：86，83，83，88，85，86，85，79，83，76。可以将每个学生的分数减去 80，然后求均值。即计算 6，3，3，8，5，6，5，-1，3，-4 的均值得到 3.4，因而原来 10 个成绩的均值等于 83.4。

均值适用于定距或定比变量。对于定类变量，不能计算均值；对于定序变量，当变量的可能取值比较均匀时，才计算均值。

均值在统计中有非常重要的地位和作用。对于许多常见的分布，均值含有分布的重要信息。对同一总体中不同的样本，均值变化不大。但均值对极端数据比较敏感。例如，将例 3.1 中的最低分 76 改为 46，其余分数不变，则均值由原来的 83.4 变成 80.4。所以，如果样本数据中有极端数据，应当考虑使用中位数。

对于分组数据，可以将每个数值由该数值所在组的组中值代替，计算近似的样本均值。设数据被分成了 k 组，第 i 组的频数是 f_i，组中值是 $X_{(i)}$，则有

$$\bar{X} \approx \frac{1}{n}\sum_{i=1}^{k} f_i X_{(i)}$$

分组方式对这样计算的近似均值的影响不大。不过，如果有原始数据，应当使用原始数据计算均值，除非是用手工计算。

【例 3.2】对于例 2.2 数据，分组后得到表 3-1。

表 3-1　30 个学生语文成绩分布表

分组	组中值	次数
55~59	57	2
60~64	62	1
65~69	67	3
70~74	72	4
75~79	77	7
80~84	82	6
85~89	87	5
90~94	92	2
合计		30

$$\bar{X} \approx \frac{1}{30}(57\times2+62\times1+67\times3+72\times4+$$
$$77\times7+82\times6+87\times5+92\times2)$$
$$=77.2$$

严格说来，上式第二个等式（经过四舍五入）也是约等于，但这类近似在应用统计中一律用等号。如果用原始数据直接计算语文成绩的均值，得到76.7。

四、小结

可以将以上介绍的三种集中量数的适用情况与性质做一个比较，见表3－2。

表3－2　三种集中量数的比较

众数	中位数	均值
主要用于定类变量，也用于定序变量	主要用于定序变量，也用于定距变量	主要用于定距、定比变量，也用于定序变量
对样本的稳定性差	对样本的稳定性一般	对样本的稳定性好
受分组的影响大	有时候受分组的影响	受分组的影响不大
对个别值的变动敏感	对极端数据不敏感	对极端数据敏感

虽然理论上说均值只适用于定距和定比变量，但在实际应用中，对定序变量计算均值是很常见的，特别是对于用量表问卷得到的数据。甚至对于二分的定类变量（只有两个类别），将其中一类编码为0，另一类编码为1，计算均值也是有意义的。例如，第二章例2.2中的性别，“1”表示“男”，“0”表示“女”。性别的均值是16/30，正好就是男生的比例。

许多时候，可以同时计算并报告众数、中位数和均值，或其中的两个，让读者对数据分布的中心位置有一个比较全面的了解。

第二节　数据分布的离散程度

看看1，3，5和2，3，4两组数据，均值都是3，但显然第一组数据的变化范围较大，即数据分布比较离散。反映变量取值的离散程度（dispersion）的数字特征也称为差异量数或离散量数，主要有全距、四分位差、方差和标准差等，其中标准差最为常用。

一、全距与四分位差

在第二章例2.1中已经介绍过，全距是全部数据中的最大值与最小值的差：

$$全距 = \max\{X_i\} - \min\{X_i\}$$

全距描述了数据分布的范围。

在介绍四分位差之前，有必要先介绍四分位数（quartile）。将数据从小到大排列，然后用三个数 Q_1、Q_2 和 Q_3 将其分成四部分，使得每一部分各占25%的数据。这样的三个数称为四分位数，Q_1 是25%分位数或下四分位数（lower quartile），Q_2 是50%分位数或中位数，Q_3 是75%分位数或上四分位数（upper quartile）。四分位差（记为IQR）定义为

$$\text{IQR} = Q_3 - Q_1$$

四分位差描述了50%的数据分布范围。四分位差通常和中位数一起用于描述一个定距变量特别是定序变量的数据分布。

【例3.1（续4）】某年级数学期末考试后，随机抽取了10名学生的成绩，从小到大排列是：76，79，83，83，83，85，85，86，86，88。全距是88－76＝12。三个四分位数 Q_1、Q_2 和 Q_3 分别是82，84和86，所以四分位差是86－82＝4。

全距和四分位差都由两个数值决定，都不能很好地反映数据分布的情况。但四分位差利用了数据分布更多的信息，所以比全距更好地反映了数据分布的特点。

二、方差

设变量 X 的观测值为 $X_1, X_2, \cdots, X_n$，则 X 的样本方差（variance）定义为

$$S^2 = \frac{1}{n-1}\sum_{i=1}^{n}(X_i - \overline{X})^2 \qquad (3.6)$$

我们知道，$X_i - \overline{X}$ 为第 i 个观测值的离均差，它们的和 $\sum_{i=1}^{n}(X_i - \overline{X}) = 0$，所以 n 个离均差只有 $n-1$ 个是独立的（即可以自由变动），确定了 $n-1$ 个离

均差后，最后一个也就确定了。以后会看到，这个 $n-1$ 正是平方和 $\sum_{i=1}^{n}(X_i - \overline{X})^2$ 的自由度（degree of freedom）。所以样本方差等于离均差的平方和除以自由度。从这个意义上说，样本方差其实是离均差的平方 $(X_i - \overline{X})^2$ 的一种均值。方差越大，样本数据越离散。

对平方和可以做下面的代数推演

$$\begin{aligned}\sum_{i=1}^{n}(X_i - \overline{X})^2 &= \sum_{i=1}^{n}(X_i^2 - 2\overline{X}X_i + \overline{X}^2) \\ &= \sum_{i=1}^{n}X_i^2 - 2\overline{X}\sum_{i=1}^{n}X_i + \sum_{i=1}^{n}\overline{X}^2 \\ &= \sum_{i=1}^{n}X_i^2 - n\overline{X}^2 \qquad (3.7)\end{aligned}$$

公式（3.7）常用于数学推导或手工计算方差。

【例 3.1（续 5）】某年级数学期末考试后，随机抽取了 10 名学生的成绩：86，83，83，88，85，86，85，79，83，76。样本方差为

$$\begin{aligned}S^2 &= \frac{1}{9}\times[(86-83.4)^2+(83-83.4)^2+(83-83.4)^2+(88-83.4)^2+ \\ &\quad (85-83.4)^2+(86-83.4)^2+(85-83.4)^2+(79-83.4)^2+ \\ &\quad (83-83.4)^2+(76-83.4)^2] \\ &= 12.71\end{aligned}$$

设 $X_i = C + Y_i$，$i=1,2,\cdots,n$，C 是一个常数，则 $\overline{X} = C + \overline{Y}$，从而

$$\sum_{i=1}^{n}(X_i - \overline{X})^2 = \sum_{i=1}^{n}[(C+Y_i)-(C+\overline{Y})]^2 = \sum_{i=1}^{n}(Y_i - \overline{Y})^2 \qquad (3.8)$$

公式（3.8）说明，如果将样本数据加上或减去同一个常数，得到的样本方差不变。手工计算年代，这种加减常数的方法可以大大减少计算量。

例如，在例 3.1 的数据中，将每个学生的分数减去 80，得到 10 个数值：6，3，3，8，5，6，5，−1，3，−4，计算得到它们的方差也是 12.71。

如果 $X_1, X_2, \cdots, X_n$ 本身就是一个（有限）总体，则定义总体方差为

$$S^2 = \frac{1}{n}\sum_{i=1}^{n}(X_i - \overline{X})^2 \qquad (3.9)$$

由公式（3.7）可知，总体方差为

$$S^2 = \frac{1}{n}\sum_{i=1}^{n}(X_i - \overline{X})^2 = \frac{1}{n}\sum_{i=1}^{n}X_i^2 - \overline{X}^2 \qquad (3.10)$$

即总体方差等于**“平方的均值减去均值的平方”**。

在通常的应用中，如果没有特别说明，方差指的是样本方差。

对于分组数据，可以将每个数值由该数值所在的组中值代替，计算近似的样本方差。设数据被分成了 k 组，第 i 组的频数是 f_i，组中值是 $X_{(i)}$，则有

$$S^2 = \frac{1}{n-1}\sum_{i=1}^{k} f_i (X_{(i)} - \overline{X})^2$$

如果有原始数据，应当使用原始数据进行计算，除非是用手工计算。

三、标准差

样本方差的算术平方根 S 称为样本标准差（standard deviation），相应地，总体方差的算术平方根称为总体标准差。

对于例 3.1 中的样本数据，样本标准差 $S = \sqrt{12.71} = 3.57$。

与方差相比，标准差最大的优点是它和均值都与原来的变量有相同的测量单位。

均值和标准差可用于样本或总体的比较。以学业成绩为例，如果甲班的均值大于乙班的均值，则甲班的成绩较好。如果甲班的标准差大于乙班的标准差，则甲班的成绩波动比较大、比较参差不齐。

标准差适用的数据测量级别与均值的相同，首先要能够计算均值，才能计算标准差。当样本容量较大时，用手工计算样本的数字特征尤其是标准差是很困难的，可以使用有统计功能的计算器，但最好还是使用计算机统计软件。在 SPSS 中，一次简单的操作就可以求出本章介绍的全部数字特征（四分位差除外）。

第三节　数据分布的形状

一、正态分布

统计中最常见的分布是所谓正态分布（详见第六章），相应的变量称为正态变量，取值集中在均值附近，以均值为中心，左右对称，离开均值越远，取值的机会越少。如果根据正态变量的样本数据画出所谓的频数多边图

（见第四章），样本容量很大时，会给人一种类似图 3－1 的印象。

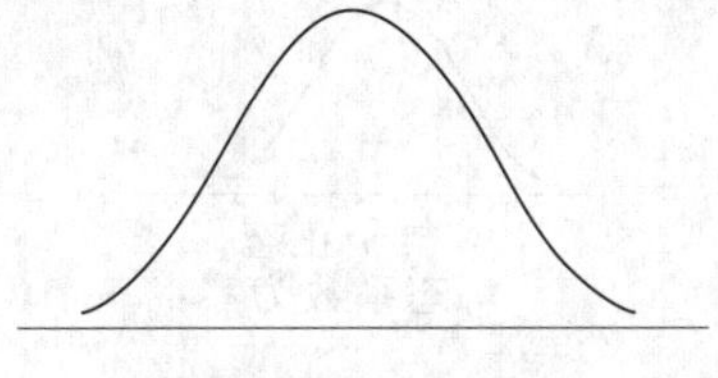

图 3－1　正态分布

二、偏态系数

有时候，多边图很不对称，数据较多地出现在均值的一侧。描述变量非对称分布的数字特征是偏态系数（skewness），也称为偏度。如果频数多边图类似于图 3－2（a），是负偏态分布（也称为左偏态分布），此时偏态系数为负，均值在中位数左侧，分布有较长的左尾。如果频数多边图类似于图 3－2（c），是正偏态分布（也称为右偏态分布），此时偏态系数为正，均值在中位数右侧，分布有较长的右尾。对于正态分布［图 3－2（b）］，偏态系数为零，均值与中位数重合。如果偏态系数的绝对值大于 1，说明该变量的分布与正态分布有较明显的不同。

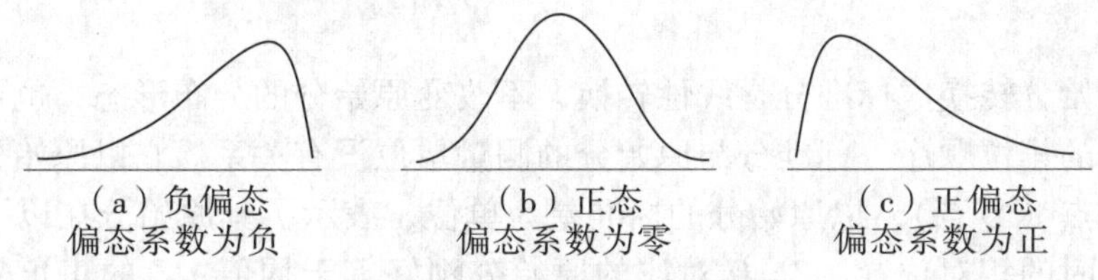

图 3－2　分布的形状——偏态

三、峰态系数

有时候多边图虽然对称，但图形显得特别平坦（比较离散）或特别高尖（比较集中）。描述变量分布聚集程度的数字特征是峰态系数（kurtosis），也称为峰度。正态分布的峰态系数为零［图 3－3（b）］。如果峰态系数为负，表示观测值比正态分布较少地聚集在均值附近［图 3－3（a）］。如果峰态系数为正，表示观测值比正态分布的较多地聚集在均值附近［图 3－3（c）］。

由于计算偏态系数的公式涉及观测值的三次方，而计算峰态系数的公式涉及观测值的四次方，这里不拟给出计算公式。利用 SPSS，计算它们就像计算均值一样容易。

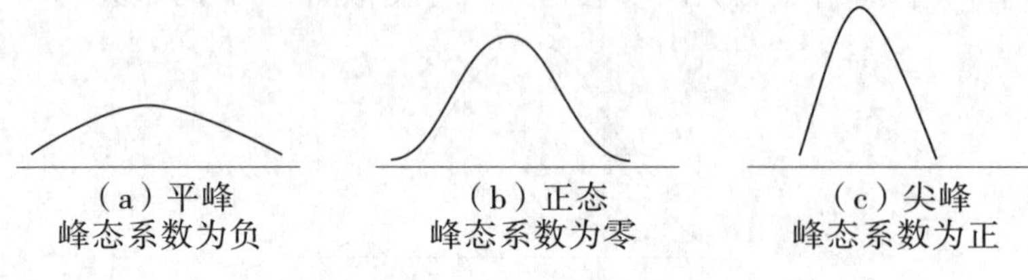

图 3－3　分布的形状——峰态

第四节　标准分及其在分布中的位置

设变量 X 的观测值为 $X_1, X_2, \cdots, X_n$，做所谓的标准化变换：

$$Z_i = \frac{X_i - \overline{X}}{S} \tag{3.11}$$

称 $Z_1, Z_2, \cdots, Z_n$ 为标准分（standardized score）或 Z 分数（Z－score），相应的变量 Z 称为标准化变量。容易验证，标准分的均值等于 0，标准差等于 1。

原始分转换成标准分是线性转换，不改变原始分的分布形态，也不改变原始分的排位顺序。标准分与原始分的测量单位没有关系。它以原始分的均值为原点（零点），以原始分的标准差为单位，表示了其原始分在以平均数为中心时的相对位置。$Z=0$ 对应的原始分刚好等于均值。Z 的正负号说明了对应的原始分是在均值之上（正号）还是均值之下（负号）。Z 的绝对值说明了对应的原始分与均值相差有多远。例如，$Z=1$ 对应的原始分比均值大 1 个标准差，$Z=-1.5$ 对应的原始分比均值小 1.5 个标准差。

【例 3.1（续 6）】 某年级数学期末考试后，随机抽取了 10 名学生的成绩：86，83，83，88，85，86，85，79，83，76。

由前面的计算已知，均值是 83.4，标准差是 3.57。第一个分数 86 对应的标准分是

$$Z_1 = \frac{86 - 83.4}{3.57} = 0.73$$

同理可以计算其余原始分对应的标准分。全部 10 名学生的标准分依次为：0.73，－0.11，－0.11，1.29，0.45，0.73，0.45，－1.23，－0.11，－2.07。

第六章以后将会看到，标准分在统计中很有用处。

第五节　计算样本数字特征的SPSS例解

一、使用频数分析命令（Frequencies）计算数字特征

【例3.3】计算例2.2中年龄的数字特征。

（1）打开数据文件“ch2-2. sav”。

（2）击选〈**Analyze**〉菜单〈**Descriptive Statistics**〉下的〈**Frequencies**〉命令。

（3）在打开的〈**Frequencies**〉对话框中，将〈**年龄**〉指定为〈**Variables**〉。

（4）单击〈**Statistics**〉按钮，在打开的〈**Frequencies：Statistics**〉对话框中，击选〈**Central Tendency**〉下除了〈**Sum**〉以外的选项（描述集中趋势的统计量）；击选〈**Dispersion**〉下的所有选项（描述离散程度的统计量），如图3－4所示。单击〈**Continue**〉按钮返回。

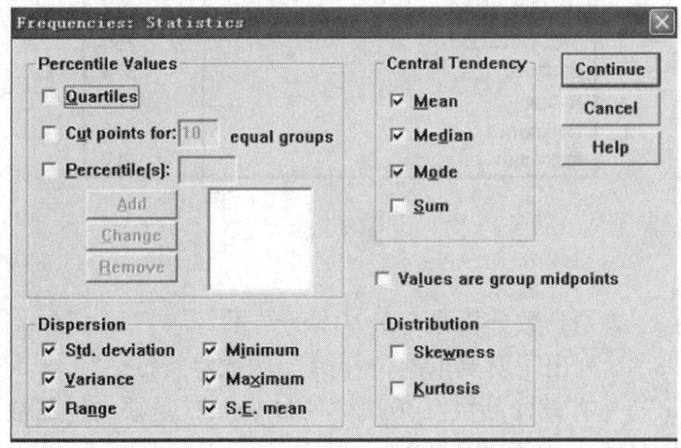

图3－4

（5）在〈**Frequencies**〉对话框中单击〈**Charts**〉按钮，在打开的〈**Frequencies：Charts**〉对话框中，击选〈**Chart Type**〉下的〈**Bar charts**〉（作条形图）。用默认的频数作图（如果要用百分频率作图，击选

〈**Percentages**〉)，如图 3－5 所示。单击〈**Continue**〉按钮返回。

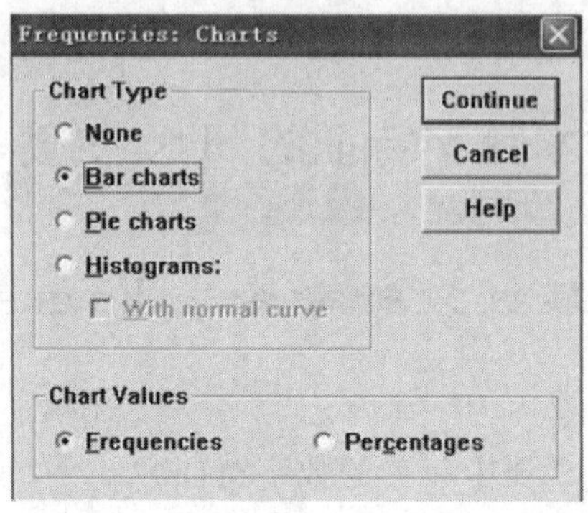

图 3－5

(6) 单击〈**OK**〉按钮，结果见图 2－2（第二章）、图 3－6 和图 3－7。

Statistics

年龄

N	Valid	30
	Missing	0
Mean		15.90
Std. Error of Mean		.139
Median		16.00
Mode		16
Std. Deviation		.759
Variance		.576
Range		2
Minimum		15
Maximum		17

图 3－6

说明：

(1) 图 2－2 是频数分析命令最基本的结果。

(2) 图 3－6 列出了所要求的“年龄”的数字特征。

“N Valid”是有效样品数（30），“N Missing”是缺失样品数（0）。

“Mean”是样本均值（15.90）。

“Std. Error of Mean”是均值的标准误（0.139），它等于标准差除以有效样品数的算术根（$0.759/\sqrt{30}$）。

“Median”是中位数（16）。

“Mode”是众数（16）。

"Std. Deviation" 是样本标准差（0.759），它等于方差的算术根。

"Variance" 是样本方差（0.576）。

"Range" 是全距（2），它等于最大值减去最小值。

"Minimum" 是最小值（15）。

"Maximum" 是最大值（17）。

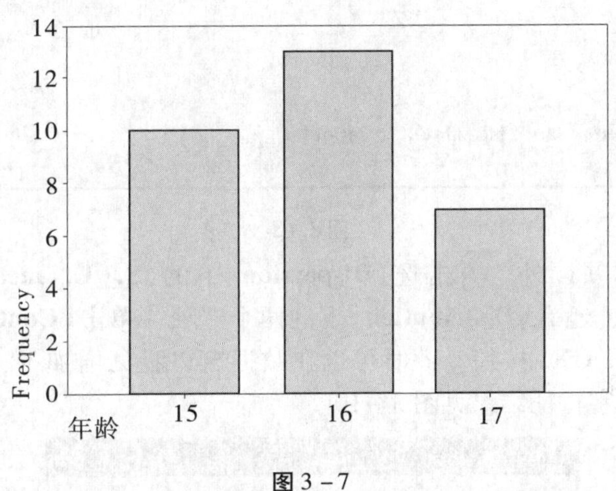

图 3－7

（3）图 3－7 是频数条形图。如果要作直方图，在〈**Frequencies: Charts**〉对话框中击选〈**Histograms**〉，适用于连续的变量；如果要作饼形图，击选〈**Pie charts**〉。第四章介绍了更多的统计图和作图操作。

二、使用描述统计命令（Descriptives）计算数字特征和标准分

【例 3.4】计算例 2.2 中各科成绩的数字特征，并计算标准分。

（1）打开数据文件"ch2-2. sav"。

（2）击选〈**Analyze**〉菜单〈**Descriptive Statistics**〉下〈**Descriptives**〉命令。

（3）在打开的〈**Descriptives**〉对话框中，将〈**语文**〉、〈**数学**〉和〈**英语**〉指定为〈**Variable（s）**〉（见图 3－8）。

（4）击选〈**Save standardized values as variables**〉（在数据窗口产生名为"zchinese"、"zmath"、"zenglish"的标准化变量，即标准分）。

（5）单击〈**Options...**〉按钮，在〈**Descriptives: Options**〉对话框中，

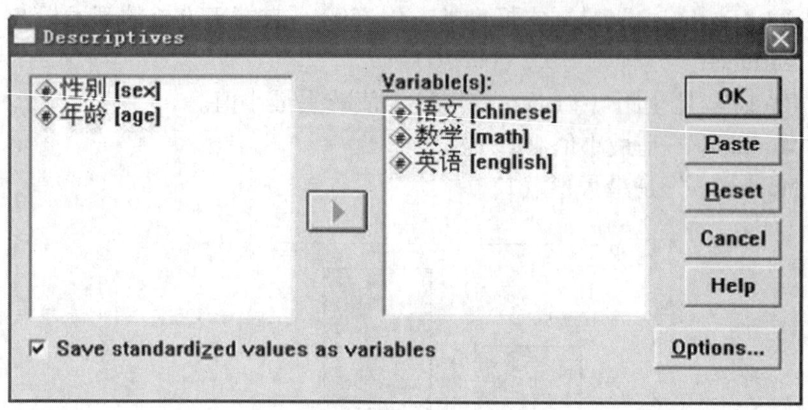

图 3-8

除了默认的选项以外，再击选〈**Dispersion**〉下的〈**S. E. mean**〉（计算均值的标准误），还有〈**Distribution**〉下的两个选项。单击〈**Continue**〉返回。

（6）单击〈**OK**〉按钮。此时可以在数据窗口看见增加了三个标准化变量。计算的数字特征结果见图 3-10。

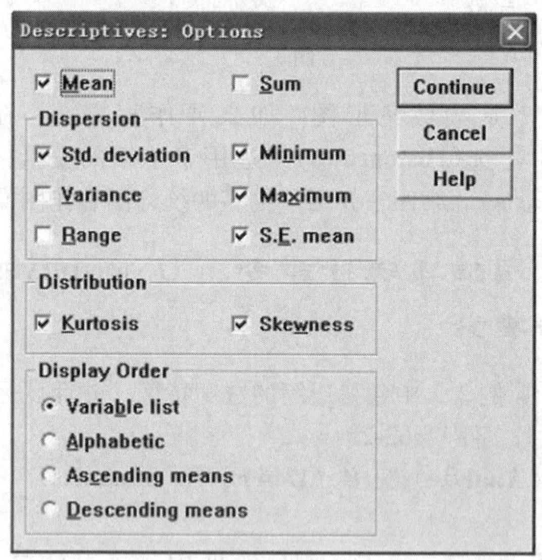

图 3-9

Descriptive statistics

	N	Minimum	Maximum	Mean		Std.	Skewness		Kurtosis	
	Statistic	Statistic	Statistic	Statistic	Std. Error	Statistic	Statistic	Std. Error	Statistic	Std. Error
语文	30	55	91	76.67	1.64	8.969	-.650	.427	.160	.833
数学	30	52	95	73.17	2.27	12.446	.002	.427	-.976	.833
英语	30	55	90	75.37	1.62	8.869	-.286	.427	-.441	.833
Valid N (listwise)	30									

图 3－10

说明：

（1）数字特征在 SPSS 中标识为统计量（statistic），关于统计量详见第六章。

（2）“Mean”下的两项分别是样本均值和样本均值的标准误。

“Std.”是样本标准差。

“Skewness”是偏态系数，它下面的两项分别是偏态系数和偏态系数的标准误。

“Kurtosis”是峰态系数，它下面的两项分别是峰态系数和峰态系数的标准误。

（3）Frequencies 和 Descriptives 命令都能计算数字特征。各自的主要特点是，频数分析可以得到频数分析表，计算分位点，做出条形图（或直方图、饼图等）；而描述统计可以在数据窗口产生标准化变量（即标准分）。

习　题

1．举出一个例子，使用中位数来描述集中趋势比用均值合理。

2．举出一个例子，使用众数来描述集中趋势比较好。

3．举出一个例子，使得均值、中位数和众数相等。

4．计算下面样本数据的均值、中位数、众数，方差和标准差：4，5，5，5，6，6，7，7，9。

5．计算第 4 题各原始分对应的标准分。

6．在 SPSS 中用描述统计命令（Descriptives）计算例 2.1 中英语成绩的均值、方差、标准差、最大值、最小值、偏态系数和峰态系数，并产生标准分。

第四章 统计图

统计图是根据统计数据，运用点、线、面、体以及色彩的描绘而制成的描述变量的分布情况、变量间的关系或变化情况的图形。它具有形象直观、易于理解的优点，但往往不够精确，因此需要与统计表或者其他方法结合起来使用。

根据研究目的的不同和数据自身的特点，可以将统计图设计成不同的形式，常用的有以下几种：条形图（bar chart）、线形图（line chart）、时序图（sequence chart）、饼图（pie chart）、散点图（scatter plot）、箱型图（box plot）、茎叶图（stem-and-leaf plot）、直方图（histogram）和多边图（polygon）等。

第一节 条形图

一、频数和百分比条形图

条形图是用宽度相同的直条（长方形）的长度（高度）来表示事物的数量或比例的大小的一种统计图，适合类别的比较。由条形图可以容易看出各类别的多少或所占的比例。

条形图可以横放，也可以竖放，没有本质区别。用 SPSS 画出的条形图默认的是竖放的。具体来说，横轴是类别变量，纵轴可以是各类别的频次或百分比，即用频数或百分比作为直条的高度。条形图主要用于性质相似的离散数据，连续性数据通常用直方图（见第八节）。

例如，第二章例 2.2 的表 2－5 中共有 30 个学生，其中男生 16 人，女生 14 人。按性别的频数，可以画出如图 4－1 所示的条形图。

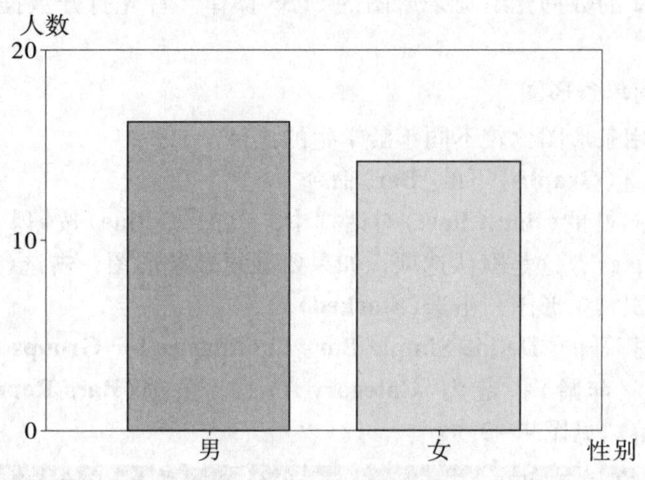

图 4－1 频数条形图

在这 30 个学生中，15 岁的有 10 人，16 岁的有 13 人，17 岁的有 7 人，三个年龄所占的百分比分别是 33.3%、43.3% 和 23.3%（见表 2－6）。按年龄的百分比可以画出如图 4－2 所示的条形图。

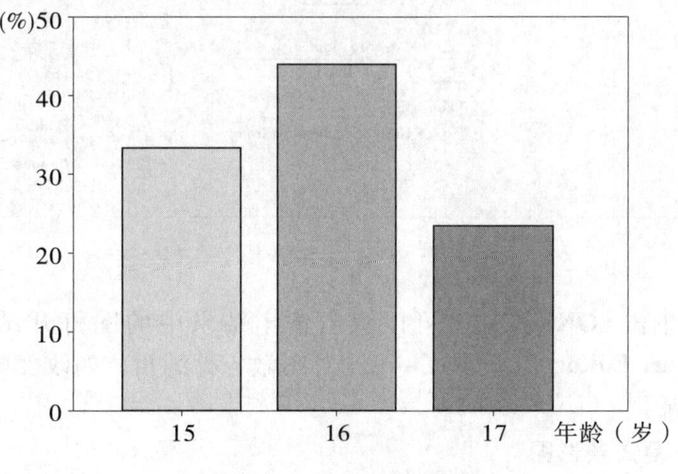

图 4－2 百分比条形图

二、画条形图的 SPSS 操作

以例 2. 2 的数据介绍画条形图的 SPSS 操作。首先打开数据文件“ch2-2. sav”。

（一）简单条形图

假设要用条形图比较不同年龄学生的比例。

（1）击选〈**Graphs**〉下的〈**Bar**〉命令。

（2）在打开的〈**Bar Chart**〉对话框中，单击〈**Define**〉按钮。（即画简单条形图〈**Simple**〉，这是默认选项；如果要画复式条形图，击选〈**Clustered**〉；如果要画堆积式条形图，击选〈**Stacked**〉）

（3）在打开的〈**Define Simple Bar：Summaries for Groups of Cases**〉对话框中，把〈**年龄**〉指定为〈**Category Axis**〉，击选〈**Bars Represent**〉下的〈**% of cases**〉，见图 4－3。

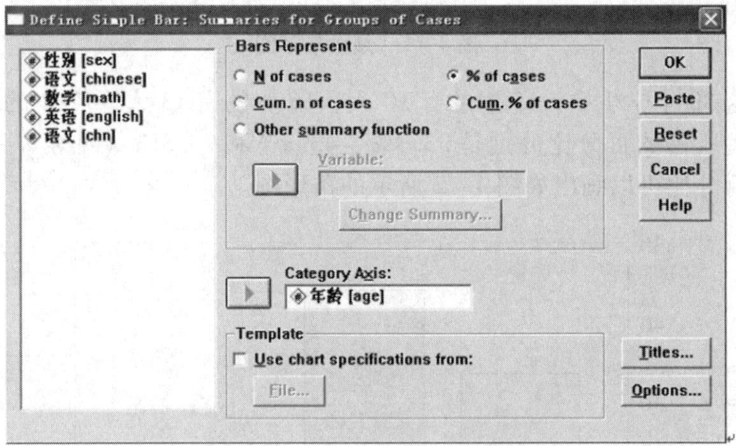

图 4－3

（4）单击〈**OK**〉按钮。可以双击输出结果中的图打开图片编辑器〈**SPSS Chart Editor**〉（见图 4－4），对图做各种编辑，如改变颜色等，请读者自己探索。

（二）复式条形图

假设要用条形图比较不同年龄中男女生的人数。

（1）击选〈**Graphs**〉下的〈**Bar**〉命令。

（2）在打开的〈**Bar Chart**〉对话框中，击选〈**Clustered**〉。单击〈**Define**〉

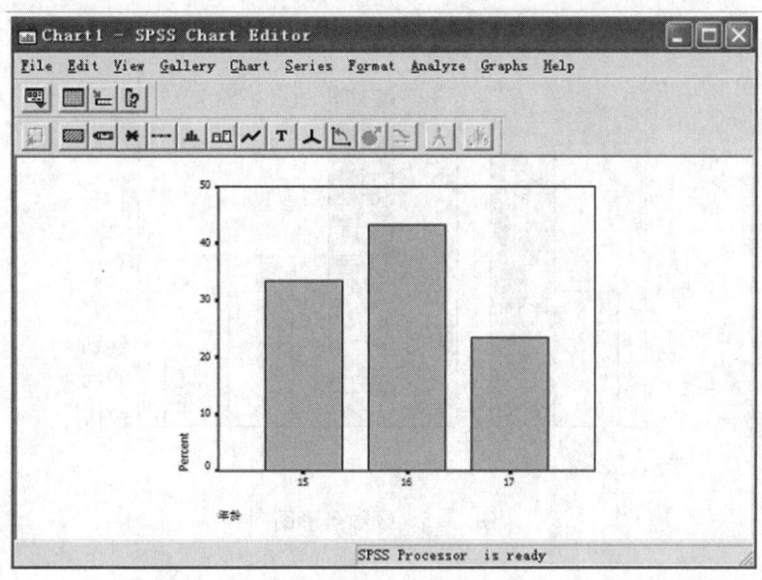

图4－4

按钮。

（3）在打开的〈**Define Clustered Bar：Summaries for Groups of Cases**〉对话框中，把〈**年龄**〉指定为〈**Category Axis**〉，把〈**性别**〉指定为〈**Define clusters by**〉，击选〈**Bars Represent**〉下的〈**N of cases**〉。

（4）单击〈**OK**〉按钮，结果见图4－5。

说明：

（1）条形图的高度除了可以用分类变量各类别的频数〈**N of cases**〉、百分比〈**% of cases**〉、累积频数〈**Cum. n of cases**〉和累积百分比〈**Cum. % of cases**〉外（见图4－3），还可以用另一个变量的函数（如均值），做法是击选〈**Other summary function**〉后，指定一个变量，并单击〈**Change Summary ...**〉后选择所要的函数（如平均值）。例如，以年龄为分类变量，语文的平均值为条形图高度，则条形图可以比较不同年龄学生的语文成绩。

（2）使用频数分析命令也可以画条形图，见第二章。

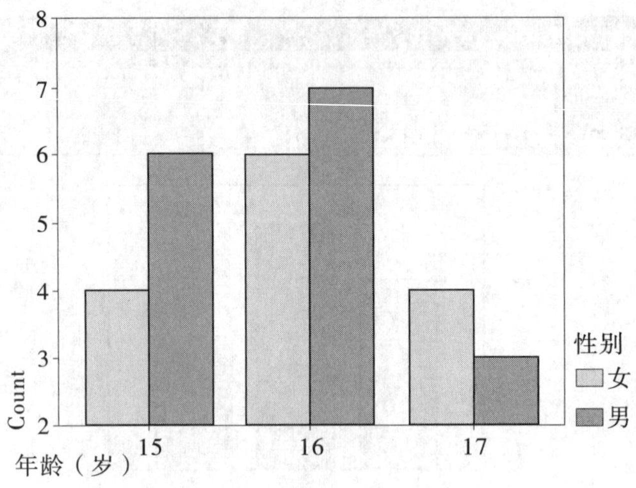

图 4-5　频数条形图

第二节　线　形　图

一、线形图

和条形图类似，但线性图不是用直条的长度而是用点的高低来表示事物的大小或比例，并将各类对应的点用折线连接起来。通常用线形图表示一个变量分类以后在各类中的大小。如例 2. 2 中 30 个学生的数学成绩，按年龄分类，15 岁的平均分是 70. 8，16 岁的平均分是 74. 9，17 岁的平均分是 73. 4，则可以画出如图 4 -6 所示的线形图，可以直观看出数学平均成绩随年龄的变化情况。这里的平均值，也可以是各类的人数或其他数字特征。

二、画线形图的 SPSS 操作

以例 2. 2 的数据介绍画线形图的 SPSS 操作。首先打开数据文件 "ch2-2. sav"。

假设要分不同性别画以年龄分类的数学平均成绩线形图。

（1）击选〈**Graphs**〉下的〈 **Line** 〉命令。

（2）在打开的〈**Line Chart**〉对话框中，击选〈**Multiple**〉（即画多重线形图，默认的是画如图 4 -6 那样的简单线形图〈**Simple**〉）。之后，单击

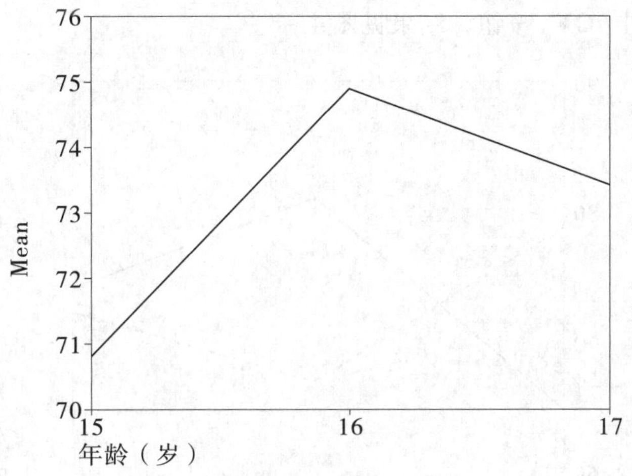

图 4－6　线形图

〈**Define**〉按钮，弹出〈**Define Multiple Line：Summaries for Groups of Cases**〉对话框（如图 4－7 所示）。

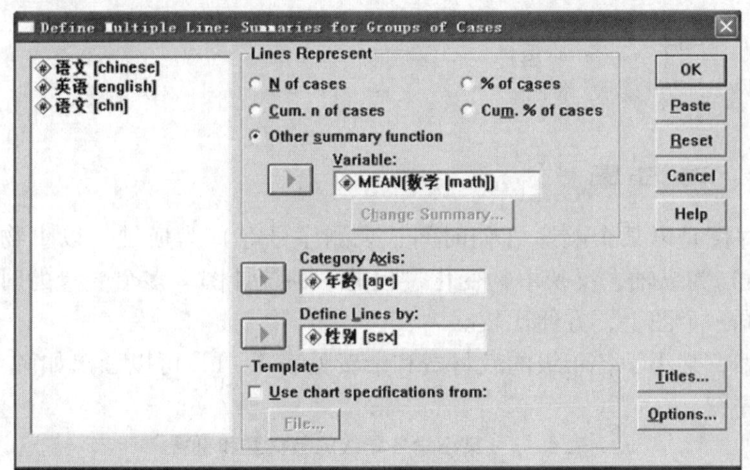

图 4－7

（3）在打开的〈**Define Multiple Line：Summaries for Groups of Cases**〉对话框中，击选〈**Lines Represent**〉下的〈**Other summary function**〉，将〈**数学**〉指定为〈**Variable**〉。将〈**年龄**〉指定为〈**Category Axis**〉，将〈**性别**〉指定为〈**Define Lines by**〉。具体参见图 4－7。（如果函数不是均值，可以单击〈**Change Summary...**〉后选择所要的函数。）

(4) 单击〈**OK**〉按钮，结果见图 4-8。

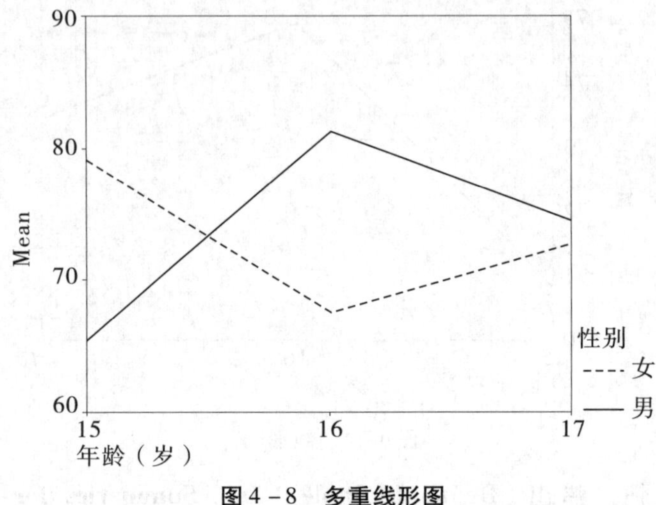

图 4-8 多重线形图

第三节 时 序 图

一、时序图

时序图是以某个顺序（如时间、观测序号等）为横轴，以事物的数量（变量值）为纵轴，反映事物变化过程的一种统计图。多个变量的时序图可以画在同一个图上，方便比较。

例如，某小学各年级的教材费和杂费见表 4-1，可以画出如图 4-9 所示的时序图。

表 4-1 某小学各年级的教材费和杂费

年级	教材费/元	杂费/元
1	16.20	10.00
2	17.50	10.00
3	22.60	10.00
4	21.80	15.00
5	27.40	15.00
6	23.50	20.00

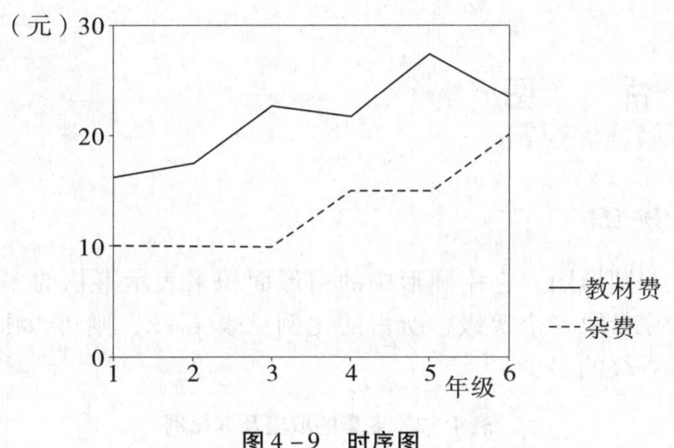

图 4－9　时序图

二、画时序图的 SPSS 操作

将表 4－1 中的数据输入并将数据文件命名为“table4-1. sav”。

（1）击选〈**Graphs**〉下的〈 **Sequence**〉命令。

（2）在打开的〈**Sequence Charts**〉对话框中，将〈**教材费**〉和〈**杂费**〉指定为〈**Variables**〉，将〈**年级**〉指定为〈**Time Axis Labels**〉，见图 4－10。

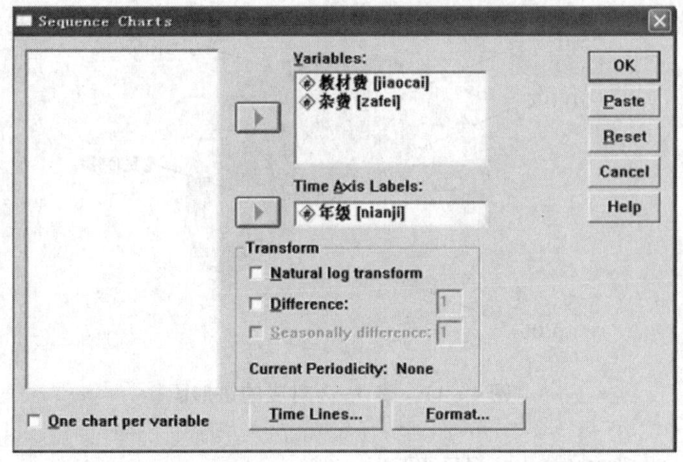

图 4－10

（3）单击〈**OK**〉按钮，对图适当编辑后结果见图 4－9。

第四章　统计图

第四节　饼　　图

一、饼图

饼图又叫圆形图，它用圆形中的扇形面积来表示事物的多少或构成比例。如一个变量取 5 个等级，所占的比例见表 4－2，则可以画出图 4－11 直观反映各等级的多少。

表 4－2　变量的取值及其比例

等级	比例（%）
1	10.0
2	25.0
3	40.0
4	20.0
5	5.0

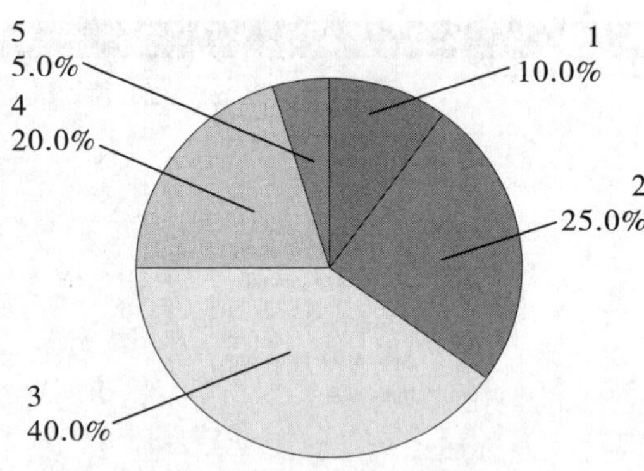

图 4－11　表 4－2 对应的饼形图

二、画饼图的 SPSS 操作

以例 2.2 的数据介绍画饼图的 SPSS 操作，要画的是学生年龄的饼图。首先打开数据文件“ch2-2. sav”。

（1）击选〈**Graphs**〉下的〈**Pie**〉命令。

（2）在打开的〈**Pie Charts**〉对话框中，点击〈**Define**〉按钮。

（3）在打开的〈**Define Pie：Summaries for Groups of Cases**〉对话框中，将〈**年龄**〉指定为〈**Define Slices by**〉。

（4）单击〈**OK**〉按钮，对图适当编辑后结果见图 4－12。

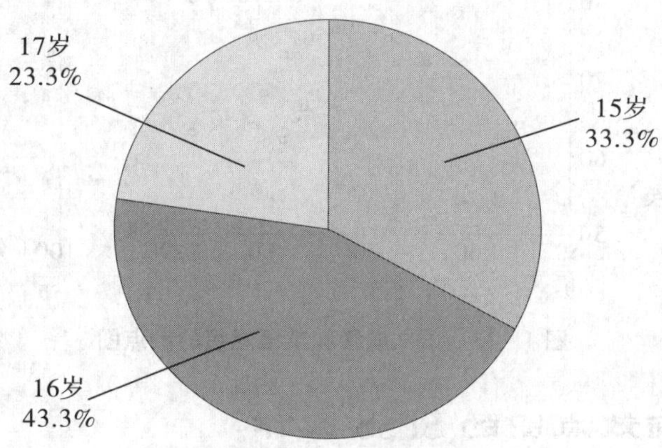

图 4－12　学生年龄的饼图

说明：如果数据不是原始数据，而是像表 4－2 那样经过整理的数据，则在〈**Define Pie：Summaries for Groups of Cases**〉对话框中，击选〈**Slices Represent**〉下的〈**Other summary function**〉，并将"比例"指定为〈**variable**〉。然后点击〈**Change Summary**〉并在打开的〈**Summary Function**〉对话框中击选〈**Sum of values**〉。

第五节　散　点　图

一、散点图

对任何两个变量，在同一个个体（即样品）上的观测值是二维平面上的一个点，样本中全体这样的点构成散点图。散点图可以直观地呈现出两个变量的变化关系和变化方向（见第八章）。图 4－13 是例 2.2 中 30 个学生的语文成绩和英语成绩的散点图。

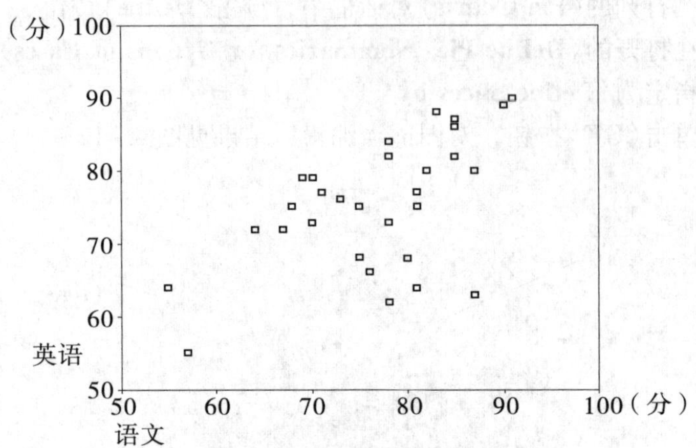

图 4－13　语文成绩和英语成绩的散点图

二、画散点图的 SPSS 操作

以例 2. 2 的数据介绍画散点图的 SPSS 操作，如要画语文成绩和英语成绩的散点图。首先打开数据文件“ch2-2. sav”。

（1）击选〈**Graphs**〉下的〈**Scatter**〉命令。

（2）在打开的〈**Scatterplot**〉对话框中，点击〈**Define**〉按钮。（即画默认的〈**Simple**〉简单散点图）

（3）在打开的〈**Simple Scatterplot**〉对话框中，将〈**英语**〉指定为〈**Y Axis**〉，将〈**语文**〉指定为〈**X Axis**〉。

（4）单击〈**OK**〉按钮，结果见图 4－13。

说明：也可以按某个变量分类画出散点图，如例 2. 2，可以按性别分类画图，做法是在〈**Simple Scatterplot**〉对话框中，将〈**性别**〉指定为〈**Set Markers by**〉。这时，图上的点有两种颜色，分别代表男女。

第六节　箱　型　图

一、箱型图

箱型图也称为盒须图（box-and-whisker plot），反映了变量分布的若干要素。首先，箱子的下端和上端分别是第一和第三个四分位点，即低于下端点的数据个数占样本容量的1/4，高于上端点的数据个数也占样本容量的1/4。这样，位于箱子中的数据占了一半。箱子中的横线表示中位数，上下线延伸形成"须状"线或尾巴，须状线延伸的距离不超过箱子高度的1.5倍。那些不能包含在"须状"线以内的远离中位数的点（即异常点），则用圆点直接标出来。

箱型图通常用于比较一个连续变量在不同类别上的取值情况。

对于标准正态分布（见第六章），因为 $\Phi(0.6745)=0.75$，$\Phi(-0.6745)=0.25$，所以箱子的高度为 $0.6745-(-0.6745)=1.3490$。"须状"线的长度最大为 $1.349\times1.5=2.0235$，因此，从中位数（此处是零）到须状线的距离是 $2.0235+0.6745=2.698$。这样，含在"须状"线以内的点所占的比例是

$$\Phi(2.698)-\Phi(-2.698)=0.9965-0.0035=0.993$$

即"须状"线以内覆盖了99.3%的数据。

图4-14是以例2.2中30个学生的语文成绩做成的箱型图。

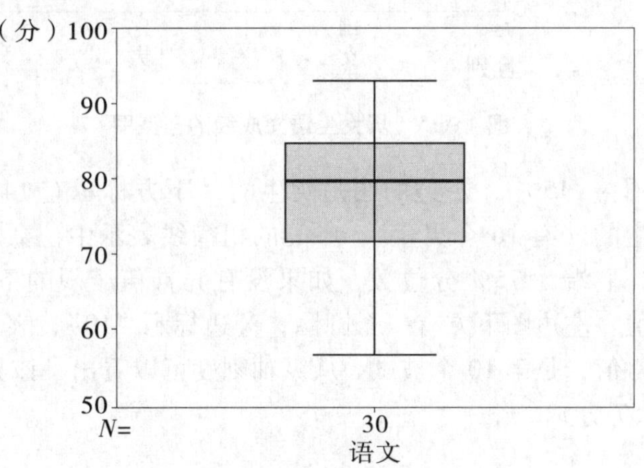

图4-14　语文成绩箱型图

二、画箱型图的SPSS操作

以例2.2的数据介绍画箱型图的SPSS操作，如画不同性别被试的语文成绩箱型图。首先打开数据文件"ch2-2.sav"。

（1）击选〈**Graphs**〉下的〈**Boxplot**〉命令。

（2）在打开的〈**Boxplot**〉对话框中，点击〈**Define**〉按钮（即画默认的〈**Simple**〉简单箱型图，〈**Summaries for Groups of Cases**〉即为分组画图）。

（3）在打开的〈**Define Simple Boxplot：Summaries for Groups of Cases**〉对话框中，将〈**语文**〉指定为〈**Variable**〉，将〈**性别**〉指定为〈**Category Axis**〉。

（4）单击〈**OK**〉按钮，结果见图4－15。

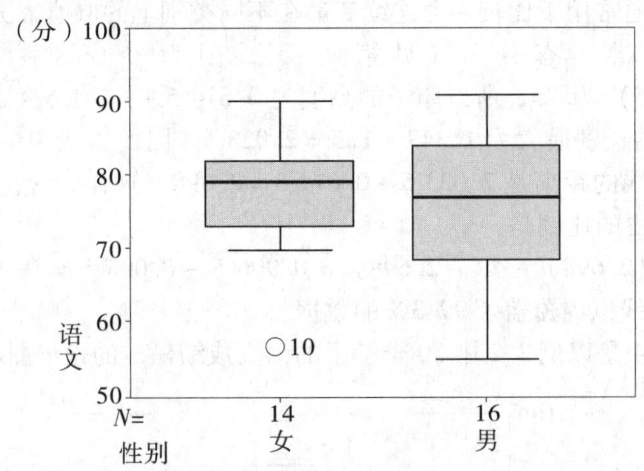

图4－15　男女生语文成绩的箱型图

说明：图4－15中，左边的图是女生的（下方标示有14个女生），右边的图是男生的（有16个男生）。中间的粗横线表示中位数。盒体下端为25%分位数，上端为75%分位数。如果没有异常值，须的下边为最小值，上边为最大值。左边图下方有一个圆圈，旁边标示“10”，表示女生语文成绩有一个异常值，是第10个被试。从纵轴刻度可以看出，该异常值低于60分（实际是57分）。

第七节　茎　叶　图

一、茎叶图

茎叶图是由数字做成的图案，左边是频数，右边才是由数字组成的茎叶。图 4 - 16 是由例 2. 2 中 30 个学生的语文成绩得到的茎叶图。

```
语文 Stem-and-Leaf Plot

Frequency     Stem &  Leaf

      .00        5 .
     2.00        5 .  57
     1.00        6 .  4
     3.00        6 .  789
     4.00        7 .  0013
     7.00        7 .  5568888
     6.00        8 .  011123
     5.00        8 .  55577
     2.00        9 .  01

Stem width:        10
Each leaf:       1 case(s)
```

图 4 - 16　茎叶图

在茎叶图案部分，分为“茎”和“叶”两列，由小数点分开，但这些小数点不是真正的小数点，小数点要由“茎”的宽度来定。左边“茎”部分的数字（可以是一位或多位），是数据左边的数字；右边“叶”部分的每一个数字代表了一个数据，该数字的值比“茎”部分数字的值低一位小数，与“茎”部分的数字合在一起表示数据的大小。以“-6 . 2335”为例，表示 4 个数据，如果“茎”的宽度是 1，这 4 个数据分别是 - 6. 2，- 6. 3，- 6. 3，- 6. 5；如果“茎”的宽度是 0.1，这 4 个数据分别是 - 0. 62，- 0. 63，- 0. 63，- 0. 65；如果“茎”的宽度是 10，这 4 个数据分别是 -62，-63，-63，-65。

在图 4 - 16 中，“茎”的宽度（Stem width）是 10，图案第二行的“5. 57”表示有 2 个数据，分别是 55 和 57。图案第五行的“7 . 0013”表示有 4 个数据，分别是 70，70，71 和 73。

茎叶图通常用于描述样本较小的连续变量的取值情况，不仅可以看出在某些范围出现的频数，还可以看出数值的大小和重复取值的情况。

二、画茎叶图的 SPSS 操作

以例 2. 2 的数据介绍画茎叶图的 SPSS 操作，如要画语文成绩的茎叶图。茎叶图与其他由点线组成的统计图其实是很不一样的，在 SPSS 中画茎叶图的命令也不在〈**Graphs**〉菜单下，而是用〈**Analyze**〉的〈**Descriptive Statistics**〉下的〈**Explore** 〉命令。首先打开数据文件“ch2-2. sav”。

（1）击选〈**Analyze**〉的〈**Descriptive Statistics**〉下的〈**Explore**〉命令。

（2）在打开的〈**Explore**〉对话框中，将〈**语文**〉指定为〈**Dependent List**〉。

（3）单击〈**OK**〉按钮，结果见图4－16。

说明：

（1）上面的操作用的是〈**Descriptive Statistics**〉下的命令，所以首先给出的是描述统计的结果（见第三章）。

（2）上面操作的结果也同时画出箱型图，和画茎叶图一样都是此操作默认画的图。还可以画直方图（见本章第八节）和检验正态性的Q-Q图（见第七章）等。方法是在〈**Explore**〉对话框中，击选〈**Plots**〉按钮，在打开的〈**Explore：Plots**〉对话框中，击选相应的选项，画直方图击选〈**Histogram**〉，画检验正态性的Q-Q图等击选〈**Normality plots with tests**〉。

（3）如果要按一个类别变量分类画图，如按性别分类，在〈**Explore**〉对话框中将〈**性别**〉指定为〈**Factor List**〉。这样，所有统计结果，包括图形，都是按性别分类给出。

第八节　直方图和多边图

一、频数直方图

频数直方图相当于连续变量的条形图，用于表示在某个范围内连续取值的变量在各组中的频数分布。频数直方图是在频数分布表（见第二章第二节）的基础上画出来的，横轴表示变量的数值大小，纵轴表示变量在每组中的取值次数。长方形的底边两端点分别是各组实际组限的下限和上限，长方形之间不留空隙。

例如，由表2－4可以绘制出80个学生的数学成绩的频数直方图，见图4－17。

也可以用频率百分比作为直方图的高度，图形和频数直方图一模一样，只需将纵轴刻度换成相应的频率百分比。

二、频数多边图

在频数直方图中，取各长方形上边中点用折线连起来，并顺延至横轴，

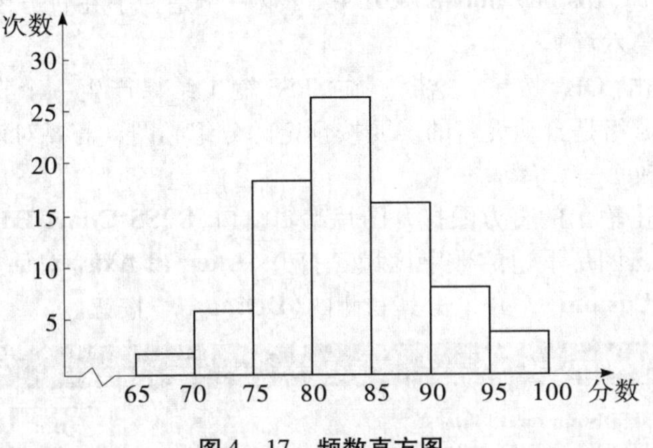

图 4－17　频数直方图

然后抹去原来的直方图，就成了频数多边图，见图 4－18（为了便于比较，保留了频数直方图作为背景）。为了顺延至横轴，两端各增加频数为零的一个组。

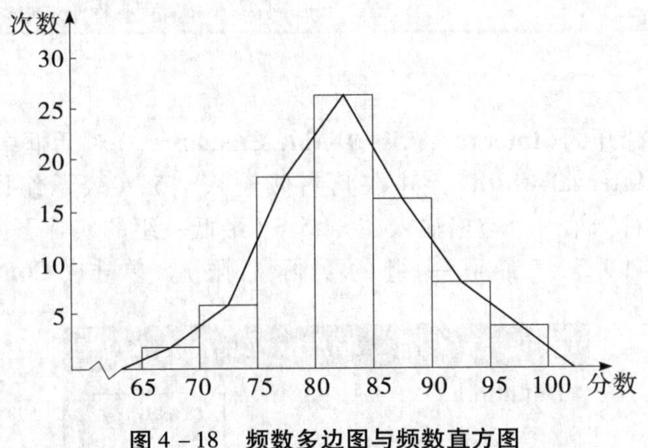

图 4－18　频数多边图与频数直方图

三、画直方图的 SPSS 操作

以例 2.1 的数据介绍画直方图的 SPSS 操作，如要画 80 个学生数学成绩的频数直方图。先建立一个 SPSS 数据文件，命名为"ch2-1. sav"，将例 2.1 全部 80 个数据依次输入同一列，并将变量命名为"score"。

（1）击选〈**Graphs**〉下的〈**Histogram**〉命令。

（2）在打开的〈**Histogram**〉对话框中，将〈**score**〉指定为〈**Variable**〉。

（3）击选〈**Display normal curve**〉（这一步是为了在直方图上画出正态曲线，参见第六章）。

（4）单击〈**OK**〉按钮。这时，在 SPSS 输出结果产生一个直方图，但这个直方图的分组是自动设定的。要按预定的分组画图，需要对该图进行下面的操作来修改。

（5）双击输出的直方图打开图片编辑窗口〈**SPSS Chart Editor**〉。

（6）双击图形下边的数字区域，打开〈**Interval Axis**〉对话框（见图4－19）。击选〈**Custom**〉，并单击其右侧的〈**Define...**〉按钮。

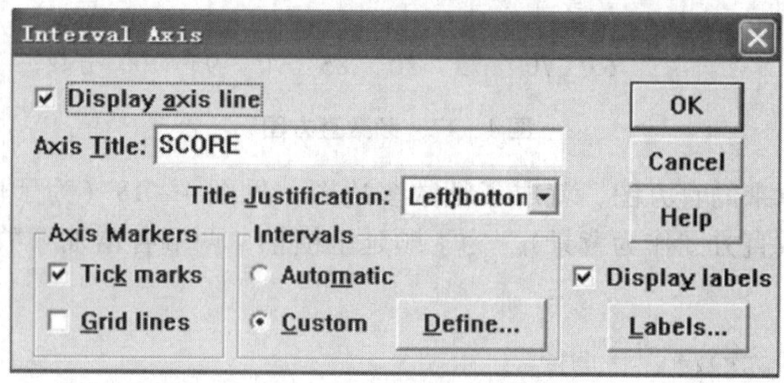

图 4－19

（7）在打开的〈**Interval Axis：Define Custom...**〉对话框中（见图 4－20），击选〈**Interval width**〉，并在其右侧输入“5”（表示组距为 5）。在〈**Displayed**〉右侧第一个空格输入“64.5”（最低一组的实际下限），第二个空格输入“99.5”（最高一组的实际上限）。单击〈**Continue**〉返回

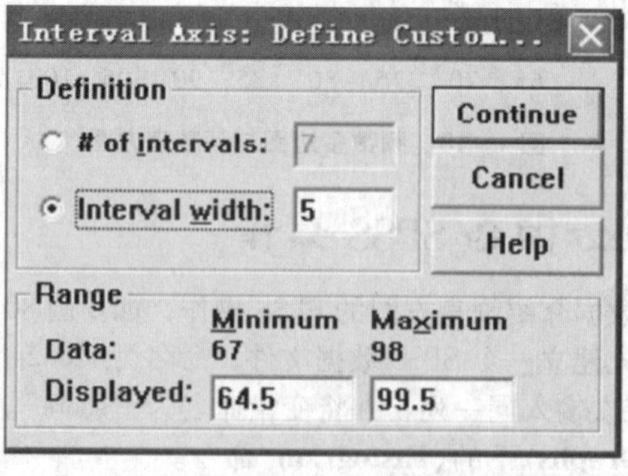

Interval Axis: Define Custom...
Definition
\# of intervals: 7
Interval width: 5
Continue
Cancel
Help
Range
Minimum Maximum
Data: 67 98
Displayed: 64.5 99.5

图 4－20

〈**Interval Axis**〉对话框。

（8）单击〈**Interval Axis**〉对话框中的〈**OK**〉按钮，得到如图 4－21 所示的直方图。

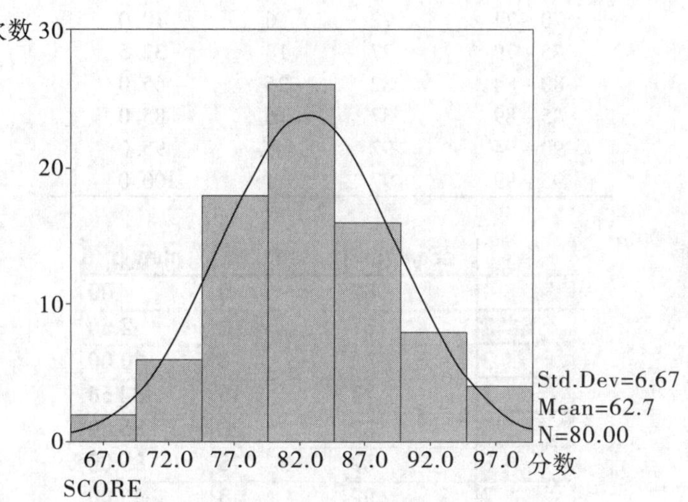

图 4－21　直方图

说明：比较图 4－21 和图 4－17，图形是一样的。如果要改变直方图中的横轴和纵轴刻度，可以双击这些数字，然后进行修改，请读者自己探索。

四、画多边图和累积频率曲线的 SPSS 操作

仍然以例 2.1 的数据介绍画多边图的 SPSS 操作。不难看出，多边图其实是一种时序图（也是一种线形图）。用第二章介绍的连续变量频数分析方法，得到各组的组中值和频数，然后用组中值和频数画时序图。

（1）打开数据文件“ch2-1. sav”，用连续变量频数分析方法，可以得到一个表 4－3 那样的分布表。

（2）新建一个数据文件，命名为“table4-3. sav”。只保留组中值（命名为“score_m”）、频数（命名为“f”）和累积频率百分比（命名为“cum_p”），见图 4－22。注意，两端各增加了一个频数为零的组。

（3）以组中值“score_m”为横轴，用频数“f”作时序图，得到如图 4－23 所示的多边图。

表 4－3　某小学五年级数学考试成绩分布表

分组	组中值	次数	累积频率（%）
65－69	67	2	2.5
70－74	72	6	10.0
75－79	77	18	32.5
80－84	82	26	65.0
85－89	87	16	85.0
90－94	92	8	95.0
95－99	97	4	100.0

	score_m	f	cum_p
1	62	0	.00
2	67	2	2.50
3	72	6	10.00
4	77	18	32.50
5	82	26	65.00
6	87	16	85.00
7	92	8	95.00
8	97	4	100.00
9	102	0	100.00

图 4－22

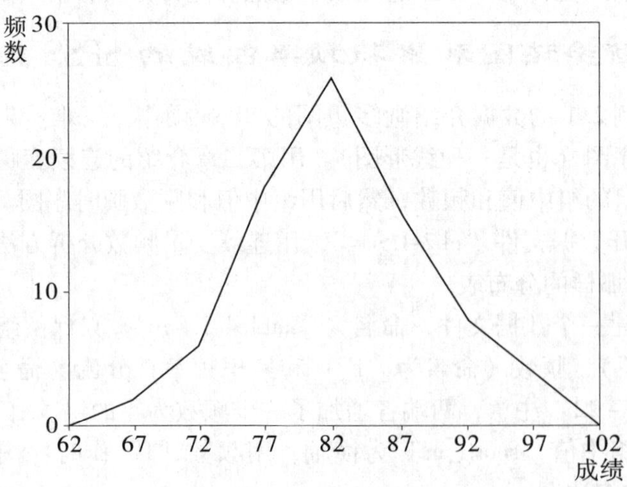

图 4－23　多边图

（4）以组中值“score_m”为横轴，用累积频率百分比“cum_p”作时序图，得到如图 4 - 24 所示的曲线，称为累积频率曲线。

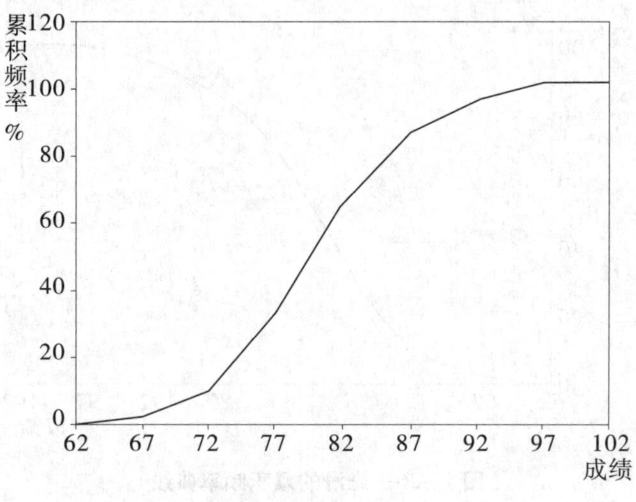

图 4 - 24　累积频率曲线

说明：

（1）图 4 - 23 和图 4 - 24 中的曲线都不是光滑的，如果要加工成光滑曲线，以反映总体的情况，可以双击 SPSS 输出的图，打开图形编辑窗口。单击曲线后，击选〈**Format**〉下的〈**Interpolation**〉命令，打开〈**Line Interpolation**〉对话框，如图 4 - 25 所示。击选〈**Spline**〉左侧那个图形按钮，并单击〈**Apply**〉按钮，这时曲线就变成光滑的了。图 4 - 26 是光滑的累积频率曲线。

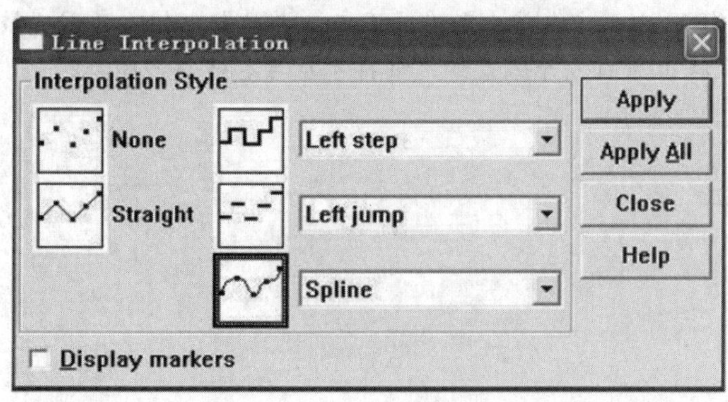

图 4 - 25

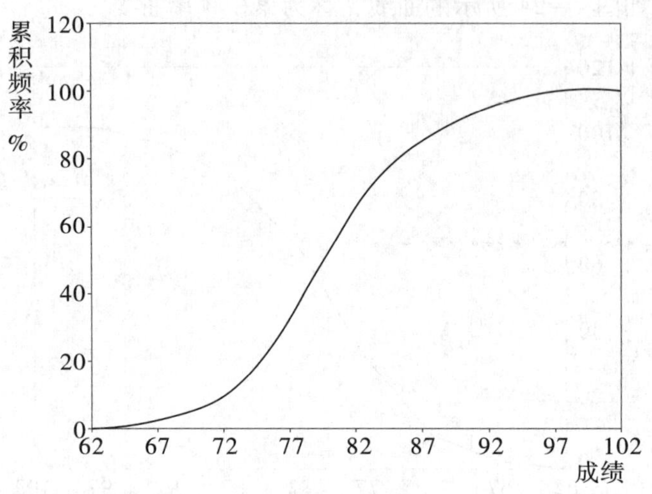

图 4－26　光滑的累积频率曲线

（2）多边图与变量的密度函数有关，而累积频率曲线与变量的分布函数有关。变量的密度函数和分布函数是概率统计中的重要概念，见第五章。

习　题

1. 从哪些角度可以说箱型图比其他的统计图承载了更多的信息？

2. 在 SPSS 中，画茎叶图的操作与其他统计图有何不同？茎叶图的适用情况和优点是什么？

3. 在 SPSS 中，哪种作图操作可以画出多边图和累积频率曲线？

4. 在 SPSS 中画出本节中所有的图来，并与书上相应的图比较异同。如果不同，试找出原因，并探索如何编辑才能与本书的一致。

第五章 概率基本知识

除了描述统计外，在心理和教育研究中，经常需要推断统计。推断统计是根据随机抽取的样本对总体特征做出推论的统计方法。推断统计的数学基础是概率论，为了更好地理解和掌握推断统计的原理和方法，有必要学习和了解一些基本的概率知识。本章主要介绍事件及其运算、事件的概率、概率的性质和运算以及全概率公式等内容。

第一节　事件及其运算

一、随机现象和随机试验

人们在观测自然和社会现象时，会碰到两种不同的现象：一种是必然现象，另一种是随机现象。为了说明这两种现象，看看下面两个简单的试验。

试验 1：一个口袋中有 2 个乒乓球，都是白色的，从中任意摸取一个。

试验 2：一个口袋中有 2 个乒乓球，一个白色，一个红色，从中任意摸取一个。

对于试验 1，在还没有摸出球之前，我们就能确定摸出的球必定是白色的。这种试验，在试验前就可以根据条件确定会出现什么结果，对应的现象称为必然现象（或确定性现象）。人们熟知的必然现象很多，例如：在一个标准大气压下，水在 100 ℃时会沸腾；树上的果子在成熟脱落后总是往下掉；一个长为 6 米、宽为 5 米的教室，面积是 30 平方米……

对于试验 2，在还没有摸出球之前，不能确定摸出的是白球还是红球。

这种试验，在确定的条件下，有不止一种可能的结果，试验前不能确定哪个结果会出现，对应的现象称为随机现象。在心理和教育研究中，会碰到大量随机现象。例如：一个学生的性格，可能是内向的，也可能是外向的；对一个不会做的选择题随意猜测一个答案，可能猜对，也可能猜错；一项有关记忆的心理实验，被试的正确回忆项目数在实验前是不能确定的……

对一个随机现象进行一次观测或试验，统称为一次随机试验，简称为试验（trial），它满足下面三个条件：

（1）试验可以在相同的条件下重复进行；

（2）试验的所有可能结果明确可知，且不止一个；

（3）一次试验之前无法肯定会出现哪一个结果。

一次试验无规律可言，但大量试验有集体性规律。例如，一个新生婴儿可能是男孩，也可能是女孩，但人口普查发现，在一个较大范围内（如一个大城市）每年新生婴儿中的男女比例大约总是1∶1。又如，在一定范围内（如某校初中一年级新生）将人的智商（或身高、体重等）画出次数直方图和次数多边图，会与图5－1所示的一条中间高、两头低的像铜钟的纵剖面那样的曲线（即所谓正态曲线）很相似。

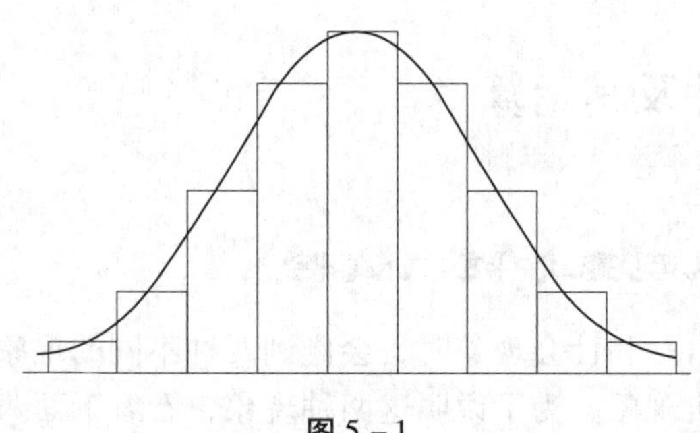

图5－1

二、事件

一次试验的每一个可能的结果称为随机事件，简称为事件（event）。不能再分的事件称为基本事件，由基本事件组合而成的事件称为复合事件。

【例5.1】从0,1,2，…,9这10个数字中任取一个，则有10个基本事件：

A_i = “取到的数字是 i”，$i=0,1,2,\cdots,9$

但还有其他一些可能结果，如

B = “取到一个奇数”，

C = “取到一个小于 5 的数”，

D = “取到 1 或 3”，

E = “取到一个小于 5 的奇数”，

其中，B、C、D、E 都是复合事件。

【例 5.2】随机抽查一个有两个孩子的家庭，则

A_1 = “两个都是男孩”，

A_2 = “大的是男孩，小的是女孩”，

A_3 = “大的是女孩，小的是男孩”，

A_4 = “两个都是女孩”

都是基本事件。而

B = “一个男孩，一个女孩”

是事件，但不是基本事件，因为 B 可以分为两个基本事件：A_2 和 A_3。

一个事件是否为基本事件，与试验的目的有关。例如，学生的一次考试成绩，如果是采用百分制，则 [0, 100] 中的每一个整数 k 都对应于一个基本事件：“成绩等于 k”，而“成绩及格（60 分或以上）”是一个复合事件。但如果评分时不是使用百分制，而是直接用“合格”和“不合格”评定成绩，则基本事件只有两个：“成绩合格”和“成绩不合格”。

三、事件的关系和运算

通常将基本事件看作只含一个元素（不能再分的一个可能结果）的集合，复合事件则是多于一个元素的集合。将事件视为集合，事件之间的关系和运算就可以理解为集合之间的关系和运算。记 U 为基本事件全体所成的集合，即 U 包含了所有可能的结果，因而 U 必然会出现，称 U 为必然事件。记 V 为空集，它不包含任何基本事件，因而 V 是一个不可能出现的结果，称为不可能事件。必然事件 U 和不可能事件 V 是随机事件的极端情形，出现与否是明确的，已经失去了不确定性，本质上不是随机事件，但为了方便起见，仍然把它们看作随机事件。

1. 包含关系

如果事件 A 出现必然导致事件 B 出现，则称 B 包含了 A，或称 A 包含于 B。记为

$$A \subset B \quad 或 \quad B \supset A$$

$A \subset B$ 意味着 A 中的基本事件都是 B 中的基本事件。包含关系可以用图 5－2

那样形象地表示，这种图称为文图（Venn diagram）。可以通过文图直观地理解包含关系：向矩形内任投一点，事件 A 表示落在小圆内，事件 B 表示落在大圆内，这时显然有$A \subset B$。

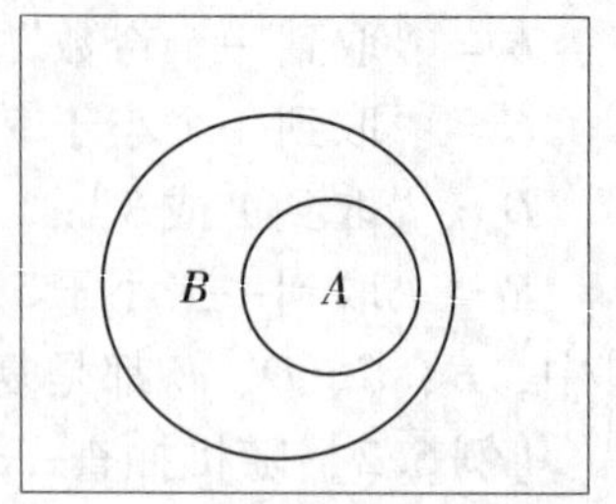

图 5－2　事件的包含关系

对任意一个事件 A，总有 $V \subset A \subset U$。对于 $A \subset U$，容易理解。为了理解 $V \subset A$，可以把包含关系 $A \subset B$ 重新叙述为："如果事件 B 不出现，则 A 一定不出现"，它与"如果事件 A 出现，则事件 B 一定出现"是等价的。因为事件 V 是不可能事件，总是不出现，从而满足"如果 A 不出现，则 V 不出现"。

在例 5.1 中，如果事件 $D=$ "取到 1 或 3" 出现，必然导致事件 $B=$ "取到一个奇数" 出现，所以 $D \subset B$。

2．相等关系

如果事件 A 和 B 其中一个出现必然导致另一个出现，则称事件 A 和 B 相等，记为 $A=B$。"$A=B$" 等价于 "$A \subset B$ 且 $A \supset B$"。两个相等的事件总是同时出现或同时不出现。如在例 5.1 中，事件"取到 1 或 3"与事件"取到一个小于 5 的奇数"是同一个事件，即 $D=E$。

3．事件的和

设 A、B 是两个事件，则"事件 A、B 至少有一个出现"也是一个事件，称为事件 A 和事件 B 的和（或并），记为 $A \cup B$。

图 5－3 是事件和的文图。设想向矩形内任投一点，事件 A 表示点落在左圆内，事件 B 表示点落在右圆内，事件和 $A \cup B$ 表示点落在两个圆中的某一个或者两个圆的公共部分，如图阴影所示。

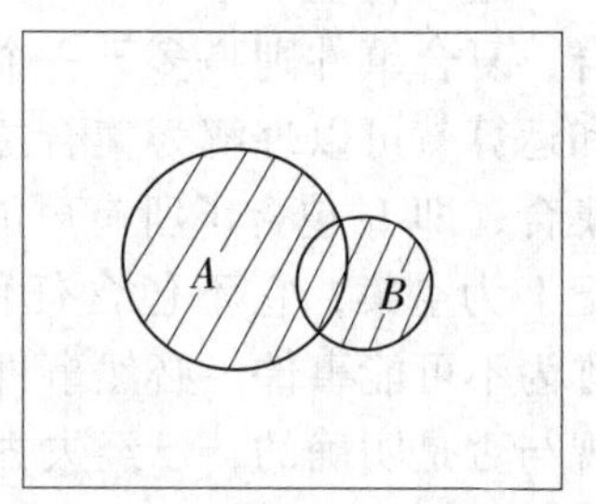

图 5－3　事件的和

三个事件 A、B、C 的和 $A \cup B \cup C$ 表示"事件 A、B、C 中至少有一个出现"这一事件。类似可以定义多个事件的和。

如在例 5.2 中，$A_2=$ "大的是男孩，小的是女孩"，$A_3=$ "大的是女孩，小的是男孩"，所以 $A_2 \cup A_3$ 表示"一个男孩，一个女孩"，即 $A_2 \cup A_3=B$。而 $A_1 \cup A_2 \cup A_3 \cup A_4$ 等于必然事件 U。这一结果对任意的随机现象都成立，即全部基本事件的和等于必然事件。

4. 事件的积

设A、B是两个事件，则“事件A、B同时出现”也是一个事件，称为事件A和事件B的积（或交），记为$A\cap B$。

图5-4是事件积的文图。设想向矩形内任投一点，事件A表示点落在左圆内，事件B表示点落在右圆内，事件积$A\cap B$表示点落在两个圆的公共部分，如图阴影所示。

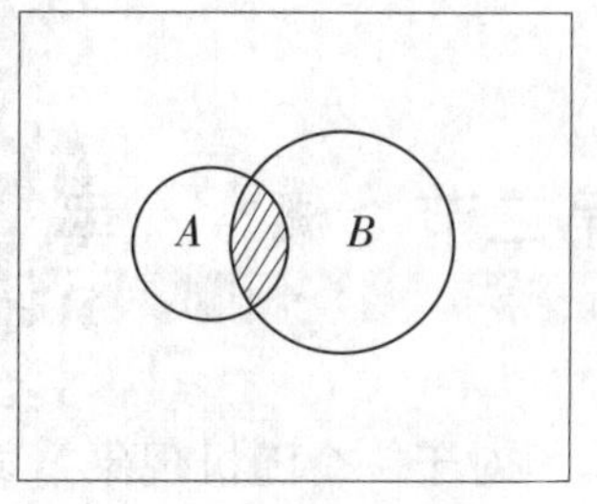

图5-4　事件的积

三个事件A、B、C的积$A\cap B\cap C$表示“事件A、B、C同时出现”这一事件。类似可以定义多个事件的积。

如在例5.1中，$B=$“取到一个奇数”，$C=$“取到一个小于5的数”，所以$B\cap C$表示“取到一个小于5的奇数”，即$B\cap C=E$。因为$A_1=$“取到的数字是1”，$A_2=$“取到的数字是2”，显然$A_1\cap A_2$是一个不可能事件，即$A_1\cap A_2=V$。这一结果对任意的随机现象都成立，即任两个不同的基本事件的积等于不可能事件。

5. 对立事件

设A是一个事件，则“事件A不出现”也是一个事件，称为事件A的对立事件，记为$\bar{A}$。

图5-5是对立事件的文图。设想向矩形内任投一点，事件A表示点落在圆内，则对立事件$\bar{A}$就是点落在圆外，如图阴影所示。

在例5.2中，事件$B=$“一个男孩，一个女孩”的对立事件是“两个都是男孩或者两个都是女孩”，即$\bar{B}=A_1\cup A_4$。

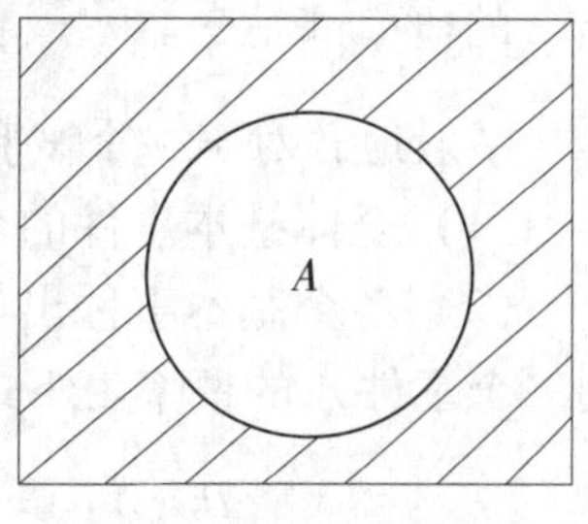

图5-5　对立事件

由对立事件的定义有$\bar{\bar{A}}=A$，$A\cup\bar{A}=U$，$A\cap\bar{A}=V$，即对立事件$\bar{A}$的对立事件就是A，一个事件和它的对立事件的和是必然事件，一个事件和它的对立事件的积是不可能事件。

6. 互不相容事件

如果事件A和事件B的积是不可能事件，即$A\cap B=V$，则称事件A和事件B互不相容。读者可以自己画出文图来表示A和B互不相容。显然，事件A和它的对立事件$\bar{A}$互不相容。

7. 事件的运算律

集合中的运算律都可以平移到事件的运算中来。例如，

(1) 对偶律：$\overline{A\cup B}=\bar{A}\cap\bar{B}$，$\overline{A\cap B}=\bar{A}\cup\bar{B}$

(2) 分配律：$A\cap(B\cup C)=(A\cap B)\cup(A\cap C)$，$A\cup(B\cap C)=(A\cup B)\cap(A\cup C)$

第二节　概　　率

对于一个随机现象，试验多了就会发现，有些事件出现的可能性大些，有些事件出现的可能性小些。研究一个随机现象，不仅要知道可能出现哪些事件，更重要的是要知道各种事件出现的可能性大小，才能得出事件规律。

在确定条件下，衡量一个事件出现的可能性大小的数量指标，称为这个事件的概率（probability）。事件 A 的概率记为 $P(A)$，并且 $0\leqslant P(A)\leqslant 1$。就是说，任何事件的概率介于 0 和 1 之间，必然事件的概率为 1，不可能事件的概率为 0。

一、古典概率

抛掷一枚均匀硬币，由于硬币两面是对称的，出现“正面朝上”和“反面朝上”的可能性相同，所以有理由认为出现“正面朝上”和“反面朝上”的概率都是$\frac{1}{2}$。

一般地，对于一个试验，如果：

(1) 全体基本事件的个数有限；

(2) 各个基本事件出现的可能性大小相等。

则一个事件 A 的概率由下式计算：

$$P(A)=\frac{\text{事件 } A \text{ 包含的基本事件个数}(k)}{\text{基本事件总数}(n)}$$

这样定义的概率称为古典概率，是从理论上计算事件概率的一种最基本方法。计算古典概率经常需要用到一些排列组合知识。

【例 5.3】某班有学生 45 人，全班分成四个小组，第一组有 12 人，如果在班上任选一人当学生代表，那么这个代表来自第一组的概率是多少？

从 45 个学生中任选一人，共有 45 种选法，每一种都是一个基本事件。设 A 为“选到第一组的学生”这一事件，则 A 包含的基本事件个数是 12，

所以 $P(A)=\frac{12}{45}=\frac{4}{15}$。

【例 5.4】假设生男孩和生女孩是等可能的，一个有三个孩子的家庭，求如下事件的概率：

$A=$“全是女孩”，

$B=$“有男孩，又有女孩”。

根据年龄从大到小的排列顺序将三个孩子的性别写出来，所有的基本事件如下：{男、男、男}，{男、男、女}，{男、女、男}，{男、女、女}，{女、男、男}，{女、男、女}，{女、女、男}，{女、女、女}，共有 8 个，由生男孩和生女孩的等可能性知每个基本事件出现的概率相等，都是 1/8。将事件 A 和 B 的元素写出来就是

$A=${女、女、女}

$B=${（男、男、女），（男、女、男），（男、女、女），

（女、男、男），（女、男、女），（女、女、男）}

从而 A 包含的基本事件个数是 1，B 包含的基本事件个数是 6，所以，

$$P(A)=\frac{1}{8},\ P(B)=\frac{6}{8}=\frac{3}{4}$$

【例 5.5】张红所在的班级有 40 个学生，要从该班任意抽取 10 个学生做一项实验，则张红被抽取到的概率是多少？

从 40 个人中任取 10 个人共有 $C_{40}^{10}=\frac{40!}{10!\ (40-10)!}$ 种取法①，这就是基本事件总数。设 A 为张红被抽取到这一事件，则其余 9 个人可以从 39 个人中任意抽取，有 $C_{39}^{9}=\frac{39!}{9!\ (39-9)!}$ 种取法，这就是 A 包含的基本事件个数。所以，

$$P(A)=\frac{\frac{39!}{9!(39-9)!}}{\frac{40!}{10!(40-10)!}}=\frac{10}{40}=\frac{1}{4}$$

这个结果从直观上也容易理解，比如有 40 个人参加抽奖，其中有 10 个人能获奖，则参加抽奖的人中奖的概率是 1/4。

---

① C_{40}^{10} 表示从 40 个不同物体中取出 10 个的组合数。一般地，从 n 个不同物体中取出 k 个的组合数 $C_n^k=\frac{n!}{k!\ (n-k)!}$，其中 $k!=k\cdot(k-1)\cdot(k-2),\cdots,2\cdot1$ 是 k 的阶乘，$0!=1$，$C_n^k=C_n^{n-k}$。

二、统计概率

在实际应用中，像投掷均匀硬币这样的理想情形是很少见的。例如，种子的发芽率就没有对称性可以利用，通常要通过统计来得到。用频率来估计概率是解决问题的一种可行方法。

设在同一条件下进行了 n 次试验，事件 A 出现了 m 次，则事件 A 出现的频率为

$$f(A)=\frac{m}{n}$$

容易看出，当试验次数 n 固定时，事件 A 出现的频率有如下性质：

（1）$0\leqslant f(A)\leqslant 1$；

（2）$f(U)=1$，$f(V)=0$；

（3）如果 $A\subset B$，则 $f(A)\leqslant f(B)$；

（4）如果事件 A_1 和 A_2 互不相容，即 $A_1\cap A_2=V$，则

$$f(A_1\cup A_2)=f(A_1)+f(A_2)；$$

（5）$f(\bar{A})=1-f(A)$。

此外，大量的观察表明，频率还有一个重要性质——稳定性，即当试验次数增加时，事件 A 的频率就在一个确定的数值附近变化。表 5－1 是投掷硬币正面朝上的频率，其中 n 表示每轮试验的投掷次数。当投掷次数较少时，频率不稳定，但当投掷次数增加时，频率越来越明显地呈现出稳定性，正面朝上的频率大致在 0.5 这个值附近波动。

表 5－1　投掷硬币的试验结果①

试验序号	$n=10$	$n=100$	$n=1\ 000$	$n=10\ 000$
1	0.4	0.50	0.478	0.489 6
2	0.7	0.47	0.523	0.494 7
3	0.6	0.51	0.517	0.494 9
4	0.6	0.57	0.521	0.496 3
5	0.3	0.54	0.465	0.502 7
6	0.8	0.64	0.490	0.502 9
7	0.3	0.55	0.473	0.498 2
8	0.2	0.44	0.480	0.496 2
9	0.3	0.51	0.457	0.495 2
10	0.5	0.46	0.491	0.503 4

① 作者用计算机模拟方法得到该试验结果。

一般地，当试验次数增加时，一个事件出现的频率将在一个稳定值附近波动，将这个稳定值作为该事件的概率，称为统计概率。所以，当试验次数较多时，可以将频率作为概率的近似值。比如，我们说生男孩的概率是1/2，是根据大量新生儿的性别记录由频率得出的，现在则经常作为一个已知的条件来使用：生男生女是等可能的。再如，一个射手射击 500 次，中靶 450 次，就说他的中靶率是 90%；一次高中会考后，抽取到 300 份语文考卷的成绩，有 291 份是及格的，则说会考及格率是 97%。

第三节　概率的性质和运算

一、概率的性质

和频率一样，概率有如下性质：

(1) $0 \leqslant P(A) \leqslant 1$；

(2) $P(U)=1$，$P(V)=0$；

(3) 如果 $A \subset B$，则 $P(A) \leqslant P(B)$；

(4) 如果事件 A_1 和 A_2 互不相容，即 $A_1 \cap A_2 = V$，则

$$P(A_1 \cup A_2) = P(A_1) + P(A_2);$$

(5) $P(\bar{A}) = 1 - P(A)$。

【例 5.4（续 1）】一个有三个孩子的家庭，共有 8 个基本事件。记 $A=$ "至少有一个男孩"，这个事件包含的基本事件有 7 个，所以 $P(A)=\frac{7}{8}$。相比之下，A 的对立事件（即"全是女孩"）简单得多，只包含一个基本事件，$P(\bar{A})=\frac{1}{8}$，从而 $P(A)=1-P(\bar{A})=1-\frac{1}{8}=\frac{7}{8}$。这种通过对立事件来计算概率的方法，在有些问题中可以大大简化计算。

二、事件和的概率

设事件 A 和 B 是两个事件，则

$$P(A \cup B) = P(A) + P(B) - P(A \cap B) \tag{5.1}$$

上式称为概率的**加法公式**。在事件和的文图中（图 5－3），如果将事件的概率看作对应的图形面积，并将矩形（必然事件）的面积定为一个单位（如 1

平方厘米)，则 $A \cup B$ 是图中的阴影面积，它显然等于 A 的面积与 B 的面积之和减去重合部分的面积，而由事件积的文图（图 5－4）可知，两圆重合部分是 $A \cap B$。当事件 A 和 B 互不相容时，$P(A \cap B) = P(V) = 0$，所以 $P(A_1 \cup A_2) = P(A_1) + P(A_2)$，就是概率性质（4）。

三、条件概率

为了引入条件概率，先看下面的例子。

【例 5.4（续 2)】一个有三个孩子的家庭，考虑如下事件：

A =“至少有一个男孩”

B =“三个孩子性别相同”

我们已经知道，$P(A) = \frac{7}{8}$。事件 B 是下面两个不相容的事件之和：B_1 =“全是男孩”，B_2 =“全是女孩”，所以 $P(B) = \frac{2}{8} = \frac{1}{4}$。

如果已经知道事件 A 出现了，在这个条件下，事件 B 出现的概率是多少呢？就是说，如果已经知道三个孩子中至少有一个男孩，那么三个孩子性别相同的概率是多少呢？将这个概率称为“事件 A 出现的条件下事件 B 出现的概率”，记为 $P(B|A)$。

在至少有一个男孩这个大前提下，所有的基本事件如下：{男、男、男}，{男、男、女}，{男、女、男}，{男、女、女}，{女、男、男}，{女、男、女}，{女、女、男}，共有 7 个，其中 B 包含的基本事件只有一个：{男、男、男}，按古典概率方法直接计算得 $P(B|A) = \frac{1}{7}$，可以写成 $P(B|A) = \frac{1/8}{7/8}$，其中分母正是“三个孩子的家庭，至少有一个男孩”的概率，即 A 出现的概率 $P(A) = \frac{7}{8}$；而分子是 A 和 B 的积 $A \cap B$ 的概率，这是因为“至少有一个男孩”和“三个孩子的性别相同”同时出现这个事件是“全是男孩”，所以 $P(A \cap B) = \frac{1}{8}$。

从上面例子可以看出两点：一是 $P(B|A)$ 与 $P(B)$ 一般是不相等的，二是条件概率可以用下面公式计算：

$$P(B|A) = \frac{P(A \cap B)}{P(A)} \tag{5.2}$$

通常将这个公式作为条件概率的定义，只需要满足一个条件：$P(A)>0$。如果 A 和 B 互不相容，即 $P(A\cap B)=0$，则 $P(B|A)=0$。这容易理解，因为 A 和 B 互不相容，所以在 A 出现时，B 就不会出现。

四、事件的独立性

如果 $P(B|A)=P(B)$ 或 $P(A|B)=P(A)$，则称事件 A 和事件 B（相互）独立（independent）。当两个事件独立时，其中一个事件的出现与否，不会影响另一个事件出现的概率。

【例 5.4（续 3）】一个有三个孩子的家庭，设 A_1 = "第一个是男孩"，A_2 = "第二个是男孩"，则在 8 个基本事件中，A_1 包含的基本事件有 4 个：{男、男、男}，{男、男、女}，{男、女、男}，{男、女、女}，所以 $P(A_1)=\frac{1}{2}$。而 A_2 包含的基本事件也是 4 个：{男、男、男}，{男、男、女}，{女、男、男}，{女、男、女}，所以 $P(A_2)=\frac{1}{2}$。如果已知 A_1 出现，则此时总的基本事件是 4 个：{男、男、男}，{男、男、女}，{男、女、男}，{男、女、女}，其中 A_2 包含的基本事件有 2 个：{男、男、男}，{男、男、女}，故 $P(A_2|A_1)=\frac{1}{2}$，与 $P(A_2)$ 相等，即 A_1 和 A_2 独立。这一个结果通常可以不加证明地直接引用，即第一个孩子的性别与第二个孩子的性别是独立的，换句话说，不管第一个孩子是男是女，第二个孩子是男孩的概率都是 1/2。

五、事件积的概率

由条件概率的公式（5.2）马上可以得到下面事件积的公式

$$P(A\cap B)=P(A)P(B|A) \tag{5.3}$$

上式称为概率的**乘法公式**。可以这样来理解这个公式：$A\cap B$ 表示 A 和 B 同时出现，相当于 A 要出现，并且在 A 出现的条件下 B 还要出现。显然事件积的公式也可以写成

$$P(A\cap B)=P(B)P(A|B)$$

特别地，如果 A 和 B 独立，则

$$P(A\cap B)=P(A)P(B) \tag{5.4}$$

【例 5.4（续 4）】一个有三个孩子的家庭，设 A_1 = "第一个是男孩"，

A_2 = “第二个是男孩”，A_3 = “第三个是男孩”。这三个事件彼此独立，且 $P(A_1)=P(A_2)=P(A_3)=\frac{1}{2}$。

$$P(A_1\cap A_2)=P(A_1)P(A_2)=\frac{1}{4}$$

$$P(A_1\cap A_2\cap A_3)=P(A_1)P(A_2)P(A_3)=\frac{1}{8}$$

其中 $A_1\cap A_2$ 表示前两个都是男孩，出现的概率为 1/4；$A_1\cap A_2\cap A_3$ 表示三个全是男孩，出现的概率为 1/8。当然，这两个结果也可以用古典概率的计算方法直接得到。

第四节　全概率公式和概率树

一、全概率公式

【例 5.6】设有 40 个人依次抽奖，只有 10 个人能中奖。记 A_i = “第 i 个人中奖”。显然 $P(A_1)=\frac{10}{40}$，即第 1 个（抽奖的）人中奖的概率是$\frac{1}{4}$。如果第 1 个人中奖［概率为 $P(A_1)=\frac{1}{4}$］，则剩下的 39 个人有 9 个奖，因而在第 1 个人中奖的条件下第 2 个人中奖的概率是 $P(A_2|A_1)=\frac{9}{39}$；如果第 1 个人不中［概率为 $P(\bar{A}_1)=1-\frac{1}{4}=\frac{3}{4}$］，则剩下的 39 个人有 10 个奖，因而在第 1 个人不中的条件下第 2 个人中奖的概率是 $P(A_2|\bar{A}_1)=\frac{10}{39}$。第 2 个人中奖有两种可能性，一是第 1 个人中奖、第 2 个人也中奖，二是第 1 个人不中、第 2 个人中奖，即 $A_2=(A_1\cap A_2)\cup(\bar{A}_1\cap A_2)$。这样，$A_2$ 被剖分为 $A_1\cap A_2$ 和 $\bar{A}_1\cap A_2$ 两个互不相容的事件（见图 5－6，其中上圆是 A_1，下圆是 A_2），由概率加法公式和乘法公式得

$$\begin{aligned}P(A_2)&=P(A_2\cap A_1)+P(A_2\cap\bar{A}_1)\\&=P(A_1)P(A_2\mid A_1)+P(\bar{A}_1)P(A_2\mid\bar{A}_1)\end{aligned}$$

$$= \frac{1}{4} \times \frac{9}{39} + \frac{3}{4} \times \frac{10}{39}$$

$$= \frac{1}{4}$$

可见第 2 个人中奖的概率和第 1 个人中奖的概率相等，都是 1/4。事实上，无论抽奖的顺序如何，参与者中奖的概率都是相同的，这就保证了抽奖的合理性。值得一提的是，例 5.5 和例 5.6 的问题实质是一样的。从 40 个人中随机抽出 10 个人做实验，可以让 40 个人“抽奖”，“中奖”的人就是抽到参加实验的人。

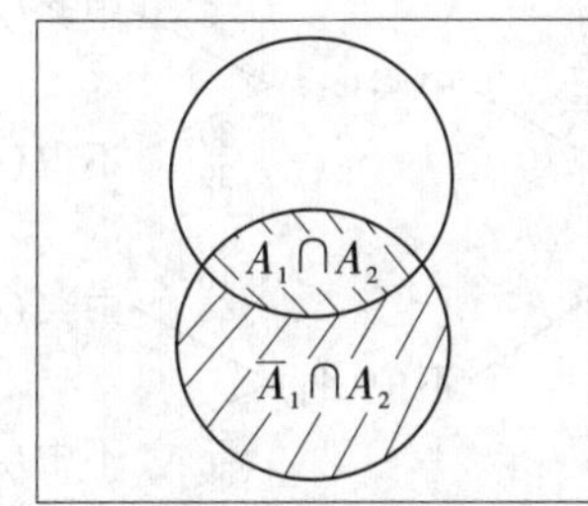

图 5-6　A_2 被剖分为两个互不相容的事件

上面的公式

$$P(A_2) = P(A_2 \cap A_1) + P(A_2 \cap \overline{A}_1) \tag{5.5}$$

称为全概率公式。一般地，如果 A_i，$i = 1, 2, \cdots, k$ 是两两不相容的事件且

$$A_1 \cup A_2 \cup \cdots \cup A_k = U$$

则全概率公式为

$$P(B) = P(A_1)P(B \mid A_1) + P(A_2)P(B \mid A_2) + \cdots + P(A_k)P(B \mid A_k) \tag{5.6}$$

证明不难，应用加法公式和乘法公式便可：

$$\begin{aligned} P(B) &= P(U \cap B) \\ &= P[(A_1 \cup A_2 \cup \cdots \cup A_k) \cap B] \\ &= P[(A_1 \cap B) \cup (A_2 \cap B) \cup \cdots \cup (A_k \cap B)] \\ &= P(A_1)P(B \mid A_1) + P(A_2)P(B \mid A_2) + \cdots + P(A_k)P(B \mid A_k) \end{aligned}$$

二、概率树

全概率公式结合了事件的和与积的概率，可以解决许多概率问题。解题

的关键是要区分哪些事件之间是和的关系，哪些事件之间是积的关系。就例5.6而言，如图5－7所示的概率树可以帮助直观理解。这就像是一棵树，每次抽奖都有两个分杈：中奖与不中。第2个人中奖（A_2）出现在两条树枝系中：A_1—A_2和$\bar{A}_1$—A_2，因而A_2的概率是两条树枝系的概率之和，每条树枝系的概率是该树枝系上各分枝的概率乘积。如树枝系A_1—A_2的概率是$\frac{10}{40}\times\frac{9}{39}$。

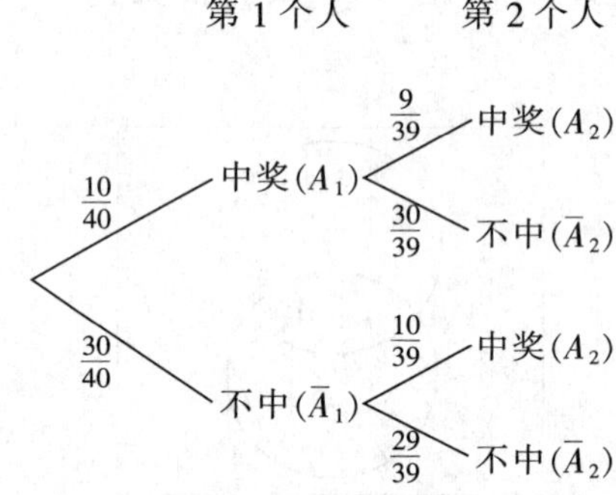

图5－7　概率树

习　题

1. 举出一个随机现象的例子，并写出至少3个随机事件。

2. 事件间有哪些关系和运算？

3. 写出概率的主要性质。

4. 在什么条件下，$P(A_1\cup A_2)=P(A_1)+P(A_2)$？在什么条件下，$P(A\cap B)=P(A)P(B)$？

5. 同时投掷两个骰子，求两个骰子的点数相同的概率。

6. 共有80人参加体育达标考试，只有5人没有达标，则达标率为多少？

7. 某班有20个男生、15个女生，从中任选2人，求下列事件的概率：

（1）选出2个男生；

（2）选出2个女生；

（3）选出1个男生1个女生；

（4）选出的2人性别相同。

8. 一个选择题有四个选项：A、B、C、D，其中只有一个选项是正确的。甲乙两人不知道哪一个选项是正确的，只好随机猜测作答。求下列事件的概率：

（1）两人的答案都不正确；

（2）至少一人答案正确；

（3）两人的答案都正确；

（4）两人的答案相同；

（5）两人的答案相同，但不正确；

（6）已经知道甲是随机猜测答案，乙照抄甲的答案，求答案正确的概率。

9. 某学院有四个系，应届毕业生共有500人，其中甲系90人，乙系110人，丙系130人，丁系170人。四个系的大学英语六级考试通过率分别为30%、25%、40%和35%。从该院随机抽取一名毕业生，该生通过了六级考试的概率是多少？

第六章

随机变量及其分布

第一章中我们介绍了变量的概念。在概率统计中，所说的变量是所谓的随机变量（random variable），与通常的变量不一样。在一定的条件实现后，对某个确定的数值（或一个数值范围），通常的变量要么取该值（或在该数值范围内取值），要么不取该值（或不在该数值范围内取值）；而随机变量，在一定的条件实现后，对某个确定的数值（或一个数值范围），则以一定的概率取该值（或在该数值范围内取值）。本章介绍随机变量及其分布、常用的离散型随机变量和连续型随机变量。

第一节　随机变量的定义

对于一个给定的随机现象，随机变量是定义在事件集合上的函数。换句话说，随机变量的取值是根据出现的事件而定的。试验前由于不知道哪个事件会出现，因而也不知道随机变量会取什么值。随机变量常用 X、Y、Z 等表示。在不致引起混淆时，随机变量简称为变量。

【例 6.1】抛掷一枚均匀硬币，观测其落地后是“正面朝上”还是“反面朝上”。这一现象只有两个可能结果：A——正面朝上，$\bar{A}$——反面朝上。于是可定义一个随机变量 X：

$$X=\begin{cases}1, & \text{当 } A \text{ 出现} \\ 0, & \text{当 } \bar{A} \text{ 出现}\end{cases}$$

这样，“$X=1$”表示“正面朝上”的事件，“$X=0$”表示“反面朝上”的事件。这里 X 实际上是“正面朝上”的次数，如果是“正面朝上”，就算

"正面朝上"1次，否则就算"正面朝上"0次。因为A和$\bar{A}$出现的概率都是0.5，所以X有0.5的概率取值1，0.5的概率取值0。这个结果可表示为：$P(X=1)=0.5$，$P(X=0)=0.5$。

对于一个随机变量，通常想弄清楚的是下面两点：

(1) 随机变量的可能取值是什么；

(2) 随机变量在各可能取值点或取值区间上是如何分布的。

知道了这两点，也就知道了变量的概率分布（probability distribution）。所谓概率分布，是说明一个随机变量可能取哪些值以及有多大的概率取那些值的表达式。概率分布常简称为分布。

【例6.2】对于有三个孩子的家庭，设X表示男孩的个数。这样，对每个基本事件，X都有一个相应的取值。如基本事件{男、男、女}对应的X取值2，{男、女、男}对应的X也取值2，而{女、女、女}对应的X取值0。显然，X的可能取值是0，1，2，3。X取值0对应的事件是{女、女、女}，因而X取值0的概率$P(X=0)=\frac{1}{8}$。X取值1对应的事件是{(男、女、女)，(女、男、女)，(女、女、男)}，因而X取值1的概率$P(X=1)=\frac{3}{8}$。同理，X取值2的概率$P(X=2)=\frac{3}{8}$，X取值3的概率$P(X=3)=\frac{1}{8}$。可以将X的分布情况列成下面的分布列：

X	0	1	2	3
P	$\frac{1}{8}$	$\frac{3}{8}$	$\frac{3}{8}$	$\frac{1}{8}$

有了分布列，可以很方便地求出各种事件的概率。例如，"少于两个男孩"的概率是$P(X<2)=P[(X=0)\cup(X=1)]=P(X=0)+P(X=1)=\frac{1}{8}+\frac{3}{8}=\frac{1}{2}$。"有两个和两个以上男孩"的概率是$P(X\geqslant 2)=1-P(X<2)=\frac{1}{2}$。

一个随机变量的连续函数是随机变量，例如，设X是随机变量，则X^2、$\ln X$等X的连续函数都是随机变量。若干个随机变量经过四则运算后还是随机变量，如果X、Y是随机变量，则X^2+Y^2也是随机变量。

设X、Y是随机变量，如果Y取值不会受到X取值的影响，X取值也不会受到Y取值的影响，则称两个变量相互独立。这只是直观理解，不是真正的定义。理论上，两个变量是否独立可以通过数学方法对其分布进行判断。在实践中通常从经验上和逻辑上做出判断。例如，一个学校男生身高（X）与女生身高（Y）是独立的，而男生身高（X）与男生体重（Z）则不独立。

在应用中，通常遇到的随机变量有两种：一种是离散型随机变量，取有限个或可列个数值（即可以将取值列出来）；另一种是连续型随机变量，在整个实数轴或某个区间上连续取值。例 6.1 和 6.2 中的变量是离散型变量。正态变量是最常用的连续型变量。

第二节　离散型变量

一、离散型变量的概率分布

设 X 为离散型随机变量，可能取值是 $x_1, x_2, \cdots$，取值 x_i 的概率为 p_i，则称

$$P(X = x_i) = p_i \quad (i = 1,2,3,\cdots)$$

为 X 的概率分布或者概率密度。

离散型变量 X 的概率分布通常用下面的分布列表示：

X	x_1	$\cdots$	x_i	$\cdots$
P	p_1	$\cdots$	p_i	$\cdots$

离散型变量的概率密度 p_i 有下列性质：

（1）$p_i \geqslant 0 \quad (i = 1,2,\cdots)$；

（2）$\sum_i p_i = 1$（其中 $\sum$ 表示对所有的 p_i 求和）。

二、离散型变量的均值

一个射手，设 X 为他射击一次击中的环数，分布列为

X	7	8	9	10
P	$\frac{1}{5}$	$\frac{1}{2}$	$\frac{1}{5}$	$\frac{1}{10}$

平均而言，他射击一次可以击中几环？设想他一共射击了 100 次，平均而

言，他有$\frac{1}{5}\times100=20$次击中7环，同理有50次击中8环，20次击中9环，10次击中10环，所以100次射击的总环数是$7\times20+8\times50+9\times20+10\times10$，故100次射击平均每次击中的环数是

$$(7\times20+8\times50+9\times20+10\times10)/100$$
$$=7\times\frac{1}{5}+8\times\frac{1}{2}+9\times\frac{1}{5}+10\times\frac{1}{10}=8.2$$

这说明，随机变量的均值正好是其可能取值分别乘上对应概率之后的和，相当于以概率为权重的加权平均。

随机变量的均值通常称为数学期望或期望（expectation），记为$E(X)$。在不致引起混淆的情况下，本书使用均值。一般地，设

$$P(X=x_i)=p_i \qquad (i=1,2,3,\cdots)$$

则X的均值定义为

$$E(X)=\sum_i x_i p_i \tag{6.1}$$

其中$\sum\limits_i$表示对分布列中的i求和。对于一个随机变量，均值是一个常数。

【例6.2（续1）】 三个孩子的家庭，记X为男孩个数，则X的分布列为：

X	0	1	2	3
P	$\frac{1}{8}$	$\frac{3}{8}$	$\frac{3}{8}$	$\frac{1}{8}$

从而

$$E(X)=0\times\frac{1}{8}+1\times\frac{3}{8}+2\times\frac{3}{8}+3\times\frac{1}{8}=1.5$$

即平均有1.5个男孩，当然平均也有1.5个女孩。

三、均值的性质

这里不加证明地列出均值的性质：

（1）设X是一个常数，恒等于C，则$E(X)=E(C)=C$；

（2）$E(kX)=kE(X)$，其中k是常数；

（3）$E(X+Y)=E(X)+E(Y)$；

（4）如果X和Y相互独立，则$E(XY)=E(X)E(Y)$。

四、离散型变量的方差

除非一个随机变量 X 是一个常数（此时，X 本质上已经不是随机变量，但通常将其看作是随机变量的特殊情形），否则 X 与其均值 $E(X)$ 往往会有一个差异，称 $X-E(X)$ 为离（均）差。离差也是一个随机变量，其均值等于零。显然离差的值可正可负，为了避免正负抵消，通常用离差平方来衡量 X 与其均值的差异程度，离差平方的均值 $E[X-E(X)]^2$ 称为方差（variance），通常记为 $D(X)$ 或 var (X)。

【例 6.2（续 2）】三个孩子的家庭，记 X 为男孩个数，$E(X)=1.5$。当 X 取值 0 时，$X-E(X)$ 取值是 $(0-1.5)$，$[X-E(X)]^2$ 的取值是 $(0-1.5)^2$，由 X 的分布列可知，X 取值 0 的概率是 $\frac{1}{8}$，所以 $[X-E(X)]^2$ 取值 $(0-1.5)^2$ 的概率也是 $\frac{1}{8}$。同理，$[X-E(X)]^2$ 取值 $(1-1.5)^2$ 的概率是 $\frac{3}{8}$，取值 $(2-1.5)^2$ 的概率是 $\frac{3}{8}$，取值 $(3-1.5)^2$ 的概率是 $\frac{1}{8}$。所以 $[X-E(X)]^2$ 的分布列为

$[X-E(X)]^2$	$(0-1.5)^2$	$(1-1.5)^2$	$(2-1.5)^2$	$(3-1.5)^2$
P	$\frac{1}{8}$	$\frac{3}{8}$	$\frac{3}{8}$	$\frac{1}{8}$

由均值的计算公式可得

$$\begin{aligned} D(X) &= E[X-E(X)]^2 \\ &= (0-1.5)^2 \times \frac{1}{8} + (1-1.5)^2 \times \frac{3}{8} + (2-1.5)^2 \times \frac{3}{8} + \\ &\quad (3-1.5)^2 \times \frac{1}{8} \\ &= 0.75 \end{aligned}$$

一般地，设

$$P(X = x_i) = p_i \qquad (i = 1,2,3,\cdots)$$

则 X 的方差为

$$D(X) = E[X-E(X)]^2 = \sum_i [x_i - E(X)]^2 p_i \tag{6.2}$$

对于一个随机变量，方差是一个非负的常数。

由均值的性质可得

$$
\begin{aligned}
D(X) &= E[X - E(X)]^2 \\
&= E\{X^2 - 2XE(X) + [E(X)]^2\} \\
&= E(X^2) - 2E(X)E(X) + [E(X)]^2 \\
&= E(X^2) - [E(X)]^2 \qquad (6.3)
\end{aligned}
$$

即随机变量的方差等于**“平方的均值减去均值的平方”**，这是一个常用的计算方差的公式。

根据第一章第一节（七）对总体和变量的理解，随机变量的均值（或方差）和总体的均值（或方差）是一样的，从而公式（6.3）和第三章公式（3.10）表达了同一个意思。样本的均值、方差和标准差是样本的数字特征，而随机变量的均值、方差和标准差是总体的数字特征。

五、方差的性质

这里不加证明地列出方差的性质：

（1）设 X 是一个常数，恒等于 C，则 $D(X)=D(C)=0$；

（2）$D(kX)=k^2D(X)$，其中 k 是常数；

（3）如果 X 和 Y 相互独立，则 $D(X+Y)=D(X)+D(Y)$。

六、离散型变量的标准差

方差反映了随机变量取值的离散程度，方差越小，随机变量的取值越集中。特别地，方差为零时，“随机变量的取值是一个常数”的概率是1。反之，方差越大，随机变量的取值越离散。

显然，均值的单位与随机变量的单位相同，但方差的单位是随机变量的单位的平方，为了使测量单位有可比性，人们将方差开方，并将其算术根称为随机变量的标准差（standard deviation），记为 $SD(X)$，即 $SD(X)=\sqrt{D(X)}$。

第三章我们知道，样本的均值、方差和标准差是样本的重要数字特征，而随机变量的均值、方差和标准差是随机变量的重要数字特征。

七、离散型均匀分布

设随机变量 X 的分布列为

X	x_1	x_2	$\cdots$	x_k
P	$\frac{1}{k}$	$\frac{1}{k}$	$\cdots$	$\frac{1}{k}$

即 X 等可能地取到有限个值，称 X 在数集 $\{x_1,\cdots,x_k\}$ 上均匀分布。例如，如果男孩女孩有相同的机会上大学，则大学生性别这个变量是均匀分布的。又如，投掷一个骰子，出现的点数 X 在数集 $\{1, 2, 3, 4, 5, 6\}$ 上均匀分布。

特别地，设 X 在数集 $\{1,2,\cdots,k\}$ 上均匀分布，分布列为

X	1	2	$\cdots$	k
P	$\frac{1}{k}$	$\frac{1}{k}$	$\cdots$	$\frac{1}{k}$

则

$$E(X) = \sum_{i=1}^{k} i \cdot \frac{1}{k} = \frac{1}{k}\sum_{i=1}^{k} i = \frac{k+1}{2} \tag{6.4}$$

$$\begin{aligned} D(X) &= E(X^2) - [E(X)]^2 \\ &= \sum_{i=1}^{k} i^2 \cdot \frac{1}{k} - \left(\frac{k+1}{2}\right)^2 = \frac{1}{k}\sum_{i=1}^{k} i^2 - \left(\frac{k+1}{2}\right)^2 \\ &= \frac{(k+1)(2k+1)}{6} - \left(\frac{k+1}{2}\right)^2 \\ &= \frac{k^2-1}{12} \end{aligned} \tag{6.5}$$

第三节　二项分布

一、二项分布的定义

设有 5 个选择题，每个选择题都有 4 个备选答案，只有一个是正确的。一个完全不会做这 5 个题目的考生，如果靠猜测而随机填写答案，则答对的题数 X 是一个随机变量。X 的可能取值是 0，1，2，3，4，5。设 A_1 表示第 1 题答对、A_2 表示第 2 题答对……A_5 表示第 5 题答对，则 A_1、A_2、…、A_5 这

五个事件相互独立，且 $P(A_1)=P(A_2)=\cdots=P(A_5)=\frac{1}{4}$。

以（$X=2$）为例，看看这个事件的概率是多少，这个事件意味着 5 个题目中恰好有 2 个题目答对。例如，第 1 题和第 2 题答对，第 3、4、5 题答错是一种可能情况，即 $A_1A_2\bar{A}_3\bar{A}_4\bar{A}_5$ 出现，由概率的乘法公式得 $P(A_1A_2\bar{A}_3\bar{A}_4\bar{A}_5)=\left(\frac{1}{4}\right)^2\left(\frac{3}{4}\right)^3$。又如，第 1 题和第 3 题答对，第 2、4、5 题答错也是一种可能情况，即 $A_1\bar{A}_2A_3\bar{A}_4\bar{A}_5$ 出现，其概率也是 $\left(\frac{1}{4}\right)^2\left(\frac{3}{4}\right)^3$。由于 5 个题中任意 2 个题答对共有 C_5^2 种可能情况，所以（$X=2$）包含 C_5^2 个类似于 $A_1A_2\bar{A}_3\bar{A}_4\bar{A}_5$ 的事件，即有 C_5^2 个可能情况，每一个的概率都是 $\left(\frac{1}{4}\right)^2\left(\frac{3}{4}\right)^3$，故 $P(X=2)=C_5^2\left(\frac{1}{4}\right)^2\left(\frac{3}{4}\right)^3$。同理可以求出 X 取其他几个值的概率，列成表 6-1。最右边一列的概率刚好依次等于下面二项展开式中的各项：

$$\left(\frac{1}{4}+\frac{3}{4}\right)^5=C_5^0\left(\frac{1}{4}\right)^0\left(\frac{3}{4}\right)^5+C_5^1\left(\frac{1}{4}\right)^1\left(\frac{3}{4}\right)^4+\cdots+C_5^5\left(\frac{1}{4}\right)^5\left(\frac{3}{4}\right)^0$$

所以称 X 服从二项分布（binomial distribution）。

表 6-1　答对的题数 X 的概率分布

事件	答对题数 X	答错题数 $5-X$	可能情况个数	出现任一可能情况的概率	概率
$X=0$	0	5	C_5^0	$\left(\frac{1}{4}\right)^0\left(\frac{3}{4}\right)^5$	$C_5^0\left(\frac{1}{4}\right)^0\left(\frac{3}{4}\right)^5$
$X=1$	1	4	C_5^1	$\left(\frac{1}{4}\right)^1\left(\frac{3}{4}\right)^4$	$C_5^1\left(\frac{1}{4}\right)^1\left(\frac{3}{4}\right)^4$
$X=2$	2	3	C_5^2	$\left(\frac{1}{4}\right)^2\left(\frac{3}{4}\right)^3$	$C_5^2\left(\frac{1}{4}\right)^2\left(\frac{3}{4}\right)^3$
$X=3$	3	2	C_5^3	$\left(\frac{1}{4}\right)^3\left(\frac{3}{4}\right)^2$	$C_5^3\left(\frac{1}{4}\right)^3\left(\frac{3}{4}\right)^2$
$X=4$	4	1	C_5^4	$\left(\frac{1}{4}\right)^4\left(\frac{3}{4}\right)^1$	$C_5^4\left(\frac{1}{4}\right)^4\left(\frac{3}{4}\right)^1$
$X=5$	5	0	C_5^5	$\left(\frac{1}{4}\right)^5\left(\frac{3}{4}\right)^0$	$C_5^5\left(\frac{1}{4}\right)^5\left(\frac{3}{4}\right)^0$

可以将问题换成：一个选择题，有 4 个备选答案，只有一个是正确的，现有 5 个人独立地随机填写答案，设 Y 为答对的人数，则 Y 与上面 X 的分

布完全相同。可以这样来理解，这里有 i 个人答对，对应于上面有 i（$i=0$, 1, 2, 3, 4, 5）个题被答对。这里可以将随机填写一次答案看作是一次试验，结果只有两个：或者答对（记为 A），或者答错（记为 $\bar{A}$）。5 个人独立地随机填写答案，相当于做了 5 次独立重复试验。

更一般的概率模型如下：设有一个试验，试验结果出现 A 的概率为 p，出现 $\bar{A}$ 的概率为 $q=1-p$，独立重复 n 次这样的试验，称为 n 重贝努里（Bernoulli）试验。设 X 为 n 次试验中 A 出现的次数，则 X 的可能取值为 $0, 1, 2, \cdots, n$，X 的概率分布为

$$P(X=k)=C_n^k p^k q^{n-k},\quad k=0,1,2,\cdots,n \tag{6.6}$$

其中 $C_n^k p^k q^{n-k}$ 是二项式 $(p+q)^n$ 的展开式中的第 $k+1$ 项，称 X 服从二项分布，记为 $X\sim B(n, p)$。由公式（6.6）可以看出，对于一个给定的 n，如果知道了 p，二项分布就确定了。通常将 p 称为二项分布的参数（parameter），它是一个未知的常数。

如果 $n=1$，即只做一次试验，则 X 的取值只有 0 和 1，并且 $P(X=0)=q$，$P(X=1)=p$，可以写成下面的分布列：

X	0	1
P	q	p

这时称 X 服从 0—1 分布或两点分布，是二项分布的特例。

【例 6.1（续）】 抛掷一枚均匀硬币，X 为“正面朝上”次数，则 X 服从两点分布，其中的 $p=q=\frac{1}{2}$。

【例 6.2（续 3）】 三个孩子的家庭，记 X 为男孩个数。由于先出生的孩子的性别不影响后出生的孩子的性别，所以相当于一个三重贝努里试验，$X\sim B\left(3, \frac{1}{2}\right)$。将 $n=3$，$p=\frac{1}{2}$ 代入（6.6）得

$$P(X=k)=C_3^k\left(\frac{1}{2}\right)^k\left(1-\frac{1}{2}\right)^{3-k},\quad k=0,1,2,3 \tag{6.7}$$

写成分布列就是

X	0	1	2	3
P	$\frac{1}{8}$	$\frac{3}{8}$	$\frac{3}{8}$	$\frac{1}{8}$

二、两点分布的均值和方差

设 X 服从两点分布，分布列如下：

X	0	1
P	q	p

其中，$q=1-p$。由均值和方差的定义可得

$$E(X)=0\times q+1\times p=p \tag{6.8}$$

$$D(X)=(0-p)^2q+(1-p)^2p=pq(p+q)=pq \tag{6.9}$$

如果知道了均值 p，两点分布就确定了。

三、二项分布的均值和方差

设 X 服从二项分布，$P(X=k)=\mathrm{C}_n^k p^k q^{n-k}$，$k=0,1,2,\cdots,n$，按均值的定义，

$$E(X)=\sum_{k=0}^{n}k\mathrm{C}_n^k p^k q^{n-k}$$

经过一些代数化简，可以得到

$$E(X)=np \tag{6.10}$$

不过，我们下面将用一种简单的方法来推导二项分布的均值公式（6.10）和方差公式。

可以将 X 看作 n 个两点分布的随机变量的和。以三个孩子的家庭为例，X 为三个孩子中男孩的个数，X_1 为第一个孩子中男孩个数，X_2 为第二个孩子中男孩个数，X_3 为第三个孩子中男孩个数，则 X_1、X_2 和 X_3 相互独立并且有相同的两点分布，取值 0 或 1 的概率都是$\frac{1}{2}$，由（6.8）和（6.9）得 $E(X_i)=\frac{1}{2}$，$D(X_i)=\frac{1}{2}\times\frac{1}{2}=\frac{1}{4}$，$i=1,2,3$。显然，$X=X_1+X_2+X_3$。所以

$$E(X)=E(X_1+X_2+X_3)=3\times\frac{1}{2}=1.5$$

$$D(X)=D(X_1+X_2+X_3)=3\times\frac{1}{4}=0.75$$

一般地，对于 n 重贝努里试验，设 X_i 为第 i 次试验 A 出现的次数，则 $X_i(i=1,2,\cdots,n)$ 是彼此独立的两点分布，取值 1 的概率为 p，取值 0 的概

率为 q，所以 $E(X_i)=p$，$D(X_i)=pq$。设 X 为 n 次试验中 A 出现的次数，显然 $X=\sum_{i=1}^{n} X_i$。由均值和方差性质得

$$E(X)=E(\sum_{i=1}^{n} X_i)=\sum_{i=1}^{n} E(X_i)=np$$

$$D(X)=D(\sum_{i=1}^{n} X_i)=\sum_{i=1}^{n} D(X_i)=npq \tag{6.11}$$

对于一个给定的 n，如果知道了二项分布的均值 np，二项分布就确定了。

第四节　连续型变量

一、连续型变量的概率分布

连续型随机变量 X 在整个实数轴或某个区间上连续取值，并且有密度函数（density function）。密度函数 $f(x)$ 是定义在实数轴的一个连续函数，使得 X 取值在区间（$-\infty$，a）上的概率 $P(X<a)$ 是函数 $f(x)$ 的曲线下方与 x 轴之间的区域在 $x=a$ 左边的面积［参见图 6－1（a）］。

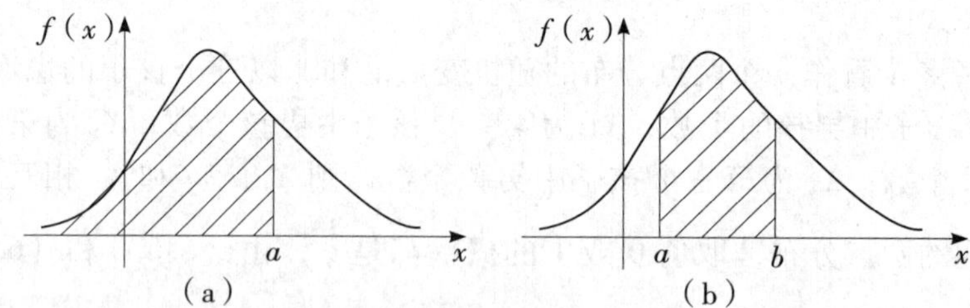

图 6－1　连续型变量的分布

有关连续型变量的研究需要用到定积分的知识。一个非负连续函数 $f(x)$ 在区间［a，b］上的定积分是一个数值，等于 $f(x)$ 的曲线下方与轴之间的区域介于 $x=a$ 和 $x=b$ 之间的面积［见图 6－1（b）］。这样，从几何意义上说，求一个函数的定积分就相当于求该函数在某个范围的面积。为了便于没有学习过定积分的读者学习，本书用面积代替定积分来理解概率。

设 $a\leqslant b$，显然，事件（$X<b$）可以分成下面两个互不相容事件的和：

$$(X < b) = (X < a) \cup (a \leqslant X < b)$$

由概率的运算性质可知

$$P(X < b) = P(X < a) + P(a \leqslant X < b)$$

所以

$$P(a \leqslant X < b) = P(X < b) - P(X < a)$$

从图上可以直观看出，X 取值在区间 $[a, b)$ 上的概率 $P(a \leqslant X < b)$ 是函数 $f(x)$ 的曲线下方与 x 轴之间的区域在 $x = b$ 左边的面积减去在 $x = a$ 左边的面积，就是介于 $x = a$ 和 $x = b$ 之间的面积。注意到一条线段的面积为零，所以上述区间不论是否包含两个端点，结果都是一样的。

连续型变量的密度函数 $f(x)$ 有下列性质：

(1) 对任意 $x \in (-\infty, +\infty)$，$f(x) \geqslant 0$。即 $f(x)$ 是非负函数，其函数图象在上半平面。

(2) $f(x)$ 的曲线下方与 x 轴之间的面积等于 1，这意味着 X 取值于实数轴的概率是 1。

读者不难发现，上述密度函数的两个性质与离散型变量的概率密度的两个性质相似。实际上，知道了连续型变量的密度函数，相当于知道了离散型变量的概率密度或分布列。对一个随机变量，如果知道了密度函数或分布列，也就知道了它的分布。

二、直方图和密度函数

在第四章第八节中，我们画出了例 2.1 中的数据的频数直方图以及次数多边图（见图 4－17 和图 4－18）。可以改变纵轴的单位，使原来的次数变为频率，而图形的形状不变，此时长方形的高度变为频率。进一步，可以改变纵轴的单位，使频率变为$\frac{频率}{组距}$，图形的形状不变，此时长方形的高度是$\frac{频率}{组距}$，长方形的面积（组距 $\times \frac{频率}{组距} =$ 频率）正好是所在组出现的频率。所有长方形面积相加就正好等于累积频率 1。也就是说，长方形的面积之和为 1。这时，如果像图 4－18 那样画出次数多边图（但以$\frac{频率}{组距}$为纵轴的单位），则折线下方与 x 轴围成的面积近似于 1。而且，X 取值在区间 $(-\infty, a)$ 上的频率是折线下方与 x 轴之间的区域在 $x = a$ 左边的面积。如果样本容量很大，分组很多，组距很小，可以想象画出的多边图的折线将变得像图 4－

21 中那样的光滑曲线（但形状可能不同），而曲线下方与 x 轴围成的面积就是 1，这条曲线就非常接近密度函数的曲线。

三、分布函数

一个随机变量的分布函数定义为累积概率：

$$F(t) = P(X < t), -\infty < t < \infty \tag{6.12}$$

对于连续型变量 X，$F(t)$ 正是密度函数下方与 x 轴之间的区域在 $x=t$ 左边的面积。通常还是用 x 作为分布函数的自变量，即 $F(x) = P(X<x)$。

从理论上说，知道了密度函数，就可以知道分布函数，知道了分布函数也可以知道密度函数。但对于连续型变量，知道分布函数比知道密度函数对计算各种概率更加简便。有了分布函数，可以很容易求出 X 取值在任何区间的概率。如

$$P(a < X < b) = F(b) - F(a)$$

$$P(X \geqslant c) = 1 - F(c)$$

对于连续型变量，上述区间不管是否包含端点，结果都是一样的。画出像图 6－1 那样的示意图来可以帮助理解和计算。

分布函数作为累积概率，不难看出有如下性质：

（1）非负性，即 $F(x) \geqslant 0$，$-\infty < x < +\infty$；

（2）单调上升，即如果 $a \leqslant b$，则 $F(a) \leqslant F(b)$；

（3）$\lim\limits_{x \to -\infty} F(x) = 0$，$\lim\limits_{x \to +\infty} F(x) = 1$。

对于连续型变量，分布函数有图 6－2 那样的图象：函数曲线连续且光滑、单调上升、函数值介于 0 和 1 之间。

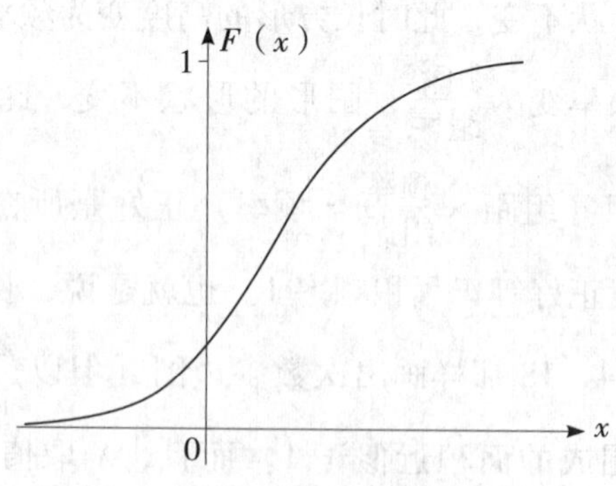

图 6－2　分布函数

虽然分布函数的定义对连续型变量和离散型变量都适用，但离散型变量用分布列更容易进行有关的概率计算。除非另有说明，当我们说到概率分布时，对离散型变量指的是分布列，对连续型变量指的是分布函数。概率分布完整地表述了一个随机变量的特性。但是，在许多实际问题中，我们并不一定要求概率分布，只需要知道分布的一些特征参数就行了。事实上，如果知道了分布函数的类型，则随机变量的概率分布往往由少数几个参数确定。许多时候可以根据经验知道分布的类型，这时只要求出了分布的参数，也就知道了概率分布。

四、累积频率曲线与分布函数

前面已经看到，随机变量的密度函数反映在样本中是多边图（以$\frac{\text{频率}}{\text{组距}}$为纵轴的单位）。而分布函数反映在样本中就是累积频率曲线（参见图4－24）。如果样本容量很大，分组很多，组距很小，可以想象画出的累积频率曲线将变得像图4－26中那样光滑，这条曲线就非常接近分布函数的曲线。

五、连续型变量的均值、方差和标准差

和离散型变量一样，对于连续型变量也可以定义均值、方差和标准差，并且统计意义完全相同，运算性质也一样。

均值有如下性质：

（1）$E(aX+bY)=aE(X)+bE(Y)$，其中X，Y为随机变量，a，b为常数；

（2）如果X与Y相互独立，则$E(XY)=E(X)E(Y)$。

方差有如下性质：

（1）$D(aX)=a^2D(X)$，其中a为常数；

（2）如果X与Y相互独立，则$D(X+Y)=D(X)+D(Y)$。

对于连续型变量，也有如下公式：

$$D(X)=E(X^2)-[E(X)]^2$$

即随机变量的方差等于**“平方的均值减去均值的平方”**。

六、连续型均匀分布

设随机变量X在区间［a，b］上均匀取值，密度函数［见图6－3（a）］为

$$f(x)=\begin{cases}\dfrac{1}{b-a}, & a\leqslant x\leqslant b\\ 0, & 其他\end{cases}$$

则称 X 服从 $[a, b]$ 上的均匀分布（uniform distribution），其分布函数［见图6－3（b）］为

$$F(x)=\begin{cases}0, & x<a\\ \dfrac{x-a}{b-a}, & a\leqslant x\leqslant b\\ 1, & x>b\end{cases}$$

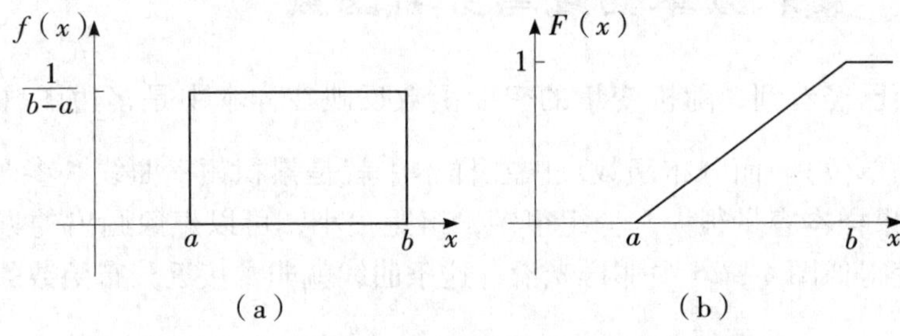

图6－3　均匀分布的密度函数和分布函数

均匀分布的均值为

$$E(X)=\frac{a+b}{2} \tag{6.13}$$

方差为

$$D(X)=\frac{(b-a)^2}{12} \tag{6.14}$$

均匀分布有两个参数：a 和 b，如果知道了 a 和 b，均匀分布就确定了。如果知道了均匀分布的均值和方差，由（6.13）和（6.14）可以解出 a 和 b。

第五节　正态分布

一、正态分布的定义

如果随机变量 X 的密度函数为：

$$f(x) = \frac{1}{\sqrt{2\pi}\sigma} e^{-\frac{(x-\mu)^2}{2\sigma^2}} \quad (-\infty < x < +\infty) \tag{6.15}$$

则称 X 服从正态分布（normal distribution），记为 $X \sim N(\mu, \sigma^2)$。相应地，称 X 为正态变量。正态分布的密度曲线如图 6－4 所示。

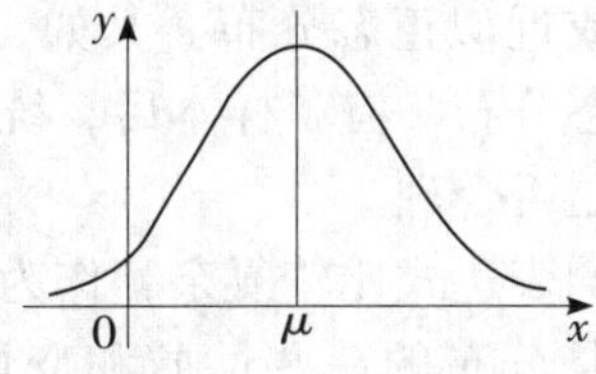

图 6－4　正态分布

正态分布有两个参数：μ 和 σ。可以证明，正态分布的数学期望是 μ，方差是 σ^2，标准差是 σ。一个正态分布完全由均值和方差唯一确定。

若 Z 是均值为 0、方差为 1 的正态变量，称 Z 服从标准正态分布（standard normal distribution），记为 $Z \sim N(0, 1)$，其密度函数是

$$\varphi(z) = \frac{1}{\sqrt{2\pi}} e^{-\frac{z^2}{2}} \quad (-\infty < z < +\infty) \tag{6.16}$$

当 $X \sim N(\mu, \sigma^2)$ 时，做标准化变换：

$$Z = \frac{X - \mu}{\sigma} \tag{6.17}$$

可以证明 Z 服从标准正态分布。就是说，对任一正态变量，做标准化变换后的 Z 分布服从标准正态分布。

顺便说明，即使不是正态变量，也可以像（6.17）那样做标准化变换，将其中的 μ 和 σ 分别用均值 $E(X)$ 和标准差 $\sqrt{D(X)}$ 代替。而且，不论 X 服从什么分布，标准化变量 Z 的均值总是 0，标准差总是 1。对于样本的标准化变换，参见第三章。

正态分布也称为常态分布，是统计中最重要的一种分布。有关正态分布的研究可以追溯到 J. Bernoulli（1654—1705），A. de Moivre（1667—1754）和 K. F. Gauss（1777—1855）等人的工作。研究兴趣起初是赌博游戏中的概率近似计算，后来是物理测量的误差分布理论。现在正态分布的应用几乎可以在所有涉及统计的领域见到。

正态分布的重要性基于下面两个理由。一是统计中的许多问题，只要有正态假设就可以迎刃而解，读者以后可以领略这一点。二是许多实际应用中碰到的变量都是近似正态分布的，就是说，许多情形假设变量服从正态分布

都是合理的，概率论为此提供了保证。概率论告诉我们，如果一个随机变量是由许多因素引起的，而且其中没有一个因素起决定性作用，则这个随机变量近似于正态分布。例如，学生的数学能力，受到遗传、父母专业爱好、学校、数学老师、家庭社会经济地位、社会环境等因素的影响，因此数学能力在学生总体中是正态分布或近似正态分布。又如，同一年龄组学生的身高、智商、成绩等都近似于正态分布。有了样本后，统计中提供了若干方法，可以检验变量的正态性假设是否合理。

正态变量的密度函数的表达式比较复杂，作为应用工作者，可以不理会具体的表达式，要掌握的是分布的一些性质和变量在若干范围取值的概率（即曲线下方若干范围的面积）。

二、正态分布的性质

正态分布有如下性质：

（1）正态曲线关于 $x=\mu$ 对称，成一口钟形，单峰状。通俗地说，是“中间大，两头小”。

（2）当 $x\to+\infty$ 时，曲线右尾以 x 轴为渐近线（永不与 x 轴相交）；当 $x\to-\infty$ 时，曲线左尾也以 x 轴为渐近线（永不与 x 轴相交）。

（3）曲线下方与 x 轴所围面积正好是1，由对称性，在 $x=\mu$ 左方或右方的面积均为0.5。

（4）当 μ 变小时，曲线向左平移；当 μ 变大时，曲线向右平移。当 σ^2 变小时，曲线变得“瘦高”；当 σ^2 变大时，曲线变得“矮胖”，见图6－5。

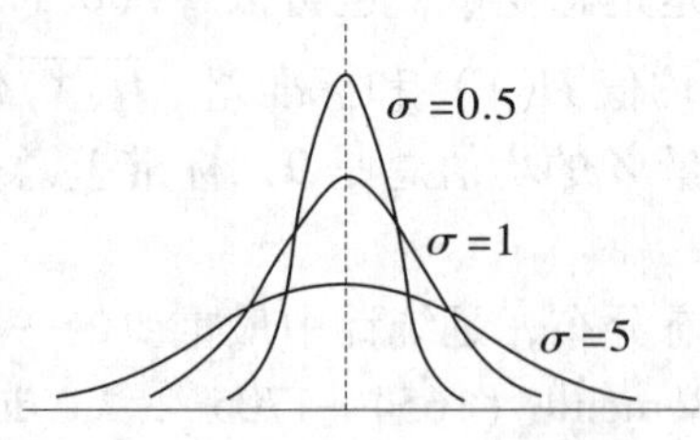

图6－5　不同方差的正态分布

（5）若 $X\sim N(\mu,\sigma^2)$，无论 μ，σ 的值是多少，X 取值以下特定区域的概率（面积）是确定的（见图6－6）：

① $P(\mu-\sigma\leqslant X\leqslant\mu+\sigma)=0.682\ 7$，

② $P(\mu-2\sigma\leqslant X\leqslant\mu+2\sigma)=0.954\ 5$，

③ $P(\mu-3\sigma\leqslant X\leqslant\mu+3\sigma)=0.997\ 3$。

再次说明，作为连续型变量，无论上述区间是否包含两个端点，概率值是一样的。

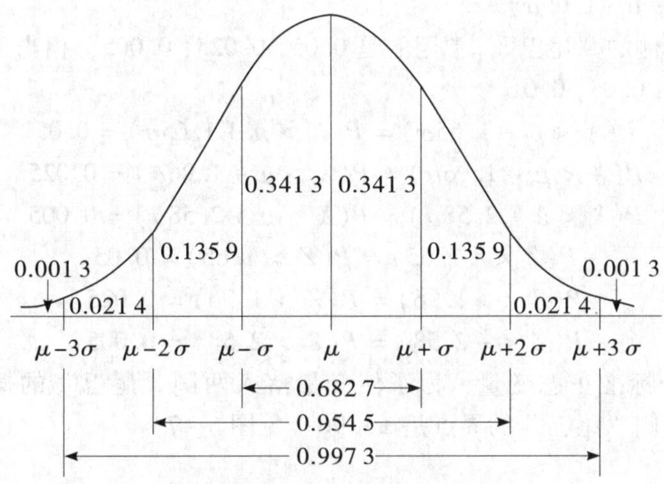

图 6-6　正态变量在特定区域取值的概率（面积）

特别地，对于标准正态分布 Z，有：

① $P(-1\leqslant Z\leqslant 1)=0.682\ 7$，

② $P(-2\leqslant Z\leqslant 2)=0.954\ 5$，

③ $P(-3\leqslant Z\leqslant 3)=0.997\ 3$。

知道变量落入均值附近区间的概率，也就容易求出变量落入两个“尾巴”的概率。如

$$P(Z>2)=P(Z<-2)=\frac{1}{2}[1-P(|Z|\leqslant 2)]$$

$$=\frac{1}{2}(1-0.954\ 5)=0.022\ 8$$

上面是已经知道区间，求变量在该区间取值的概率，即该区间对应的面积。应用中经常需要的是在已经知道概率值的条件下，确定相应的区间。

对于均值为中心的区间，常用的概率值是 0.90，0.95，0.99。

$$P(\mu-1.65\sigma\leqslant X\leqslant\mu+1.65\sigma)=0.90$$
$$P(\mu-1.96\sigma\leqslant X\leqslant\mu+1.96\sigma)=0.95$$
$$P(\mu-2.58\sigma\leqslant X\leqslant\mu+2.58\sigma)=0.99$$
$$P(-1.65\leqslant Z\leqslant 1.65)=0.90$$

$$P(-1.96 \leqslant Z \leqslant 1.96) = 0.95$$
$$P(-2.58 \leqslant Z \leqslant 2.58) = 0.99$$

例如，为了使变量落入一个均值为中心的区间的概率是0.95，则区间是$(\mu - 1.96\sigma, \mu + 1.96\sigma)$。

对于单侧的“尾巴”，常用的是0.05，0.025，0.005，相当于双侧“尾巴”的0.1，0.05，0.01。

$$P(X < \mu - 1.65\sigma) = P(X > \mu + 1.65\sigma) = 0.05$$
$$P(X < \mu - 1.96\sigma) = P(X > \mu + 1.96\sigma) = 0.025$$
$$P(X < \mu - 2.58\sigma) = P(X > \mu + 2.58\sigma) = 0.005$$
$$P(Z < -1.65) = P(Z > 1.65) = 0.05$$
$$P(Z < -1.96) = P(Z > 1.96) = 0.025$$
$$P(Z < -2.58) = P(Z > 2.58) = 0.005$$

例如，对于标准正态变量，为了使变量落入两侧“尾巴”的概率之和为0.05，则两侧“尾巴”的界点是±1.96（见图6-7）。

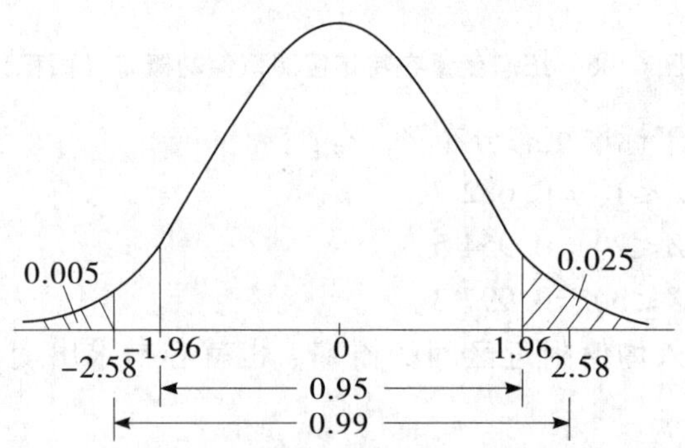

图6-7　标准正态分布的常用界点

三、正态分布函数及其应用

虽然上面列出的一些特殊区间及其相应的概率（面积）可以解决不少问题，但应用中有时会需要求出正态变量取值在任何一个区间的概率。

由于任何一个正态分布$N(\mu, \sigma^2)$都可以通过标准化变换变成标准正态分布$N(0, 1)$，所以只需要能求出标准正态变量取值在任何区间的概率。为此，人们制成标准正态数值表供查阅。主要有两种类型的表，一种是给出了当$z>0$时，$P(0<Z<z)$的值［见图6-8（a）阴影部分］；另一种

是给出了当 $z>0$ 时，标准正态分布函数 $\Phi(z)=P(Z<z)$ 的值［见图 6－8（b）阴影部分］。因为

$$P(Z<z)=P(z\leqslant 0)+P(0<Z<z)=0.5+P(0<Z<z)$$

所以两种类型的表值很容易转换。这里以第二种类型的表（即分布函数数值表）为例说明有关的计算。

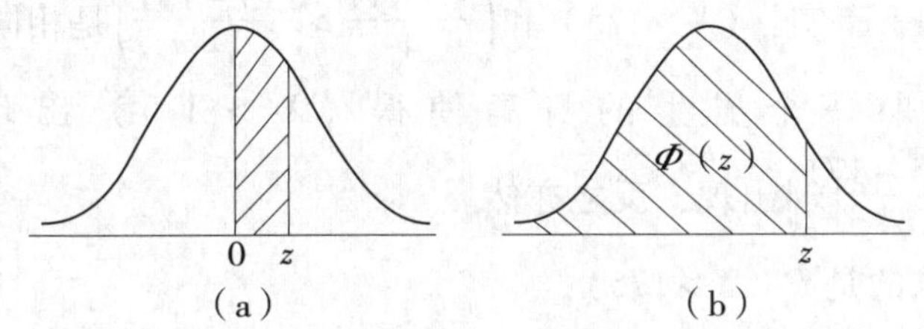

图 6－8　标准正态分布表中的概率

在有了标准正态分布数值表后，利用密度曲线的对称性，并注意到曲线下的面积为 1，容易求得标准正态变量在任意区间上的概率。这样，只要将一个求概率的问题转化到求 $\Phi(z)$，问题就可以解决了。由于标准正态分布函数 $\Phi(z)$ 与 z 是一一对应的，所以不仅由 z 可以求出 $\Phi(z)$，也可以由 $\Phi(z)$ 求出 z 值。

使用 SPSS 或 Excel 等统计软件进行统计分析，已经不用查表了。一方面，这些统计软件中都有正态变量的分布函数。另一方面，在手工计算时许多需要由表值计算的数据，计算机统计结果会直接给出。

在 SPSS 中，已知 z 求 $\Phi(z)$ 是在〈**Transform**〉菜单的〈**Compute**〉命令下使用〈**CDFNORM（z）**〉函数。例如 $\Phi(1.96)$ = CDFNORM(1.96) = 0.975。求一般正态分布函数可使用〈**CDF. NORMAL**〉函数，除了输入 x 值外，还需要输入均值和标准差。例如，$F(x)$ = CDF. NORMAL(119.6,100,10) = 0.975。如果使用 Excel，标准正态分布函数 $\Phi(z)$ = NORMSDIST（z），一般正态分布函数 $F(x)$ = NORMDIST（x，μ，σ，1），其中的 1 表示求分布函数，如果将 1 换成 0 表示求密度函数。

在 SPSS 中，已知 $\Phi(z)$ 求 z 是在〈**Transform**〉菜单的〈**Compute**〉命令下使用〈**PROBIT(p)**〉函数。例如，PROBIT（0.995）= 2.58，这意味着 $\Phi(2.58)=0.995$。如果使用 Excel，使用函数 NORMSINV，例如 NORMSINV（0.995）= 2.58。

【例 6.3】 设高中男生身高 X（单位：厘米）是正态变量，均值是 171，标准差是 4，即 $X\sim N(171,4^2)$。求：

（1）身高超过 175 的学生所占的比例；

（2）身高在 165 至 175 之间的学生所占的比例；

（3）以均值 171 为中点的一个区间，使得其中的学生占了 80%。

首先，产生标准化变量 $Z=\frac{X-171}{4}$，Z 服从标准正态分布 N（0，1）。然后要利用如下事实：（$X>175$）和$\left(\frac{X-171}{4}>\frac{175-171}{4}\right)$是相同的事件。这是因为，如果一个男生的身高使得（$X>175$）出现，等价于$\left(\frac{X-171}{4}>\frac{175-171}{4}\right)$出现，反之亦然。

（1）要求的是 P（$X>175$）：

$$P(X>175)=P\left(\frac{X-171}{4}>\frac{175-171}{4}\right)=P(Z>1)$$

$$=1-P(Z\leqslant 1)=1-\Phi(1)=1-0.8413=0.1587$$

即身高超过 175 的学生所占的比例约为 16%。图 6－9 是 $P(Z>1)$ 示意图（阴影部分）。

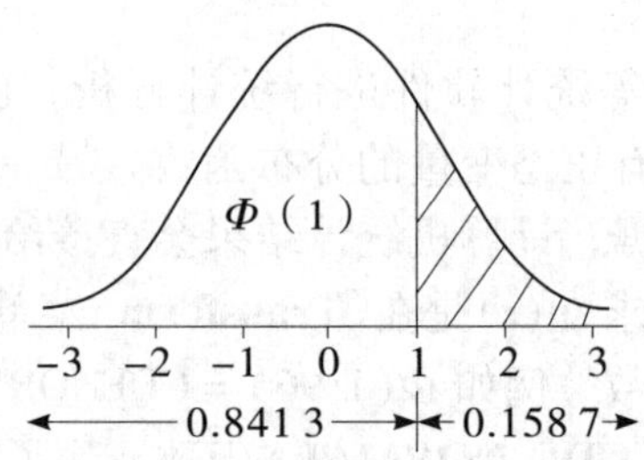

图 6－9 $P(Z>1)$ 的示意图

（2）要求的是 $P(165\leqslant X\leqslant 175)$：

$$\begin{aligned}P(165\leqslant X\leqslant 175)&=P\left(\frac{165-171}{4}\leqslant\frac{X-171}{4}\leqslant\frac{175-171}{4}\right)\\&=P(-1.5\leqslant Z\leqslant 1)\\&=P(Z\leqslant 1)-P(Z<-1.5)\\&=\Phi(1)-\Phi(-1.5)\\&=0.8413-0.0668=0.7745\end{aligned}$$

即身高在 165 至 175 之间的学生所占的比例约为 77%。图 6 - 10 是 $P(-1.5\leqslant Z\leqslant 1)$示意图（阴影部分）。

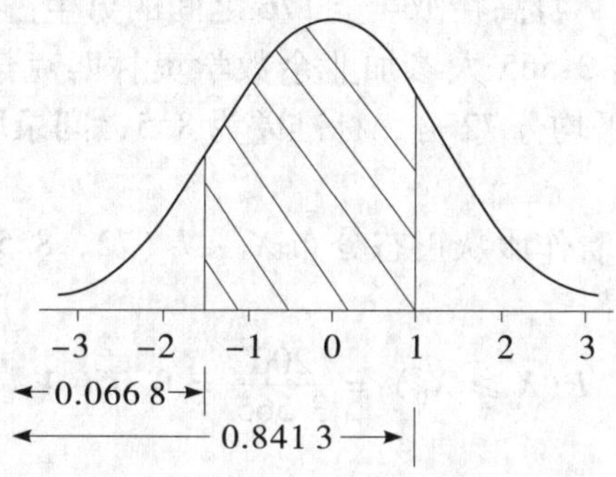

图 6 - 10　$P(-1.5\leqslant Z\leqslant 1)$ 的示意图

（3）要求以 171 为中心的区间半径 R，使得 $R(|X-171|<R)=0.8$，相当于

$$P\left(\frac{|X-171|}{4}<\frac{R}{4}\right)=0.8$$

令 $z_0=\dfrac{R}{4}$，则上式变成 $P(|Z|<z_0)=0.8$（见图 6 - 11），即

$$P(Z<z_0)-P(Z<-z_0)=0.8 \tag{6.18}$$

由对称性，

$$P(Z<-z_0)=P(Z>z_0)=1-P(Z\leqslant z_0)$$

代入（6.18）得

$$P(Z<z_0)-[1-P(Z\leqslant z_0)]=0.8$$

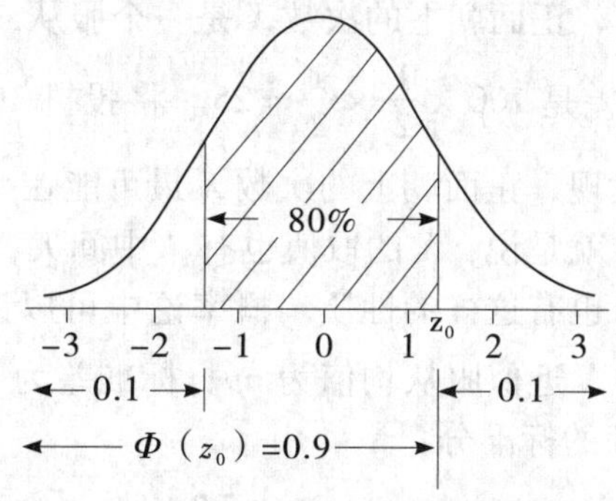

图 6 - 11　$P(|Z|<z_0)=0.8$ 的示意图

即 $2P(Z<z_0)=1.8$，$\Phi(z_0)=0.9$，求得 $z_0=1.28$，从而 $R=4\times1.28=5.12$，所求的区间端点是 171 ± 5.12，即身高在（165.88，176.12）范围的占80%，或者粗略地，身高在166至176之间的男生占了约80%。

【例6.4】某市有3 565人参加业余数学奥林匹克学校入学考试，录取200人，该次考试的平均分72分，标准差为8.5，问录取分数线定为多少分比较合适？

可将考试成绩 X 看作服从正态分布 $X\sim N$（72，8.5^2），设 X_0 为录取分数线，则要求 X_0 使得

$$P(X\geqslant X_0)=\frac{200}{3\,565}=0.056\,1$$

因为

$$P(X\geqslant X_0)=P\left(\frac{X-72}{8.5}\geqslant\frac{X_0-72}{8.5}\right)$$

令

$$Z=\frac{X-72}{8.5},\ Z_0=\frac{X_0-72}{8.5}$$

则 $Z\sim N$（0，1）。由 $P(Z\geqslant Z_0)=0.056\,1$ 和 $P(Z\geqslant Z_0)=1-P(Z<Z_0)$ 得

$$\Phi(Z_0)=P(Z<Z_0)=1-0.056\,1=0.943\,9$$

即 $\Phi(Z_0)=0.943\,9$，通过查表或由SPSS中的函数PROBIT（0.943 9），得到 $Z_0=1.588\,4$，从而录取分数为 $X_0=8.5Z_0+72=8.5\times1.588\,4+72=86$ 分。

在上面几个例子的计算中，最后都是将变量 X 变成了标准化变量 Z，将原始分变成了标准分。熟练之后可以直接进行代换。

四、二项分布与正态分布

投掷100次硬币，正面朝上的次数 X 是一个服从二项分布的变量，均值是 $100\times\frac{1}{2}=50$，方差是 $100\times\frac{1}{2}\times\frac{1}{2}=25$。将投掷100次硬币作为一次试验，多次试验后会发现，正面朝上的次数 X 最可能在50次上下，离开50越远，越不可能出现。就是说，X 的取值也有“中间大，两头小”的趋势。

一般的二项分布也有这样的性质。概率论中可以证明，如果 $X\sim B$（n，p），则当 n 较大时，X 近似服从均值为 np、标准差为 $\sqrt{np(1-p)}$ 的正态分布。进而可以计算 X 的标准分：

$$Z=\frac{X-np}{\sqrt{np(1-p)}}$$

这样，有关二项分布的概率计算就可以通过正态分布近似进行。需要说明的是，通常是当 $np \geqslant 5$，$n(1-p) \geqslant 5$ 时①，使用正态分布才近似二项分布。如果不满足条件，近似计算的结果可能精确性较低。

【例 6.5】一份英语试题由 60 道选择题组成，每道选择题有四个选项：A、B、C、D，其中只有一个选项是正确的。一个完全不懂英语的人猜测作答，刚好能做对 15 个题目的概率是多少？

对每个题目，随机作答正确的概率是$\frac{1}{4}$。这里 $n=60$，容易算得 $np=15 \geqslant 5$，$n(1-p)=45 \geqslant 5$。所以可以用正态分布近似计算。正态分布的均值是 15，标准差是 3.354。要求的概率是

$$
\begin{aligned}
P(14.5 \leqslant X < 15.5) &= P(X < 15.5) - P(X < 14.5) \\
&= P\left(Z < \frac{15.5-15}{3.354}\right) - P\left(Z < \frac{14.5-15}{3.354}\right) \\
&= \Phi(0.149) - \Phi(-0.149) = 2\Phi(0.149) - 1 \\
&= 2 \times 0.559 - 1 = 0.118
\end{aligned}
$$

本例也可以直接使用 SPSS 中的二项分布函数计算概率密度：

PDF. BINOM（15，60，0.25）=0.118

可见近似计算非常精确。如果使用 Excel，用下面的函数计算概率密度：

BINOMDIST（15，60，0.25，0） =0.118

第六节　χ^2 分布、t 分布和 F 分布

除了正态分布外，比较常用的连续型分布还有 χ^2 分布、t 分布和 F 分布等。

一、χ^2 分布

设 $X_1, X_2, \cdots, X_n$ 是相互独立（可以直观理解为其中任一个变量的取值不影响其他变量的取值）且服从 N（0，1）分布的随机变量，称随机变量所服从的分布是自由度（degree of freedom）为 n 的 χ^2 分布（Chi-square 分

① 也有的书要求 $np \geqslant 10$，$n(1-p) \geqslant 10$，即对近似计算的精度要求较高。

布），记为$\chi^2 \sim \chi^2$（n），即n个相互独立的标准正态变量的平方和服从自由度为n的χ^2分布。

$$\chi^2 = \sum_{i=1}^{n} X_i^2$$

χ^2分布的密度函数$f(x,n)$曲线呈单峰右偏态（见图6－12），偏度随n增大而变小。可以证明，当n较大时（例如大于30），χ^2分布近似于正态分布。

可以证明，χ^2分布的均值与方差分别为：

$$E(\chi^2) = n,\ D(\chi^2) = 2n(n\text{为自由度})。$$

对给定的α（$0<\alpha<1$），称满足条件

$$P[\chi^2 \geqslant \chi_\alpha^2(n)] = \alpha$$

的值$\chi_\alpha^2(n)$为$\chi^2(n)$分布的上侧α分位点（见图6－13）。在与χ^2分布有关的假设检验问题中（见第七章），$\chi_\alpha^2(n)$也称为临界值（critical value）。

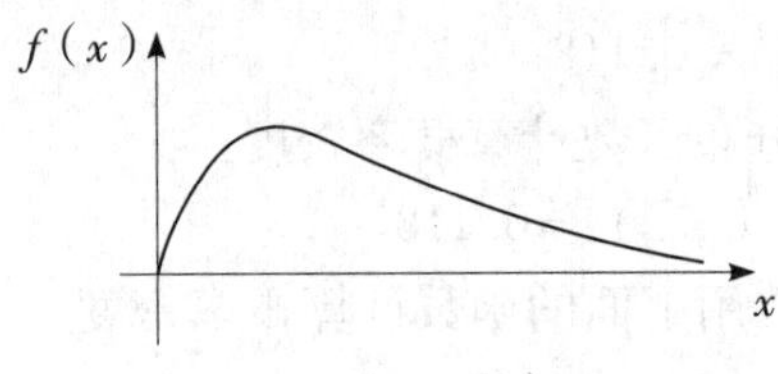

图6－12　χ^2分布密度曲线

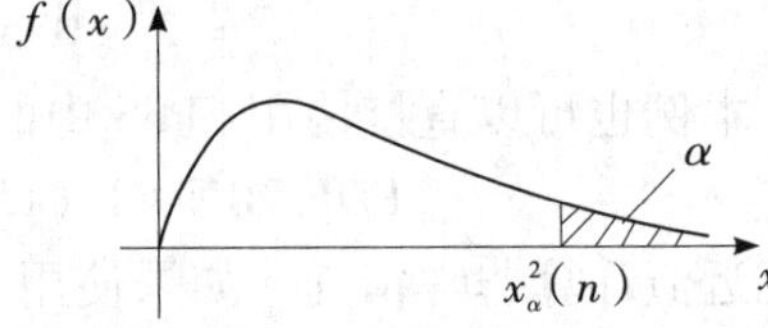

图6－13　χ^2分布的上侧分位点

二、t分布

设随机变量$X \sim N$（0，1），$Y \sim \chi^2$（n），且X与Y相互独立，称随机变量

$$t = \frac{X}{\sqrt{Y/n}}$$

服从自由度为n的t分布，记为$t \sim t(n)$。

t分布的密度函数曲线是关于纵坐标轴对称的，曲线形状与标准正态曲线类似（见图6－14），但尾巴较粗。当$n \to \infty$时，t分布趋于标准正态分布。实际上，$n>30$时，t分布与标准正态分布已经很接近。

可以证明，t分布的均值与方差分别为：

$$E(t) = 0,\ D(t) = \frac{n}{n-2}$$

对给定的$\alpha(0<\alpha<1)$，称满足条件

$$P[t \geqslant t_{\alpha}(n)] = \alpha$$

的值$t_{\alpha}(n)$为$t(n)$分布的上侧α分位点。在单侧t检验问题中，要用到上侧α分位点，但在双侧t检验问题中（见第七章），要使用双侧α分位点$t_{\alpha/2}(n)$，它满足条件

$$P[|t| \geqslant t_{\alpha/2}(n)] = \alpha$$

见图6-15。

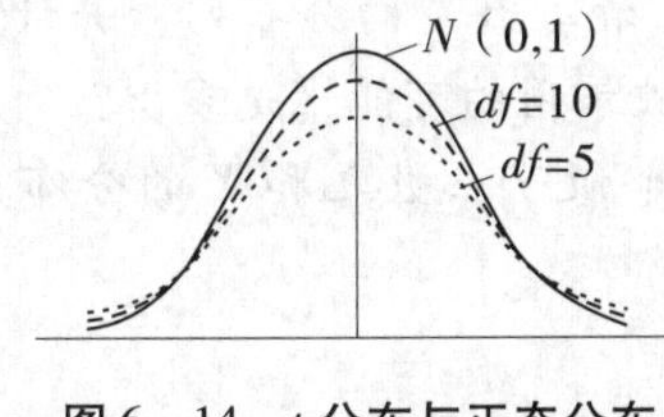

图6-14　t分布与正态分布

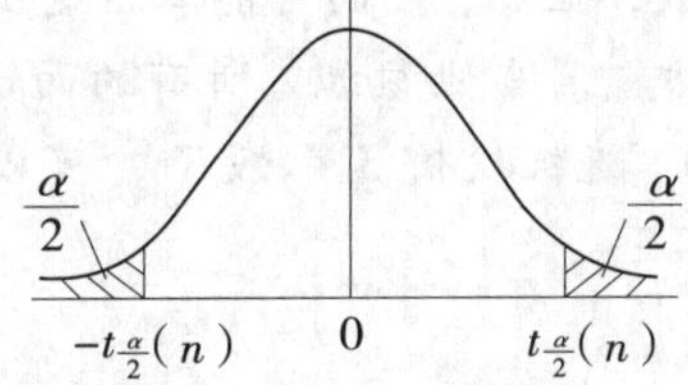

图6-15　t分布的双侧分位点

三、F分布

设随机变量$X \sim \chi^2(m)$，$Y \sim \chi^2(n)$，且X与Y相互独立，称随机变量

$$F = \frac{X/m}{Y/n}$$

服从自由度为（m，n）的F分布，其中m为分子自由度，或第一自由度，n为分母自由度，或第二自由度，记为$F \sim F(m, n)$。

可以证明，F分布的均值与方差分别为：

$$E(F) = \frac{n}{n-2};\ D(F) = \frac{n^2}{(n-2)^2} \cdot \frac{2(m+n-2)}{m(n-4)} \quad (n>4)$$

和χ^2变量一样，F变量只取非负值，F分布的密度函数曲线也呈单峰偏态状，也可以和χ^2分布那样定义α分位点（见图6-16）。

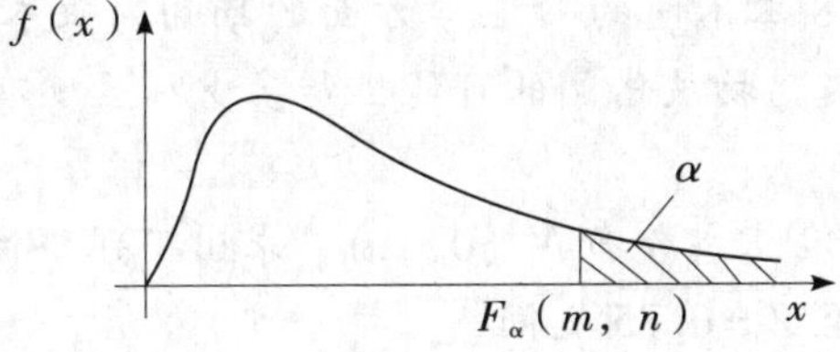

图6-16　F分布的上侧分位点

习　题

1. 举出一个离散型随机变量的例子，并写出分布列。

2. 一个应届毕业生得到 4 个独立的用人单位的面试机会，面试的单位先后顺序是甲、乙、丙、丁，面试者被录用的机会分别是$\frac{1}{3}$，$\frac{1}{2}$，$\frac{1}{4}$，$\frac{1}{3}$。如果他被某个单位录用，就不再参加排在后面单位的面试。用 X 表示他的面试次数，显然，X 的可能取值是 1，2，3，4，请写出 X 的分布列，并计算均值和方差。当他参加完所有的面试，仍然未被录用的可能性是多少？

3. 随机投掷 3 个骰子，可以计算出 3 个骰子点数之和 X 的分布列如表 6－2：

表 6－2

X	3	4	5	6	7	8	9	10	11	12	13	14	15	16	17	18
$\frac{1}{216}\times$	1	3	6	10	15	21	25	27	27	25	21	15	10	6	3	1

例如，点数之和是 10 的概率等于$\frac{27}{216}$。

（1）求点数之和小于等于 10 的概率 $P(X\leqslant 10)$；

（2）求 3 个骰子都是 2 点的概率；

（3）求 3 个骰子的点数相同的概率；

（4）计算点数之和 X 的均值。

4. 一份英语试题由 60 道选择题组成，每道选择题有四个选项：A、B、C、D，其中只有一个选项是正确的。一个完全不懂英语的人猜测作答，能做对 15 个或 15 个以上题目的概率是多少？

5. 设图书馆有 8 本不同的心理学方面的期刊，每本被借阅的可能性是 0.60，问恰好有 3 本刊物被借阅的可能性是多少？至少有 1 本未被借阅的可能性是多少？

6. 设 Z 服从标准正态分布 N（0，1），求出下列事件的概率：

（1）$Z=0.00$ 至 $Z=0.75$ 之间；

（2）$Z=-1.00$ 至 $Z=1.00$ 之间；

（3）$Z=-1.50$ 至 $Z=0.00$ 之间；

（4）$Z<-1.50$；

(5) $Z>1.65$。

7. 高一年级共有545个学生，期末考试的语文成绩服从正态分布，平均分是75分（满分为100分），标准差为10。

(1) 在75至85分之间大约有多少人?

(2) 小于等于60分的人占了多少比例?

(3) 85分或以上的人占了多少比例?

(4) 90%的分位点是多少?

8. 某省高考使用正态化综合分计算成绩，即先将原始分经过正态化处理，然后转换成均值为500、标准差为100的综合分。这样得到的分数可以认为服从正态分布。

(1) 重点大学的录取线定为632分，达到该录取线的考生占多少比例?

(2) 某名牌大学的最低录取线是720分，达到该录取线的考生占多少比例?

(3) 能考800分以上的考生占多少比例?

(4) 如果60%的考生都能上专科或本科大学，请你给出专科录取线。(不用考虑成绩以外的因素)

第七章
参数估计和假设检验

参数估计和假设检验是推断统计的两个重要组成部分，也是高级统计分析的基础。各种各样的统计方法，最后大多都归结为对某些参数进行估计和对某些假设进行检验，尽管统计思想和算法可能相去甚远。本章先介绍常用统计量的分布，包括样本均值、样本方差、t 统计量和 F 统计量，它们是参数估计和假设检验的基础。然后介绍参数的点估计和区间估计。接着论述检验的基本知识，最后给出均值的检验和分布的检验方法。

第一节　统计量及其分布

一、统计量

一般说来，心理实验获得的数据比较少，心理测验获得的数据比较多。无论是多是少，都难以通过直接观察样本数据来获得有用的信息。

第三章我们学习了样本的数字特征，它们都提供了有关变量和样本的信息。例如，样本均值反映了样本数据的集中趋势，样本方差（或标准差）反映了样本数据的离散程度。在第三章中所论的样本，都理解为经过抽样得到了实际的观测值，因而样本的数字特征都是具体的数值。这里我们要从随机变量的角度来阐释数字特征，并将其称为统计量（statistic）。

考虑以 X 为变量的总体（以后简称为总体 X），假设从总体中随机抽取了容量为 N 的一个样本，得到变量 X 的 N 个值：$X_1, X_2, \cdots, X_N$。以 X_1 为例，一旦抽样完毕，X_1 是一个确定的观测值。但在还没有抽样之前，理论上 X_1

可以取到总体 X 的任一值，所以 X_1 也是随机变量，它和总体 X 有相同的分布。为了统计推断的需要，我们希望所用的抽样方法使得 $X_1,X_2,\cdots,X_N$ 相互独立，每个都与总体 X 有相同的分布。有放回的随机抽样①满足这一要求，这样得到的样本称为简单随机样本。本书除非另有说明，所论的随机样本都是简单随机样本。这时，总体的每个个体有同等的机会被选入样本，且每次抽样的观测结果不影响其后续抽样的观测结果。如果抽样总体比较大，而样本容量相对很小（如样本只占总体的5%以内），不放回随机抽样可以近似当作有放回随机抽样。在一次实际抽样之后，可以得到 $X_1,X_2,\cdots,X_N$ 的确定观测值，即样本值。

以后在做一般讨论时，将 $X_1,X_2,\cdots,X_N$ 作为一组随机变量，彼此独立且与总体 X 有相同的分布，统计量是样本 $X_1,X_2,\cdots,X_N$ 的一个函数，不含未知参数，并且也是一个随机变量。而在具体计算时，将 $X_1,X_2,\cdots,X_N$ 作为一组观测值，由统计量公式计算得到统计量的值。

例如，某年级数学期末考试成绩是一个总体，抽取 10 个样品组成一个样本：$X_1,X_2,\cdots,X_{10}$。样本均值

$$\overline{X}=\frac{1}{10}\sum_{i=1}^{10}X_i$$

是一个统计量。假设实际抽样后，观测到的 10 名学生的成绩如下：86，83，83，88，85，86，85，79，83，76，则样本均值是

$$\overline{X}=\frac{1}{10}\times(86+83+83+88+85+86+85+79+83+76)=83.5$$

在实际抽样后，本章定义的样本均值和第三章中定义的一样。但本章中我们赋予样本均值双重身份：抽样前是一个统计量，抽样后是一个具体的数值（即统计量的观测值）。

二、样本均值的分布

设 $X_1,X_2,\cdots,X_N$ 是总体 X 的一个容量为 N 的随机样本，统计量

$$\overline{X}=\frac{1}{N}\sum_{i=1}^{N}X_i \tag{7.1}$$

称为样本均值。由数学期望和方差的性质，

---

① 有放回的随机抽样是这样进行的：每次从总体中随机抽取一个样品观测后立即放回，然后再随机抽取下一个样品。这样，每次抽样面临的总体都是一样的。

$$E(\overline{X}) = \frac{1}{N}\sum_{i=1}^{N} E(X_i) = \frac{1}{N}\sum_{i=1}^{N} E(X) = E(X) \tag{7.2}$$

$$D(\overline{X}) = \frac{1}{N^2}\sum_{i=1}^{N} D(X_i) = \frac{1}{N^2}\sum_{i=1}^{N} D(X) = \frac{1}{N}D(X) \tag{7.3}$$

从而，样本均值的数学期望等于总体的数学期望，样本均值的方差是总体方差的$\frac{1}{N}$。这个结果说明，样本均值比原来的变量更加集中在总体均值附近。

如果 $X \sim N(\mu, \sigma^2)$，则 $\overline{X} \sim N(\mu, \frac{1}{N}\sigma^2)$。即如果总体服从正态分布，样本均值也服从正态分布，数学期望不变，但方差是总体方差的$\frac{1}{N}$。

三、样本方差的分布

设 $X_1, X_2, \cdots, X_N$ 是总体 X 的一个容量为 N 的随机样本，统计量

$$S^2 = \frac{1}{N-1}\sum_{i=1}^{N}(X_i - \overline{X})^2 \tag{7.4}$$

称为样本方差。样本方差的算术根 S 称为样本标准差。为了求出 S^2 的数学期望，先将 S^2 做下列代数变换

$$\begin{aligned} S^2 &= \frac{1}{N-1}\sum_{i=1}^{N}(X_i - \overline{X})^2 = \frac{1}{N-1}\sum_{i=1}^{N}[(X_i - \mu) - (\overline{X} - \mu)]^2 \\ &= \frac{1}{N-1}\sum_{i=1}^{N}(X_i - \mu)^2 + \frac{1}{N-1}\sum_{i=1}^{N}(\overline{X} - \mu)^2 - \frac{2}{N-1}\sum_{i=1}^{N}(X_i - \mu)(\overline{X} - \mu) \\ &= \frac{1}{N-1}\sum_{i=1}^{N}(X_i - \mu)^2 - \frac{N}{N-1}(\overline{X} - \mu)^2 \end{aligned}$$

注意到 $E(X_i - \mu)^2 = D(X)$，$E(\overline{X} - \mu)^2 = \frac{1}{N}D(X)$，所以

$$E(S^2) = \frac{N}{N-1}D(X) - \frac{1}{N-1}D(X) = D(X) \tag{7.5}$$

如果 $X \sim N(\mu, \sigma^2)$，可以证明，$\overline{X}$ 与 S^2 相互独立且

$$\frac{N-1}{\sigma^2}S^2 = \frac{1}{\sigma^2}\sum_{i=1}^{N}(X_i - \overline{X})^2 \sim \chi^2(N-1)$$

注意自由度是 $N-1$，而不是 N，这是因为 $X_1 - \overline{X}, X_2 - \overline{X}, \cdots, X_N - \overline{X}$ 之间不是相互独立的，它们有关系式$\sum_{i=1}^{N}(X_i - \overline{X}) = 0$的约束，因而少了一个自由度。

四、t 统计量

设 $X_1, X_2, \cdots, X_N$ 是取自正态总体 $N(\mu, \sigma^2)$ 的一个容量为 N 的随机样本，$\bar{X}$ 与 S^2 分别为样本均值和样本方差，可以证明统计量

$$t = \frac{(\bar{X} - \mu)\sqrt{N}}{S} \sim t(N-1) \tag{7.6}$$

另一个 t 统计量涉及两个正态总体。设 $X_{11}, X_{12}, \cdots, X_{1N_1}$ 是取自正态总体 $N(\mu_1, \sigma^2)$ 的一个容量为 N_1 的随机样本，$X_{21}, X_{22}, \cdots, X_{2N_2}$ 是取自正态总体 $N(\mu_2, \sigma^2)$ 的一个容量为 N_2 的随机样本，且这两个样本相互独立。$\bar{X}_1$ 与 $\bar{X}_2$ 分别为这两个样本的均值，S_1^2 与 S_2^2 分别为这两个样本的方差，可以证明统计量

$$t = \frac{(\bar{X}_1 - \bar{X}_2) - (\mu_1 - \mu_2)}{S_p}\sqrt{\frac{N_1 N_2}{N_1 + N_2}} \sim t(N_1 + N_2 - 2) \tag{7.7}$$

其中

$$S_p^2 = \frac{(N_1 - 1)S_1^2 + (N_2 - 1)S_2^2}{N_1 + N_2 - 2}$$

$$= \frac{1}{N_1 + N_2 - 2}\left[\sum_{i=1}^{N_1}(X_{1i} - \bar{X}_1)^2 + \sum_{j=1}^{N_2}(X_{2j} - \bar{X}_2)^2\right]$$

是两个样本方差的加权平均，称为两个样本的混合方差（pooled variance）。注意只有当两总体的方差相等（也称为方差齐性）时（7.7）成立。

上述 t 统计量在关于正态总体的均值参数的区间估计和假设检验中将要用到。

五、F 统计量

设 $X_{11}, X_{12}, \cdots, X_{1N_1}$ 是取自正态总体 $N(\mu_1, \sigma^2)$ 的一个容量为 N_1 的随机样本，$X_{21}, X_{22}, \cdots, X_{2N_2}$ 是取自正态总体 $N(\mu_2, \sigma^2)$ 的一个容量为 N_2 的随机样本，且这两个样本相互独立。$\bar{X}_1$ 与 $\bar{X}_2$ 分别为这两个样本的均值，S_1^2 与 S_2^2 分别为这两个样本的方差，可以证明，统计量

$$F = \frac{S_1^2}{S_2^2} \sim F(N_1 - 1,\ N_2 - 1) \tag{7.8}$$

F 统计量在关于正态总体的方差齐性检验中要用到。在方差分析中还会用到其他的一些 F 统计量。

第二节　参数估计

一、参数点估计

在第六章中我们看到，总体（或随机变量）的许多分布都带有参数，如果知道了这些参数，分布就唯一确定了。例如，理论和经验都表明，学生身高服从正态分布，如果知道了均值 μ 和标准差 σ，就知道了身高的分布。μ 和 σ 通常都是未知的参数，需要通过样本，对它们做出估计。

一般地，总体参数是指表征总体某方面数量特征的指标。例如总体均值、总体标准差等。对于一个确定的总体来说，其参数（如果存在）必是个确定值。但在实际应用中总体参数是未知的，统计的目的之一是通过样本来估计总体的参数，即参数估计。

用样本构造一个不含任何未知参数的函数（即统计量）来估计总体参数，称为点估计，对应的统计量称为估计量，相应的观测值称为估计值，统称为估计（estimation）。通常要估计的总体参数有：均值（数学期望）、方差、标准差、比例、相关系数等。

一种很直观的方法是用样本的数字特征来估计总体的数字特征。例如，用样本均值（$\bar{X}$）作为总体均值（μ）的点估计，用样本方差（S^2）作为总体方差（σ^2）的点估计，样本标准差（S）作为总体标准差（σ）的点估计，等等。

我们知道，样本均值 $\bar{X} = \frac{1}{N}\sum_{i=1}^{N} X_i$ 当作随机变量时，其均值与总体 X 的均值相同，而方差是总体 X 的方差的 $1/N$（即 σ^2/N）。因而，样本均值的标准差的估计为 $\sqrt{S^2/N} = S/\sqrt{N}$，称为样本均值的标准误（standard error）。

一般地说，一个参数 θ 的估计通常记为 $\hat{\theta}$，它是一个随机变量。如果 $\hat{\theta}$ 的均值等于 θ，即 $E(\hat{\theta}) = \theta$，称 $\hat{\theta}$ 是 θ 的一个无偏（unbiased）估计。如果一个估计不是无偏的，称为有偏（biased）估计。由（7.2）可知，样本均值（$\bar{X}$）是总体均值（μ）的无偏估计。由（7.5）可知，样本方差（S^2）

是总体方差（σ^2）的无偏估计①。

二、参数区间估计

显然，点估计的结果是给出了参数的一个近似值。不过，在实际应用中，我们不仅要知道参数的近似值，而且要知道误差范围。于是需要区间估计。

对给定的 α（$0<\alpha<1$），由样本 $X_1,X_2,\cdots,X_N$ 构造出总体参数 θ 的估计区间（$\hat{\theta}_1$，$\hat{\theta}_2$），其中区间的下限 $\hat{\theta}_1$ 与上限 $\hat{\theta}_2$ 均是不含未知参数的统计量，使得

$$P(\hat{\theta}_1 < \theta < \hat{\theta}_2) = 1-\alpha \tag{7.9}$$

称（$\hat{\theta}_1$，$\hat{\theta}_2$）是参数 θ 的置信度为 $1-\alpha$ 的置信区间（confidence interval），置信区间的上下限也称为置信限。

若 $\alpha=0.05$，则 $1-\alpha=0.95$ 表明由随机抽取的一个样本得到的置信区间（$\hat{\theta}_1$，$\hat{\theta}_2$）覆盖 θ 的可能性是 0.95。比如，若抽取 100 个样本，可得到 100 个置信区间，则大约有 95 个区间覆盖 θ。

（一）单个总体均值 μ 的置信区间

设 $X_1,X_2,\cdots,X_N$ 是取自正态总体 $N(\mu,\sigma^2)$ 的一个样本，记 $t_{\alpha/2}(n)$ 是自由度为 n 的 t 分布的双侧 α 分位点（见图 6-15），它满足

$$P[|t| \geqslant t_{\alpha/2}(n)] = \alpha$$

由（7.6）可得

$$P\left\{-t_{\alpha/2}(N-1) \leqslant \frac{(\bar{X}-\mu)\sqrt{N}}{S} \leqslant t_{\alpha/2}(N-1)\right\} = 1-\alpha$$

所以 μ 的置信度为 $1-\alpha$ 的置信限是

$$\bar{X} \pm t_{\alpha/2}(N-1) \cdot \frac{S}{\sqrt{N}} \tag{7.10}$$

由（7.10）可以看出，该置信区间的半径为 $t_{\alpha/2}(N-1) \cdot \frac{S}{\sqrt{N}}$，它表示了估计的误差范围。区间长度越短，估计的精确度越高。估计的精确度依赖于三个因素：

（1）置信度 $1-\alpha$。在 N 不变的情况下，置信度越高，临界值 $t_{\alpha/2}(N-1)$

---

① 样本方差定义为离差平方和除以（$N-1$），而不是除以 N，无偏性是一个重要考虑。就是说，离差平方和除以 N 不是总体方差的无偏估计。

越大，那么区间会变得越宽，即越不精确。

（2）样本容量 N。加大样本容量 N，可以提高样本的代表性，从而提高 $\overline{X}$ 对 μ 的代表性，提高估计精确度。

（3）总体方差 σ^2。总体方差 σ^2 越大，样本方差 S 往往也越大，区间会变得越宽。

（二）两个总体均值差异 $\mu_1-\mu_2$ 的置信区间

对于求两个总体的均值差异 $\mu_1-\mu_2$ 的置信区间问题，要区别配对样本和独立样本。配对样本（paired samples），是两个样本之间存在一一对应的相关关系，也称为相关样本。独立样本（independence samples），是指两个样本相互独立。如某项实验，实验组和对照组都是随机选取的。实验组学生实验前的成绩和实验后的成绩，构成配对样本（不过前后成绩是否可比要看实际问题而定）；而实验组成绩与对照组成绩是独立样本。又如，从某小学 28 个班每班选择学习成绩相当的一个男生和一个女生参加一项心算实验，则在比较性别差异时，这 28 对男女学生的实验结果构成配对样本，同一个班的男女生因为学习成绩相当，可以认为他们的心算成绩相关；如果从该校随机抽取 28 个男生和 28 个女生参加实验，则男生的实验结果与女生的实验结果是独立样本。

1. 配对样本

设两个总体 X_1，X_2 分别服从 $N(\mu_1,\ \sigma_1^2)$，$N(\mu_2,\ \sigma_2^2)$，则 X_1-X_2 也是正态分布，其均值为 $\mu_1-\mu_2$。设 $(X_{11},\ X_{21})$，$(X_{12},\ X_{22})$，$\cdots$，$(X_{1N},\ X_{2N})$ 是 N 对观测值，每对观测值有一个差值：$D_i=X_{1i}-X_{2i}$，$i=1,2,\cdots,N$。可将 $D_1,D_2,\cdots,D_N$ 视为 X_1-X_2 的一个样本，由（7.10）知，$\mu_1-\mu_2$ 的置信度为 $1-\alpha$ 的置信限是

$$\overline{D}\pm t_{\alpha/2}(N-1)\cdot\frac{S_D}{\sqrt{N}} \qquad (7.11)$$

其中 $\overline{D}$，S_D 分别是样本 $D_1,D_2,\cdots,D_N$ 的均值和标准差。

2. 独立样本

设 $X_{11},X_{12},\cdots,X_{1N_1}$ 是取自正态总体 $N(\mu_1,\ \sigma^2)$ 的一个样本，X_{21}，$X_{22},\cdots,X_{2N_2}$ 是取自正态总体 $N(\mu_2,\ \sigma^2)$ 的一个样本，且这两个样本相互独立。$\overline{X}_1$ 与 $\overline{X}_2$ 分别为这两个样本的均值，S_1^2 与 S_2^2 分别为这两个样本的方差，由（7.7）得

$$P\left\{-t_{\alpha/2}(N_1+N_2-2)\leqslant \frac{(\bar{X}_1-\bar{X}_2)-(\mu_1-\mu_2)}{S_p}\sqrt{\frac{N_1N_2}{N_1+N_2}}\right.$$

$$\left.\leqslant t_{\alpha/2}(N_1+N_2-2)\right\}=1-\alpha$$

其中 $S_p=\sqrt{\frac{(N_1-1)\ S_1^2+\ (N_2-1)\ S_2^2}{N_1+N_2-2}}$ 为两个样本的混合标准差，从而 $\mu_1-\mu_2$ 的置信度为 $1-\alpha$ 的置信限是

$$(\bar{X}_1-\bar{X}_2)\pm t_{\alpha/2}(N_1+N_2-2)S_p\sqrt{\frac{1}{N_1}+\frac{1}{N_2}} \tag{7.12}$$

（三）总体比例的区间估计

在一个比率中，若分子所表示的事物是分母所表示的事物的一部分，称为比例。记总体比例为 π，样本比例为 p。当 $N\geqslant 30$，$N_p\geqslant 5$，$N\ (1-p)\ \geqslant 5$ 时，

$$Z=\frac{p-\pi}{\sqrt{\frac{p(1-p)}{N}}} \tag{7.13}$$

近似服从标准正态分布。于是，π 的置信度为 $1-\alpha$ 的置信限是：

$$p\pm Z_{\alpha/2}\sqrt{\frac{p(1-p)}{N}} \tag{7.14}$$

其中 $Z_{\alpha/2}$ 是标准正态分布的双侧 α 分位点。

均值的区间估计问题与均值的 t 检验问题密切相关，SPSS 中求置信区间和 t 检验用同一个命令一次完成，参见本章第四节 t 检验中的例子。但对于比例的差异检验，在 SPSS 中需要作列联表分析（见第八章第四节）。

第三节　假设检验概述

一、假设与检验

假设检验是对统计假设的判断。所谓统计假设是关于总体未知分布的有关假设。例如，一项汉语阅读策略训练，被试训练前的阅读理解平均成绩为 μ_1，训练后的阅读理解平均成绩为 μ_2，试问该项训练是否有成效？这个问题所涉及的两种情况（训练无效或有效）可以用统计假设的形式表示：

$$H_0: \mu_1 = \mu_2, \quad H_1: \mu_2 > \mu_1 \tag{7.15}$$

其中 H_0 称为零假设或原假设（null hypothesis），H_1 称为备择假设或对立假设（alternative hypothesis）。H_0 表示 μ_1 与 μ_2 之间没有显著差异（即训练的成效不显著），H_1 表示 μ_2 显著高于 μ_1（训练的成效显著）。检验（test）就是要做出是否拒绝零假设 H_0 的判断。

统计假设可以是针对总体参数的，也可以是针对总体分布类型的，还可以是针对总体模型方面的。像（7.15）那样仅涉及总体分布的未知参数的假设称为参数假设，对应的检验称为参数检验（parametric test）。其他的检验统称为非参数检验（nonparametric test），如分布检验、独立性检验等。

二、小概率原理

假设检验中推理的理论依据是“小概率原理”，即认为小概率事件在一次实验或观测中，几乎是不可能发生的。在对统计假设 H_0 进行检验时，我们需要构造一个检验统计量，它的分布在 H_0 成立时是可以确定的（如标准正态分布、t 分布等）。然后根据事先约定的“小概率”α（**习惯上取** 0.05 **或** 0.01，**如果没有特别说明，本书取** 0.05），将检验统计量的取值范围划分为两个区域：接受域和拒绝域。检验统计量落入拒绝域为一个“小概率事件”A，落入接受域为一个“大概率事件”。当检验统计量是标准正态分布时，图 7－1 给出了拒绝域（两端）及相应的概率（阴影部分）示意图，其中的 $Z_{\alpha/2}$ 是标准正态分布的 α 双侧分位点，它是接受域与拒绝域的临界点。当由样本计算出的检验统计量的值落在接受域中时，认为不能拒绝 H_0；若落在拒绝域中，则拒绝 H_0。检验的推理过程与反证法类似：先假设 H_0 为真，当由样本计算出的检验统计量的“一次观察值”落在拒绝域时，表明小概率事件 A 居然在一次观测中发生了，这与小概率原理矛盾。这就不能

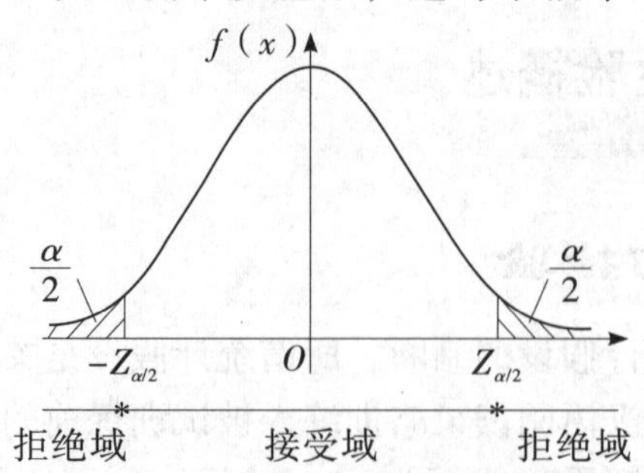

图 7－1　接受域与拒绝域示意图

不让人怀疑 H_0 的正确性，从而做出拒绝 H_0 的判断。

三、检验的两类错误

由于我们的判断是根据统计量做出的，因而存在错判的可能性。有两种错判情形：第一，当 H_0 为真时，小概率事件 A 并非绝对不会发生，其发生的概率为 α。因此当 H_0 本来是真的，但是检验统计量的观测值却落入拒绝域（事件 A 发生），错误地拒绝了 H_0，这时犯了“拒真”错误，称为第一类错误，犯第一类错误的概率就是事件 A 的概率 α。第二，H_0 是不真的，但是检验统计量的观测值又没有落入拒绝域，因而错误地接受了 H_0，这时犯了“受伪”错误，称为第二类错误。犯第二类错误的概率通常记为 β。图 7－2 给出了两类错误的示意图。显然，对于一个确定的检验，若 α 越小，则 β 越大，反之亦然。要想同时减少两类错误，可以增加样本容量 N。

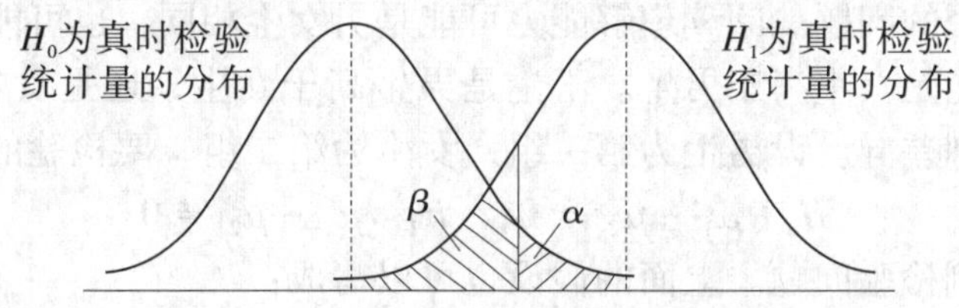

图 7－2　两类错误及其关系示意图

当拒绝 H_0 时，犯第一类错误的概率 α 是很小的，可以事先控制。而当接受 H_0 时，犯第二类错误的概率则可能较大，且难以计算其大小。应用上在构造拒绝域时通常只考虑第一类错误 α，而不考虑第二类错误，称为显著性（significance）检验，α 又称为显著性水平。H_0 与 H_1 在检验中的作用或地位是不对称的，H_0 是受到保护的假设，没有充分证据时不会拒绝它。换句话说，一旦 H_0 被拒绝而接受 H_1 时，证据是很充分的。因此，研究者常常将希望其为正确的假设（如实验后的成绩会提高、实验班成绩优于对照班等等）作为 H_1，而将其对立面作为零假设 H_0。零假设通常是无差假设（如实验前后成绩相同，实验班与对照班成绩相同等等）。

与第二类错误有关的一个统计概念是检验力（power），也称为检验的功效，它等于 $1-\beta$，即 H_0 不真时检验结果能拒绝 H_0 的概率。

检验结果与错误类型总结如下：

检验结果	零假设为真	零假设为假
不拒绝	☺	第二类错误 β
拒绝	第一类错误 α	检验力 $1-\beta$

四、双侧检验和单侧检验

对于参数假设检验，如果要检验的是“相等与否”的问题，假设形式为

$$H_0: \theta = \theta_0, H_1: \theta \neq \theta_0$$

称为双侧或双尾（2-tailed）检验，有两个拒绝域（在两侧），有两个临界点（见图 7－1）。

【例 7.1】要研究小学毕业生男女生的阅读理解能力是否相同，这就是一个相等与否的问题。阅读理解能力可能是男女生相同，也可能是男生高于女生，还可能是女生高于男生。不论是男生高于女生，还是女生高于男生，都说明了性别差异。设男生为第一组，女生为第二组，要检验的假设是：

$$H_0: \mu_1 - \mu_2 = 0, \quad H_1: \mu_1 - \mu_2 \neq 0 \tag{7.16}$$

这是一个双侧检验问题。上面的假设也可以写成：

$$H_0: \mu_1 = \mu_2, \quad H_1: \mu_1 \neq \mu_2$$

如果要检验的是“相等还是小于”的问题，假设形式为

$$H_0: \theta = \theta_0, \quad H_1: \theta < \theta_0$$

称为单侧或单尾（1-tailed）（左侧）检验，它只有一个拒绝域（在左侧），如图 7－3 所示。类似地，如果要检验的是“相等还是大于”的问题，假设形式为

$$H_0: \theta = \theta_0, \quad H_1: \theta > \theta_0$$

称为单侧（右侧）检验，它也只有一个拒绝域（在右侧），如图 7－4 所示。

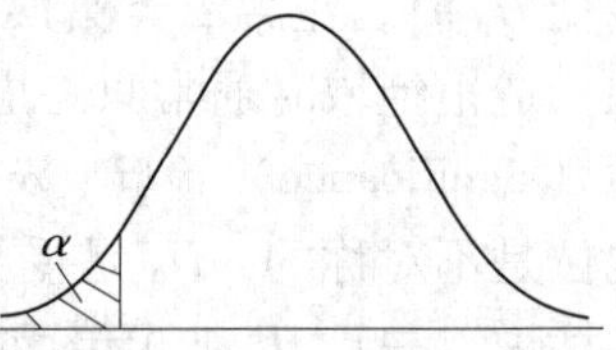

图 7－3　左侧检验示意图

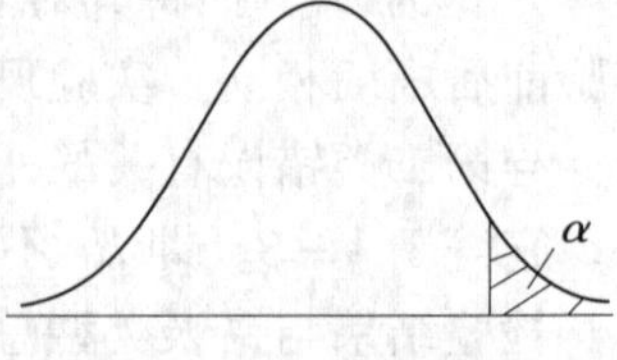

图 7－4　右侧检验示意图

【例 7.2】要研究的是某种记忆方法的训练是否可以提高学生的记忆能力，这就是一个单侧检验问题。实验时将学生随机分成两组，第一组为实验组，进行记忆方法的训练，第二组为对照组，不进行训练。然后进行记忆测验。

虽然测验成绩还是可能有三种：实验组与对照组相当、实验组高于对照组、实验组低于对照组，但研究者感兴趣的是实验组是否高于对照组。不论是实验组与对照组相当，或是实验组低于对照组，都说明训练方法无效，都认为是同一种结果。所以，要检验的假设是：

$$H_0: \mu_1 - \mu_2 = 0, \quad H_1: \mu_1 - \mu_2 > 0 \tag{7.17}$$

这是一个右侧检验问题。上面的假设也可以写成：

$$H_0: \mu_1 = \mu_2, \quad H_1: \mu_1 > \mu_2$$

这个例子中，如果将对照组作为第一组，实验组作为第二组，则要检验的假设是：

$$H_0: \mu_1 - \mu_2 = 0, \quad H_1: \mu_1 - \mu_2 < 0$$

变成左侧检验问题。

不难看出，本节开头那个汉语阅读策略训练的例子，按假设（7.15）而言是左侧检验。可见，一个检验问题是双侧检验还是单侧检验取决于问题的实际背景和研究目的。对于单侧检验，是左侧还是右侧，除了问题的实质外，还与哪组数据作为第一组有关。

双侧和单侧的检验方法没有什么区别，关键在于拒绝域的选择及其概率的分配。以显著性水平 α 取 0.05 为例，对于双侧检验，两个拒绝域面积之和为 0.05，即一侧尾巴的面积为 0.025。对于单侧检验，所在的单侧尾巴的面积为 0.05。显然，对同样的显著性水平，双侧检验和单侧检验对应的临界点是不同的。

正确区分一个检验是双侧还是单侧，对拒绝域的选择及其概率的分配是很重要的。在 SPSS 中，是双侧检验还是单侧检验操作没有区别，关键是对结果的解释，在后面 t 检验的 SPSS 输出结果解释中会有说明。

五、检验结论的表述

检验结果要么拒绝零假设，要么不拒绝零假设。根据检验结果，可以做出一个检验结论。检验结论的表述除了看是否拒绝零假设外，还要根据零假设和备择假设所反映的实质而定。

【例 7.1（续）】 要研究小学毕业生男女生的阅读理解能力是否相同，要检验的假设是（7.16）。（1）如果检验结果是拒绝零假设，则说“小学毕业生男女生的阅读理解能力有显著差异”或者“小学毕业生阅读理解能力的性别差异显著”。这时，要看哪组的阅读理解成绩的均值比较高。如果男生组的均值较高，则进一步说“男生的阅读理解能力显著高于女生”。（2）

如果检验结果是不拒绝零假设，则说“小学毕业生男女生的阅读理解能力没有显著差异”。此时没有必要比较哪组的阅读理解成绩的均值较高。

【例 7.2（续）】要研究的是某种记忆方法的训练是否可以提高学生的记忆能力，第一组为实验组，第二组为对照组，要检验的假设是（7.17）。(1) 如果检验结果是拒绝零假设，则说“实验组和对照组的记忆能力有显著差异，即所论的记忆方法训练对提高记忆能力有显著效果”。(2) 如果检验结果是不拒绝零假设，则说“实验组和对照组的记忆能力没有显著差异，即所论的记忆方法训练对提高记忆能力没有显著效果”。

值得指出的是，虽然上面的例子没有明说，但检验结论是对研究总体做出的。就是说，是否拒绝零假设，是根据样本数据做出的，但推断统计的目的是根据样本对总体做出推断，根据检验结果所做的结论是针对总体的。就例 7.1 的阅读理解能力的性别差异而言，将研究范围的男生看作一个总体，女生看作一个总体，如果检验结果是不拒绝零假设，说明两个总体的均值差异不显著。

或许有人会疑问：就不同的样本来说，有的性别差异大，有的性别差异小，因而容易理解性别差异是否显著的问题；但总体是确定的，要么有性别差异，要么没有性别差异，如何理解差异显著呢？没错，根据排中律，男生总体的均值与女生总体的均值，要么有差异，要么没有差异，两者必居其一。然而，有时候虽然有差异，但根据所得的样本无法把它们的差异分辨出来。因而统计检验能解决的问题不是判断两个总体的均值是否有差异，而是差异是否大到可以分辨出来的程度。如果差异在统计上能分辨，就是差异显著；相反，如果不能分辨，未必就没有差异，而是差异不显著。

第四节　总体均值的检验

一、单总体的 Z 检验和 t 检验

设 $X_1, X_2, \cdots, X_N$ 是取自正态总体 $N(\mu, \sigma^2)$ 的一个样本，要检验

$$H_0: \mu = \mu_0, \quad H_1: \mu \neq \mu_0 \tag{7.18}$$

其中 μ_0 为已知的常数。

为了说明如何构造检验统计量和拒绝域，先看一个简单的情形。设总体

方差是已知的，记为σ_0^2，设$\bar{X}$为样本均值，则$\bar{X}\sim N\left(\mu, \frac{1}{N}\sigma_0^2\right)$。设$H_0$为真，即$\mu=\mu_0$，对$\bar{X}$做标准化变换，得到

$$Z=\frac{(\bar{X}-\mu_0)\sqrt{N}}{\sigma_0}\sim N(0,1) \tag{7.19}$$

上面的Z就是我们要构造的检验统计量。设定显著性水平α为0.05，因为$Z\sim N(0, 1)$，$|Z|\geqslant 1.96$的概率为0.05，所以检验的拒绝域是$|Z|>1.96$。就是说，如果由样本计算得到的$|Z|\geqslant 1.96$，则拒绝零假设。这就是所谓的Z检验。

检验的推理过程是这样的：先设H_0为真，在有了观测样本后，由(7.19)就可以计算统计量Z的值（此时公式中已经没有未知数），根据小概率原理，计算的$|Z|$应当小于1.96。如果计算的$|Z|$大于或等于1.96，则与小概率原理矛盾，从而怀疑零假设H_0不真，并做出拒绝H_0的检验结果。

但在实际应用中，总体的方差是未知的。因而需要用样本方差代替总体方差，相应地，检验统计量变成了t统计量。设$\bar{X}$与S^2分别为样本均值和样本方差，当H_0为真时，由（7.6）可知统计量

$$t=\frac{(\bar{X}-\mu_0)\sqrt{N}}{S}\sim t(N-1) \tag{7.20}$$

对于给定的显著性水平α，检验的拒绝域是

$$|t|>t_{\alpha/2}(N-1) \tag{7.21}$$

其中临界值$t_{\alpha/2}(N-1)$满足条件

$$P[|t|\geqslant t_{\alpha/2}(N-1)]=\alpha$$

它就是自由度为$(N-1)$的t分布的双侧α分位点。就是说，对于假设(7.18)，如果由样本的观测值代入（7.20）计算得到的t值满足（7.21），则拒绝零假设H_0，否则不拒绝H_0。

上面介绍的是传统的做法。SPSS检验结果不给出临界值，而是在给出t值的同时给出它的显著性概率（也称为P值或相伴概率，记为P或Sig.）。所谓t值的显著性概率（双侧），是服从t分布的变量，其绝对值大于由(7.20)计算得到的t值的绝对值的概率（如图7-5所示的双侧阴影部分面积之和）。若显著性概率小于给定的显著性水平α（如0.05），则拒绝零假设H_0，否则不拒绝H_0。这种做法比只是简单地拒绝或不拒绝零假设更进了一步，可以使人对检验结论的错误概率有更精确的了解。

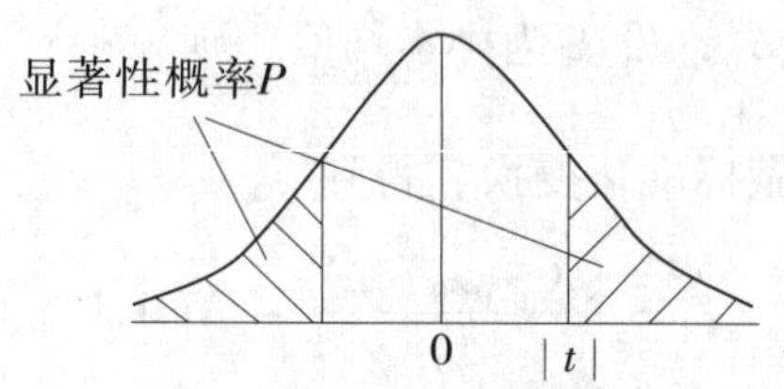

图 7-5　显著性概率示意图

对于单侧检验，用单侧显著性概率（等于双侧显著性概率的一半）与显著性水平 α 比较。因为 SPSS 输出结果总是给出双侧显著性概率，所以要将其除以 2 后再与显著性水平 α 比较。

【例 7.3】据说下面的 36 个数据来自一个均值等于 5 的正态总体，

5.07，4.13，4.36，4.36，5.08，5.60，4.79，5.04，5.25，
5.42，5.39，5.26，5.08，4.73，4.38，5.63，5.05，5.24，
4.58，4.33，5.53，5.14，5.41，6.21，4.68，5.06，5.11，
4.86，5.08，5.47，4.93，4.80，5.53，5.13，5.15，5.13

要检验的假设是

$$H_0: \mu = 5, \quad H_1: \mu \neq 5$$

这是一个双侧检验问题。SPSS 操作如下：

（1）建立数据文件，取名为"ch7-3.sav"。变量名为"score"。

（2）击选〈**Analyze**〉的〈**Compare Means**〉下的〈**One-Sample T Test**〉命令。

（3）在打开的〈**One-Sample T Test**〉对话框中，将〈**score**〉指定为〈**Test Variable(s)**〉。

（4）在〈**Test Value**〉右侧输入"5"。

（5）单击〈**OK**〉按钮。结果见图 7-6。

One-Sample Test

	Test Value = 5					
					95% Confidence Interval of the Difference	
	t	df	Sig. (2-tailed)	Mean Difference	Lower	Upper
SCROE	.766	35	.449	.0553	-.0913	.2018

图 7-6

说明：

（1）由样本计算的 t 值等于 0.766，自由度（df）等于 35，显著性概率

[Sig.(2-tailed)] 为0.449，大于0.05，不拒绝零假设，即认可总体的均值是5。

(2) 样本均值与5的差（Mean Difference）是0.055 3，即样本均值是5.055 3。

(3) "总体均值与5的差"的95%置信区间是（-0.091 3, 0.201 8)。

(4) 双侧检验也可以通过看置信区间来对假设做检验。**如果置信区间包含0，则不拒绝零假设，否则拒绝零假设。**这里的置信区间包含0，故不拒绝零假设。只要检验的显著性水平取α而置信水平取$1-\alpha$，看置信区间的检验结果和看显著性概率的检验结果完全一致。

二、两总体的 t 检验

设两个总体X_1，X_2分别服从$N(\mu_1, \sigma_1^2)$，$N(\mu_2, \sigma_2^2)$，要检验假设

$$H_0: \mu_1 = \mu_2, \quad H_1: \mu_1 \neq \mu_2 \tag{7.22}$$

(一) 配对样本

设(X_{11}, X_{21})，(X_{12}, X_{22})，$\cdots$，(X_{1N}, X_{2N})是N对观测值，每对观测值有一个差值：$D_i = X_{1i} - X_{2i}$，$i=1,2,\cdots,N$。可将$D_1, D_2, \cdots, D_N$视为$X_1 - X_2$的一个样本，$X_1 - X_2$也是正态分布，其均值为$\mu = \mu_1 - \mu_2$，从而要检验的假设（7.22）变为

$$H_0: \mu = 0, \quad H_1: \mu \neq 0$$

这是上面讨论过的单总体均值的检验问题，由（7.20）知此时检验统计量为

$$t = \frac{\overline{D}\sqrt{N}}{S} \sim t(N-1)$$

不过，使用SPSS时不用去计算差值，而是有专门的命令做配对样本的t检验。

【例7.4】表7-1是20个被试的前测和后测分数，后测分数是否显著提高？要检验的假设是

$$H_0: \mu_1 = \mu_2, \quad H_1: \mu_1 < \mu_2$$

这是一个单侧（左侧）检验问题。

表 7－1　20 个被试的前测和后测分数

编号	前测	后测
1	81	78
2	56	85
3	75	70
4	53	77
5	70	84
6	80	91
7	88	95
8	76	81
9	65	68
10	77	90
11	73	82
12	60	80
13	77	90
14	76	87
15	78	62
16	85	91
17	75	77
18	84	68
19	60	68
20	61	65

（1）建立数据文件，取名为“ch7-4. sav”。变量名与表 7－1 中的相同。

（2）作〈**前测**〉和〈**后测**〉的 Q-Q 图检验正态性，结果认为两个变量的正态性都可以接受，有关 Q-Q 图的操作和结果解释参见本节后面的分布检验。

（3）击选〈**Analyze**〉的〈**Compare Means**〉下的〈**Paired-Sample T Test**〉命令。

（4）在打开的〈**Paired-Sample T Test**〉对话框中，将〈**前测**〉和〈**后测**〉指定为〈**Paired Variables**〉。

（5）单击〈**OK**〉按钮。结果见图 7－7。

Paired-Samples Test

	Paired Differences					t	df	Sig. (2-tailed)
				95% Confidence Interval of the Difference				
	Mean	Std. Deviation	Std. Error Mean	Lower	Upper			
Pair 1　前测 - 后测	-6.95	11.372	2.543	-12.27	-1.63	-2.733	19	.013

图 7－7　配对样本 t 检验结果

说明：

（1）由样本计算的 t 值等于－2.733，显著性概率（双侧）为 0.013。

因为是单侧检验，所以要将显著性概率除以2，变成单侧显著性概率。单侧显著性概率为0.007，小于0.01，拒绝零假设，后测分数显著高于前测分数。

（2）“前测—后测”的均值的95%置信区间是（-12.17，-1.63）。

（3）对于单侧检验，建议不要看置信区间做检验，以免忘记调整置信水平而出差错。

（二）独立样本

设 $X_{11}, X_{12}, \cdots, X_{1N_1}$ 是取自正态总体 $N(\mu_1, \sigma^2)$ 的一个样本，$X_{21}, X_{22}, \cdots, X_{2N_2}$ 是取自正态总体 $N(\mu_2, \sigma^2)$ 的一个样本，且这两个样本相互独立。当（7.22）中的 H_0 为真时，由（7.7）可知统计量

$$t = \frac{(\bar{X}_1 - \bar{X}_2)}{S_p}\sqrt{\frac{N_1 N_2}{N_1 + N_2}} \sim t(N_1 + N_2 - 2) \tag{7.23}$$

其中 $S_{pooled} = \sqrt{\frac{(N_1 - 1)\ S_1^2 + (N_2 - 1)\ S_2^2}{N_1 + N_2 - 2}}$ 为两个样本的混合标准差。由样本可计算上述 t 值，若其显著性概率小于给定的显著性水平 α，则拒绝零假设 H_0，否则接受 H_0。

上面假设了两个总体的方差相等（都是 σ^2）。检验方差是否相等，在SPSS使用的是Levene检验，对分布有稳健性（robust）。检验方差相等的常用方法还有Bartlett检验，但该检验对分布敏感，即对分布没有稳健性，在非正态情形，Bartlett检验显著性结果只是说明样本不是来自正态分布，未必是方差不相等。有关Levene检验的原理见第十章。若两总体的方差不等，t 检验统计量与（7.23）有出入，自由度也不同。无论方差是否相等，在SPSS中都使用同一命令，只是不同的情况看不同的结果。

【例7.5】从某系随机选取了40个大学生进行追踪研究，表7-2是在入学后一周、第一学年末、第二学年末和第三学年末共4次英语词汇测验推算得到的被试的英语词汇量（单位：千）。表中的变量如下：No.（序号），gender（性别，“0”表示女生，“1”表示男生），age（年龄），test1（入学后一周词汇量），test2（第一学年末词汇量），test3（第二学年末词汇量），test4（第三学年末词汇量）。要检验该系学生入学时的词汇量是否有性别差异。要检验的假设是

$$H_0: \mu_1 = \mu_2, \quad H_1: \mu_1 \neq \mu_2$$

将男生作为一个总体，女生作为一个总体，这是一个独立样本的双侧检验问题。

表 7－2　40 个大学生词汇量

No.	gender	age	test1	test2	test3	test4
1	0	22	3. 33	4. 18	4. 93	4. 58
2	0	20	3. 59	4. 44	5. 39	5. 46
3	1	18	3. 52	4. 49	5. 38	5. 07
4	1	18	3. 49	4. 14	4. 30	4. 13
5	1	19	3. 04	3. 84	4. 32	4. 36
6	1	18	3. 07	4. 02	4. 65	4. 36
7	1	20	3. 51	4. 56	5. 23	5. 08
8	1	19	4. 09	4. 79	5. 60	5. 60
9	0	18	3. 54	4. 23	5. 38	4. 79
10	0	18	3. 51	4. 00	4. 97	5. 04
11	1	24	3. 50	4. 22	5. 10	5. 25
12	0	19	3. 25	4. 12	5. 43	5. 42
13	0	20	4. 03	4. 99	6. 16	5. 39
14	0	18	3. 34	4. 21	5. 35	5. 26
15	0	20	3. 47	4. 36	5. 44	5. 08
16	1	20	3. 06	3. 74	4. 94	4. 73
17	1	19	3. 14	3. 97	4. 39	4. 38
18	0	19	3. 90	4. 97	6. 08	5. 63
19	0	18	3. 82	4. 74	5. 56	5. 05
20	0	20	3. 78	4. 71	5. 83	5. 24
21	1	19	3. 60	4. 45	5. 04	4. 58
22	0	19	3. 34	4. 16	5. 01	4. 33
23	0	20	4. 06	5. 13	5. 83	5. 53
24	1	19	3. 52	4. 41	5. 49	5. 14
25	1	18	3. 60	4. 50	5. 72	5. 41
26	0	19	4. 01	4. 79	6. 27	6. 21
27	0	19	3. 54	4. 45	5. 11	4. 68
28	1	19	3. 50	4. 33	5. 16	5. 06
29	0	19	3. 81	4. 32	5. 31	5. 11
30	1	20	3. 31	3. 86	4. 51	4. 86
31	1	18	3. 60	4. 45	5. 74	5. 08
32	0	20	3. 92	4. 79	5. 54	5. 47
33	0	18	3. 19	4. 37	5. 42	4. 93
34	1	20	3. 52	4. 20	4. 96	4. 80
35	0	19	3. 37	4. 40	5. 49	5. 53
36	0	18	3. 51	4. 28	5. 25	5. 13
37	1	22	3. 26	3. 78	4. 66	5. 15
38	0	19	3. 94	4. 54	5. 65	5. 13
39	0	23	4. 01	5. 10	6. 13	5. 89
40	1	19	3. 23	3. 88	4. 54	4. 54

（1）建立数据文件，取名为“ch7-5. sav”。变量名与表 7－2 中的相同。

（2）击选〈**Analyze**〉的〈**Compare Means**〉下的〈**Independent-Samples T Test**〉命令。

（3）在打开的〈**Independent-Samples T Test**〉对话框中，将〈**test1**〉指定为〈**Test Variable(s)**〉，将〈**gender**〉指定为〈**Grouping Variable**〉。单击〈**Define Groups**〉按钮。

（4）在打开的〈**Define Groups**〉对话框中，在〈**Use specified values**〉下分别输入“0”和“1”，表示 gender 等于 0 是一个总体，gender 等于 1 是另一个总体（如果是要将多于两个取值的变量分成两类，击选〈**Cut point**〉并输入一个分界值，分类变量小于分界值的样品为一个总体，其余为另一个总体）。单击〈**Continue**〉返回。

（5）单击〈**OK**〉按钮。结果见图 7－8。

Independent-Sample Test

		Levene's Test for Equality of Variances		t-test for Equality of Means						
									95% Confidence Interval of the Difference	
		F	Sig.	t	df	Sig. (2-tailed)	Mean Difference	Std. Error Difference	Lower	Upper
TEST1	Equal variances assumed	1.422	.240	2.618	38	.013	.2282	.08715	.05176	.40460
	Equal variances not assumed			2.643	37.506	.012	.2282	.08634	.05333	.40304

图 7－8　独立样本 t 检验结果

说明：

（1）首先做等方差检验。等方差检验用 F 检验，看“Levene's Test for Equality of Variances”的结果。由样本计算的 F 值等于 1. 422，显著性概率为 0. 24，大于 0. 05，接受方差相等的假设。

（2）“t-test for Equality of Means”下方有两行数据，如果是等方差，看上面一行；如果是异方差，看下面一行。这里要看上面一行。

（3）由样本计算的 t 值等于 2. 618，显著性概率为 0. 013，小于 0. 05，检验结果是拒绝零假设，推断两总体均值有显著差异，即该系学生入学时的词汇量有显著的性别差异。因为在样本中女生是第一组，男生是第二组，两组均值之差是 0. 2282，说明入学时女生的词汇量显著高于男生。

三、均值检验小结

在实际应用中，检验均值都使用 t 检验。在进行 SPSS 操作之前，首先要区分是单总体还是两总体。对于两总体，还要区分是独立样本还是配对样本。对于独立样本的输出结果，要先看方差齐性 F 检验结果，然后看相应的 t 检验结果。

传统的统计教科书在讲到均值的检验时会考虑总体方差已知的情况及相应的检验，虽然在实际应用中是没有必要的，但为帮助需要手工计算或应试的读者，表 7－3 对各种情况下的检验统计量做了小结，其中的 t 统计量的书写方式与前面介绍的不太一样，目的是方便比较。

表 7－3　检验均值的统计量小结

	已知方差	未知方差
单样本： $X_1, X_2, \cdots, X_N$	$Z = \dfrac{\bar{X} - \mu_0}{\sqrt{\dfrac{\sigma_0^2}{N}}} \sim N(0, 1)$	$t = \dfrac{\bar{X} - \mu_0}{\sqrt{\dfrac{S^2}{N}}} \sim t(N-1)$
配对样本： $D_i = X_{1i} - X_{2i}$ $i = 1, 2, \cdots, N$	（需要已知配对样本的相关系数，才能计算 D 的标准差）	$t = \dfrac{\bar{D}}{\sqrt{\dfrac{S_D^2}{N}}} \sim t(N-1)$
独立样本： $X_{11}, X_{12}, \cdots, X_{1N_1}$ $X_{21}, X_{22}, \cdots, X_{2N_2}$	$Z = \dfrac{\bar{X}_1 - \bar{X}_2}{\sqrt{\dfrac{\sigma_1^2}{N_1} + \dfrac{\sigma_2^2}{N_2}}} \sim N(0, 1)$	$t = \dfrac{\bar{X}_1 - \bar{X}_2}{\sqrt{\dfrac{S_p^2}{N_1} + \dfrac{S_p^2}{N_2}}} \sim t(N_1 + N_2 - 2)$

注：$S_{pooled}^2 = \dfrac{(N_1 - 1)S_1^2 + (N_2 - 1)S_2^2}{N_1 + N_2 - 2}$为两个样本的混合方差，此公式适用于方差相等的情形。检验两个总体的方差是否相等，可以用（7.8）的 F 统计量做 F 检验。

从表 7－3 可以概括出检验统计量的共同形式：

$$\text{检验统计量①} = \frac{\text{统计量②}}{\text{统计量的标准误③}}$$

①当方差已知时，检验统计量是标准正态分布，相应的检验是 Z 检验；当方差未知时，检验统计量是 t 分布，相应的检验是 t 检验。②当零假设为真时，这个统计量的均值等于零。③统计量的标准误是统计量的标准差的估计。当方差已知时，不需要估计，就是统计量的标准差；对于方差未知的独立样本，如果方差相等，用两个样本的混合标准差作为两个样本共同的标准差的估计。

有的统计教科书在讲到方差未知的均值检验时，还区分大样本（样本

容量 N 大于或等于 30，用 Z 检验）和小样本（样本容量 N 小于 30，用 t 检验），其实这种区分是没有必要的。Z 检验只是近似而已，t 检验才是正确的，大样本时用 Z 检验近似代替 t 检验是为了减少计算量，使用 SPSS 没有了 Z 检验的位置。

最后要指出的是，虽然均值的检验中假设了总体的正态性，但只要样本容量 N 大于或等于 30，可以不要总体的正态性假设，理论依据是概率论中所谓的中心极限定理。中心极限定理的大意是，不论总体是什么分布，当样本容量增大时，样本均值的抽样分布近似于正态分布。这样，当我们怀疑总体不是正态分布时，适当增加样本容量，就可以照常进行检验了。

第五节　效应量与检验力

一、效应量

两总体均值是否相等的检验，一般称为两组差异分析。如果其中一个总体是对照组，另一个总体是实验组，则均值差异就是所谓的实验效应（effect）。研究者不满足于效应显著与否，还想知道效应有多大。其实，每种统计方法都会有相应的效应。因为不同的研究可能使用不同的量表，有不同的测量单位，效应缺少可比性。例如，研究一项英语培训方法的效果，有研究者用雅思（IELTS）测试成绩，发现培训后平均增加了 1.2 分；另有研究者用托福（TOEFL）测试成绩，发现培训后平均增加了 9.5 分。这时，既不知道雅思提高 1.2 分或者托福提高 9.5 分算是效应高还是低，也不知道两个研究者的培训效应谁的较高。这时，需要一种与测量单位无关（scale-free）的指标——效应量（effect size，也称为效果量），来衡量效应的大小。

在两组（独立样本）差异分析中，最常用的效应量是 Cohen 的 d：

$$d = \frac{\bar{X}_1 - \bar{X}_2}{\hat{\sigma}_{pooled}} \tag{7.24}$$

其中

$$\hat{\sigma}_{pooled} = \sqrt{\frac{(N_1 - 1)S_1^2 + (N_2 - 1)S_2^2}{N_1 + N_2}} \tag{7.25}$$

而 N_i，$\bar{X}_i$ 和 S_i^2 分别是第 i（$i=1,2$）组的样本容量、样本均值和样本方差。比较（7.24）和（7.23）可知，

$$d = t\frac{N_1 + N_2}{\sqrt{df}\sqrt{N_1 N_2}} \tag{7.26}$$

其中 $df = N_1 + N_2 - 2$。一般情况下，t 值（绝对值）会随着样本容量的增大而增大，但效应量不受样本容量的影响，这是在有了与测量单位无关的 t 值后还要引进效应量的一个原因。

效应量多大算大呢？要看具体的效应量是什么，在不同的研究领域通常会有约定俗成的大致标准。例如，$d=0.2$，0.5，0.8 分别对应于小、中、大的效应量（Cohen，1969），是心理学科很多人引用的“标准”。

二、结合显著性与效应量做出统计结论

给定显著性水平（通常是 0.05），对一个效应检验结果要么显著，要么不显著。先考虑效应不显著的情形。（1）如果效应量小，说明效应既无统计意义也无实际意义，通常都可以认为效应不存在。（2）如果效应量达中上大小，需要看检验力高低，如果检验力高，可以认为效应是由抽样误差引起；否则还不能下结论，应当增加被试（即增大样本容量）提高检验力，重新做统计分析。一般地说，对于中等以上的效应量，只要样本容量足够大（因而检验力足够高），效应都会显著。

再看效应显著的情形。（1）如果效应量小，除非有理由说明小的效应量也会引起严重后果，否则通常都认为没有实际意义。（2）如果效应量达中上大小，已经有理据做出结论，效应在统计上和实际上都有意义。

表 7－4 总结了如何根据检验的统计显著性与效应量得出统计结论。理论上说，不论检验结果是否显著，计算和报告效应量总是需要的，结合显著性和效应量才能得到适当的统计结论。但并不是任何时候都要考虑检验力。当检验结果是显著时，不用考虑检验力高低，因为此时可能犯的错误是第一类错误，在有关假设条件满足时就等于显著性水平。只有当检验结果是不显著时，才需要报告检验力（相当于报告第二类错误率）。但如果效应量小，即使检验不显著通常都没有必要看检验力高低，可以直接做出没有效应的结论。

表 7-4　根据统计显著性和效应量做出统计结论

检验结果	效应量		
	小	中	大
不显著	效应既无统计意义也无实际意义，可以认为没有效应	考察检验力，如果检验力高，认为效应由抽样误差引起；否则应当增大样本容量以提高检验力	效应量大却不显著，通常是检验力低所致。如果检验力高，则认为效应由抽样误差引起
显著	虽然效应显著，但微不足道。除了某些小效应量也可能有大影响的情形，通常都可以认为没有实际意义	有理据做出结论：效应在统计上和实际上都有意义	有充分理据做出结论：效应在统计上和实际上都有意义

注：此表参考 Fan 和 Konold（2010）的图 1 以及吴艳和温忠麟（2011）的图 2 整理修改得到。

三、检验力

在本章第三节中说过，检验力是 H_0 不真时检验结果能拒绝 H_0 的概率，它等于 $1-\beta$。为了计算检验力或者第二类错误率，需要知道备择假设 H_1 为真时检验统计量的分布。对于 $H_0: \mu_1=\mu_2$ 和 $H_1: \mu_1 \neq \mu_2$，当 H_0 为真时，(7.23) 定义的统计量是 t 分布，均值 $\mu_1-\mu_2$ 为零。但当 H_1 为真时，均值 $\mu_1-\mu_2$ 不知道是多少，因而不知道（7.23）定义的统计量的确切分布。为了估计检验力或者第二类错误率，可以采用下面的近似方法得到观测的检验力（observed power），它是根据样本数据计算得到的，也称为后验检验力。

当 H_1 为真时，(7.23) 定义的统计量有一个近似 t 分布，实际上是一个非中心的 t 分布，中心位于由样本计算得到的 t 值处。在例 7.5 中，由样本计算得到的 t 值等于 2.62。因为自由度等于 38（见图 7-8），t 检验的临界值约等于 2（标准正态的临界值是 1.96），这可以在 Excel 中用函数“T.INV(0.975,38)”求出，也可以查传统的 t 分布表得到。就是说，只要由样本计算得到的 t 值大于 2，就会拒绝 H_0。这样，如果 H_1 为真，能正确拒绝 H_0 的概率正是“样本计算得到的 t 值大于 2”的概率。为了计算这个概率，将坐标轴的原点由原来的 0 平移到 2.62（H_1 为真时近似 t 分布的中心），相应地，原来的临界值 2 变成 -0.62（见图 7-9），所以检验力等于通常的 t 分布“t 值大于 -0.62”的概率。这个概率等于 0.73，可以查传统的 t 分布表得到，也可以在 Excel 中用函数“1 - T. DIST（-0.62,38,1）”求出，其中函数“T. DIST（-0.62,38,1）”表示自由度为 38 的 t 分布在 -0.62 左侧的概率（等于 0.27），正好就是第二类错误率 β。统计软件 SPSS 会输出检验力，无须人工计算。

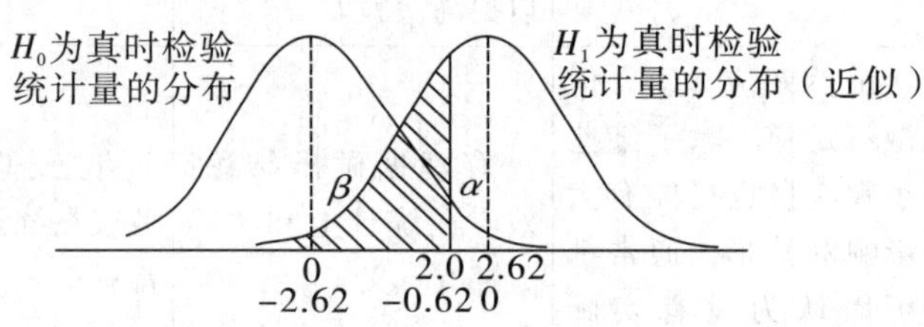

图 7-9　检验力近似计算示意图

检验力与效应量、样本容量、显著性水平（α）都有关系。如果保持其他条件不变，效应量越大，检验力越高；样本容量越大，检验力越高；显著性水平越高，检验力越高。因为显著性水平通常取 0.05（以控制第一类错误率），而效应量也不能人为变大，为了提高检验力，增加样本容量才是可行的途径。

第六节　分布检验

非参数检验有两大部分，一是随机变量之间的独立性检验（参见第八章中的列联表分析）。二是关于总体分布的检验，其中最常用的是总体正态性检验，因为许多统计问题都假设了总体服从正态分布，如 t 检验、方差分析都有正态性假设。

一、作图法

在手工统计年代，常用所谓的正态概率纸来检验正态性，做法很麻烦。在 SPSS 中可以使用作图命令画出 Q-Q 图或 P-P 图进行检验，非常方便。下面介绍 Q-Q 图的操作。

【例 7.6】对于例 2.2 的数据，检验“英语”的正态性。

（1）打开由例 2.2 建立的数据文件“ch2-2.sav”。

（2）击选〈**Graphs**〉的〈**Q-Q**〉命令。

（3）在打开的〈**Q-Q Plots**〉对话框中，将〈**英语**〉指定为〈**Variables**〉。（其他选项都使用了默认项。如果要对原始数据做变换，击选〈**Transform**〉下的选项。如果要检验的是其他分布，在〈**Test Distribution**〉下面选择。）

（4）单击〈**OK**〉按钮，将得到两个图（图 7－10 和图 7－11）。

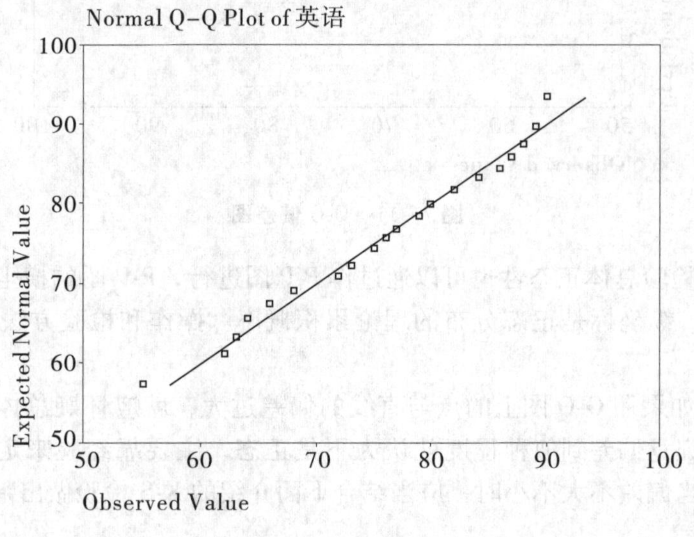

图 7－10　Q-Q 图

说明：

（1）图 7－10 是 Q-Q 图，其中点的横坐标是实际观测值，纵坐标是根据某种统计公式计算的数值。

（2）如果总体服从正态分布，图上的点应当在直线上或直线附近。由于样本会有一些偏差，所以图上的点在直线附近就可以认为是正态分布了。由图 7－10，可以认为英语成绩服从正态分布。虽然样本有 30 个观测值，但只有 20 个相异的值，所以图上只有 20 个点。

（3）图 7－11 是 Q-Q 偏差图，横坐标仍然是观测值，纵坐标是由正态分布计算的理论值与由样本计算的数值之差。它直观反映了 Q-Q 图中的点偏离直线的程度。

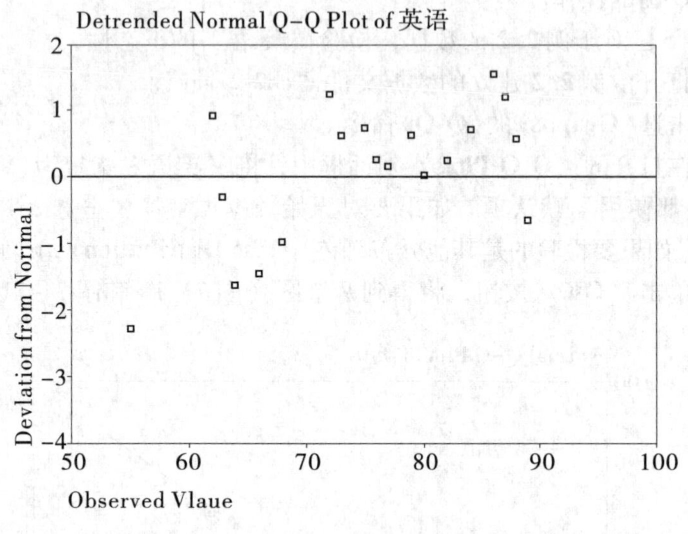

图 7-11　Q-Q 偏差图

（4）检验总体正态性也可以通过作 P-P 图进行，P-P 图的横坐标是样本累积概率，纵坐标是正态分布的理论累积概率。操作和检验方法与 Q-Q 图类似。

（5）如果在 Q-Q 图上的点与直线的偏差过大，就应怀疑总体的正态性了。但是究竟偏差到何种程度就认为不是正态，主要靠经验来定，有点主观。所以当偏差不大不小时，应当结合下面介绍的 K-S 检验做出判断。

二、单样本 K-S 检验

如果样本容量较大（大于 50），可以用柯尔莫哥洛夫 - 斯米尔诺夫（Kolmogorov-Smirnov）非参数检验（简称 K-S 检验）来检验总体的正态性。这里仍以例 2.2 的数据进行操作示范，检验三科成绩的正态性。

（1）打开由例 2.2 建立的数据文件“ch2-2. sav”。

（2）击选〈**Analyze**〉的〈**Nonparametric Test**〉下的〈**1-Sample K-S**〉命令。

（3）在打开的〈**One-Sample Kolmogorov-Smirnov Test**〉对话框中，将〈**语文**〉、〈**数学**〉和〈**英语**〉指定为〈**Test Variable**〉。（其他选项都使用了默认项。如果要检验的是其他分布，在〈**Test Distribution**〉下面选择。）

（4）单击〈**OK**〉按钮，结果见图 7－12。

One-Sample Kolmogorov-Smirnov Test

		语文	数学	英语
N		30	30	30
Normal Parameters[a,b]	Mean	76.67	73.17	75.37
	Std. Deviation	8.969	12.446	8.869
Most Extreme Differences	Absolute	.126	.077	.085
	Positive	.058	.077	.067
	Negative	-.126	-.075	-.085
Kolmogorov-Smirnov Z		.689	.424	.468
Asymp. Sig. (2-tailed)		.730	.994	.981

a. Test distribution is Normal.

b. Calculated from data.

图 7－12　柯尔莫哥洛夫－斯米尔诺夫检验结果

说明：

（1）“Asymp. Sig.（2-tailed）”（最后一行）的值越高，正态性程度越高。如果“Asymp. Sig.（2-tailed）”的值小于 0.05，则拒绝正态性假设。这里的三科成绩对应的“Asymp. Sig.（2-tailed）”都远大于 0.05，说明正态性假设没有理由拒绝，即认为三科成绩都服从正态分布。

（2）实际应用时样本容量应大于 50。就 K-S 检验而言，只需要报告最后两行数值，即报告检验统计量的值“Kolmogorov-Smirnov Z”及其显著性概率“Asymp. Sig.（2-tailed）”。

三、类别变量分布的 χ^2 检验

单样本的 χ^2 检验（chi-square test）可以用来检验一个类别变量的分布是否服从一个假设的分布。设有 N 个被试，按变量 X 的取值可以分成 k 类，第 i 类有 O_i 个观测值。假设 X 取值第 i 类的概率为 p_i，$i=1,\cdots,k$，则理论上 N 个被试有 $E_i = Np_i$ 个在第 i 类。分别称 O_i 和 E_i 为第 i 类的观测次数（observed frequencies）和期望次数（expected frequencies）。检验统计量是

$$\chi^2 = \sum_{i=1}^{k} \frac{(O_i - E_i)^2}{E_i} \tag{7.27}$$

自由度为 $k-1$。如果变量 X 如假设的那样分布，则 O_i 和 E_i 应当比较接近，即统计量 χ^2 值不会很大。如果 χ^2 值比较大，其右侧显著性概率小于 0.05，则拒绝假设的分布。

【例 7.7】调查了 32 位电影观众最喜欢下列哪类电影：恐怖片、武打

片、生活片和喜剧片，结果见表 7－5 第 2 行。如果假设 4 类电影同样受欢迎，即 $p_i=1/4$，$i=1,2,3,4$，则理论上每类电影的期望观众是 8，即可以期望每类电影有 8 位观众将其列为最喜欢的电影类别。

表 7－5　32 个观众最喜欢的电影

电影类型	恐怖片	武打片	生活片	喜剧片	总数
观测人数	4	5	8	15	32
期望人数	8	8	8	8	32

要检验的假设是：

H_0：四类电影同样受欢迎（即 $p_i=1/4$，$i=1$，2，3，4）；

H_1：某些类型的电影比较受欢迎。

$$\chi^2=\sum_{i=1}^{4}\frac{(O_i-E_i)^2}{E_i}$$

$$=\frac{(4-8)^2}{8}+\frac{(5-8)^2}{8}+\frac{(8-8)^2}{8}+\frac{(15-8)^2}{8}$$

$$=9.25$$

显著性概率 P 为 $0.025<0.05$，拒绝零假设，即并非四类电影同样受欢迎。然而，χ^2 检验本身没有回答哪一类电影比较受欢迎。简单的方法是直接检视表 7－5 中的频数，显然喜剧片最受欢迎，而恐怖片和武打片比较不受欢迎。

这种 χ^2 检验的一个要求是当自由度 $df\geqslant 2$ 时，所有类别的期望次数不小于 5，当自由度 $df=1$ 时，所有类别的期望次数不小于 10。注意，这里说的是期望次数，不是观测次数。

用于 SPSS 的变量和数据如表 7－6 所示，其中 O 为观测次数，**在数据分析前要将其作为加权变量对数据进行加权**，具体见下面的 SPSS 操作。

表 7－6　用于 SPSS 的数据

电影类型 X	观测次数 O
1	4
2	5
3	8
4	15

（1）在〈**SPSS Data Editor**〉中定义两个变量，分别取名为“X”和“O”。标签分别为“电影类型”和“频数”。变量“X”的值标签为：1＝

恐怖片，2 = 武打片，3 = 生活片，4 = 喜剧片。输入表 7 – 5 中的数据，将数据文件命名为“ch7-6”。

（2）击选〈**Data**〉下的〈**Weight Cases**〉命令，在打开的〈**Weight Cases**〉对话框中，击选〈**Weight Cases By**〉，并将变量〈**频数**〉指定为〈**Frequency Variable**〉。单击〈**OK**〉按钮。（完成对变量“频数”的加权处理，参见附录 A 的加权操作）

（3）击选〈**Analyze**〉的〈**Nonparametric Test**〉下的〈**Chi-Square**〉命令。

（4）在打开的〈**Chi-Square Test**〉对话框中，将〈**电影种类**〉指定为〈**Test Variable List**〉。

（5）单击〈**OK**〉按钮，结果如图 7 – 13 所示。

电影种类

	Observed N	Expected N	Residual
恐怖片	4	8.0	-4.0
武打片	5	8.0	-3.0
生活片	8	8.0	.0
喜剧片	15	8.0	7.0
Total	32		

Test Statistics

	电影种类
Chi-Square[a]	9.250
df	3
Asymp. Sig.	.026

a. 0 cells (.0%) have expected frequencies less than 5. The minimum expected cell frequency is 8.0.

图 7 – 13

说明：

（1）通常将图 7 – 13 上半部分“翻译”成表 7 – 5 那样来报告结果。

（2）因为 $\chi^2 = 9.25$，$df = 3$，$P = 0.026 < 0.05$，拒绝零假设，即有些类型的电影更受欢迎。检视观测次数可知，喜剧片最受欢迎，而恐怖片和武打片比较不受欢迎。

（3）在 SPSS 中默认的零假设是所有类别等可能分布，即在〈**Expected Values**〉下默认〈**All categories equal**〉。如果零假设不是等可能分布，要击选〈**Expected Values**〉下〈**Values**〉，然后依次加入各类的假设概率值。

习　题

1. 第六章定义了 t 分布，本章定义了 t 统计量，请问 t 统计量服从 t 分布是定义出来的还是推导出来的？

2. 样本均值（$\bar{X}$）是总体均值（μ）的无偏估计，样本方差（S^2）是总体方差（σ^2）的无偏估计。是否需要假设总体是正态分布，才能得到上述结果？

3. 何谓参数的点估计和区间估计？它们有何区别？

4. 分别写出两总体均值差异的单侧检验和双侧检验的零假设和对立假设。检验过程中两者有何差别？

5. 在假设检验中，将显著性水平 α 取为 0.01，是否比取为 0.05 要好？

6. 有名的韦氏智力测验（Wechsler Intelligence Test）得到的智商 IQ 平均分是 100，标准差是 15。从某大学随机抽取 100 个学生进行测验，样本均值是 117.50，标准差是 4.50。请计算下列各题：

（1）总体均值是多少？总体标准差是多少？

（2）求该大学学生平均 IQ 的点估计和 95% 的置信区间［用公式(7.10)］。

7. 用公式（7.20）手工计算，检验例 7.3 的假设。已经计算出 36 个数据的样本均值为 5.06，标准差为 0.43。

8. 用公式（7.23）手工计算，检验例 7.5 的假设。已经计算出 22 个女生的样本均值为 3.65，标准差为 0.29。18 个男生的样本均值为 3.42，标准差为 0.26。由于男女样本的标准差很接近，所以认可两总体方差相等。

9. 用 SPSS 检验例 7.5 第二学年末词汇量（test3）和第三学年末词汇量（test4）是否相等。画出 4 次词汇测验均值的时序图，你有什么发现？如果大学只在头两年开设英语公共课，你能否对检验结果和时序图做出合理解释？

10. 用 SPSS 检验例 7.5 第三学年末词汇量（test4）是否有性别差异。

11. 表 7－7 是从某工厂随机抽取的 30 个员工（13 男，17 女）的生活满意度量的得分表，将数据输入 SPSS 并检验该厂男女员工的生活满意度是否存在差异。

表 7－7

女	30	28	29	28	29	29	31	29	29	28	30	31	28	30	31	29	31
男	26	27	28	27	27	27	28	28	27	29	31	26	29				

12. 据你所知，在 SPSS 中检验变量的正态性有哪些方法？

13. 用单样本的χ^2检验下面的假设：考生专业选择的分布已经发生了改变。随机抽取 110 名学生，他们选择的专业分布如下：

自然科学	社会科学	医学	艺术	合计
23	32	24	31	110

过去五年考生专业选择的比例是：

自然科学	社会科学	医学	艺术
30%	20%	40%	10%

（1）写出零假设。

（2）列出观测次数和期望次数。

（3）写出χ^2统计量的公式并进行计算。

（4）写出自由度。

（5）根据显著性水平做出你的检验结果，你的结论是什么？

（6）仿照例 7.6 的 SPSS 操作方法进行检验。注意零假设不是等可能分布。

第八章 相关分析

一个心理量表中的每一个题目，都可以作为一个变量。一份量表通常包含几个甚至几十个题目，因而可以得到几个甚至几十个变量。这些变量之间可能是相互关联的，一个变量的值发生了变化，另一个变量的值也发生变化，这种共同变化的关系，统计上称为相关（correlation）。研究者可能对其中某些变量之间的相关特别有兴趣。例如，一项实验的后测值与前测值的相关，学业成绩与智商的相关，数学自我概念与数学成绩的相关，工作满意度与工作压力的相关，儿童的一项心理特质与性别、年龄、家庭背景的相关，学生各科成绩之间的相关，等等。相关分析是根据样本数据分析变量之间相关情况的统计方法。本章先介绍相关分析的一些基本概念；然后对不同级别的变量，分别给出了计算相关系数的方法；比较详细地讨论了列联表分析，用于检验两个类别变量的独立性；最后介绍了相关系数在测量信度方面的应用。

第一节　相关分析概述

一、相关

相关关系是一种非确定性的共变关系，一般不能由一个变量精确地确定另一个变量，但可以确定大致的变化趋势。任何两个变量都可以研究它们的相关情况，包括相关的模式、相关的方向和相关的程度。若两个变量 X 和 Y 的相关模式呈直线状，称为线性相关；若呈曲线状则称为曲线相关。对于曲线相关，可以对变量做某种函数变换，例如将 X 做对数变换变成 $\ln X$（详见第九章)，然后考察 ln X 与 Y 的线性相关。

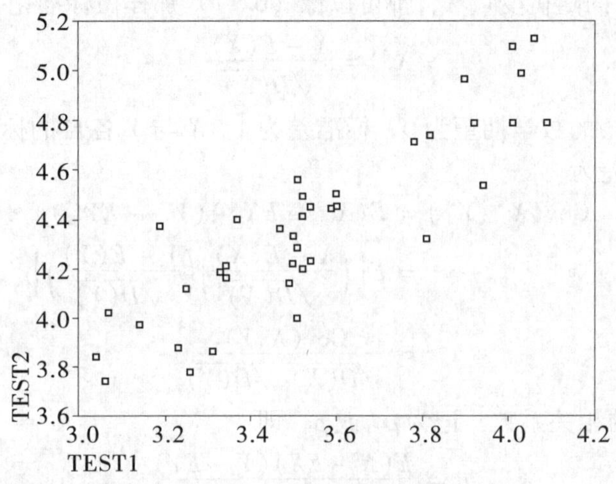

图 8－1　正相关散点图

要考虑变量 X 与 Y 的相关时，它们的样本数据构成配对样本。设随机抽取了 n 个样品，得到 X 与 Y 的如下配对数据

$$(X_1, Y_1), (X_2, Y_2), \cdots, (X_n, Y_n)$$

可以据此画出散点图（见第四章）来观察两个变量的相关模式和方向。图8－1是例 7.5 中的两次词汇量测试成绩的散点图，两个变量呈明显的线性相关。

二、相关系数

对于两个变量之间的相关，最重要的关注点是相关程度的大小。度量两个变量相关程度大小的数字特征是相关系数（correlation coefficient）。和均值、方差等数字特征一样，相关系数计算公式也有总体和样本之分。行文中通常可以从上下文知道所论的相关系数是对总体而言还是对样本而言。需要明确时，在“相关系数”前面加上“总体”或“样本”字样。这里先介绍总体相关系数。

与相关系数联系在一起的一个概念是协方差（covariance）。设 X 与 Y 为随机变量，定义它们的协方差为

$$\mathrm{Cov}(X,Y) = E(X - EX)(Y - EY) \tag{8.1}$$

显然，当 Y 等于 X 时，$\mathrm{Cov}(X,X) = E(X - EX)^2 = D(X)$，从而方差是协方差的特例，即一个变量与它自己的协方差就是方差。方差与协方差的关系，

就像平方和乘积的关系。

对于任意的随机变量 X，都可以像（6.17）那样做标准化变换：

$$X^* = \frac{X - E(X)}{\sqrt{D(X)}}$$

标准化变量 X^* 的数学期望为 0，标准差为 1。X 与 Y 各自的标准化变量 X^* 与 Y^* 的协方差为

$$\begin{aligned}\mathrm{Cov}(X^*, Y^*) &= E(X^* - EX^*)(Y^* - EY^*) \\ &= E\left[\left(\frac{X - E(X)}{\sqrt{D(X)}}\right)\left(\frac{Y - E(Y)}{\sqrt{D(Y)}}\right)\right] \\ &= \frac{\mathrm{Cov}(X, Y)}{\sqrt{D(X)}\sqrt{D(Y)}}\end{aligned}$$

称为 X 与 Y 的相关系数，记为 ρ_{XY} 或 ρ，即

$$\rho = \frac{E(X - EX)(Y - EY)}{\sqrt{D(X)}\sqrt{D(Y)}} \tag{8.2}$$

相关系数有如下性质：

（1）$|\rho| \leqslant 1$。

（2）$|\rho| = 1$ 时，X 与 Y 之间存在完全的线性关系：$Y = aX + b$（严格地说是 X 与 Y 之间存在线性关系的概率为 1）。

（3）$\rho = 1$ 时 Y 与 X 之间为完全正相关，$\rho = -1$ 时 Y 与 X 之间为完全负相关，见图 8－2。

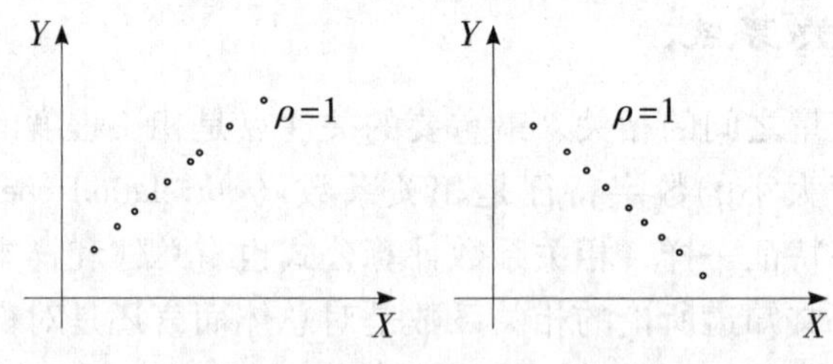

图 8－2　完全线性关系

（4）当 $|\rho| < 1$ 时，线性相关程度随 $|\rho|$ 的减小而减弱。

（5）当 $\rho = 0$ 时，称 X 与 Y 之间为零相关，也有文献称为不相关。若 X 与 Y 相互独立，则 $\rho = 0$。但 $\rho = 0$ 时，X 与 Y 不一定相互独立。因为 X 与 Y 之间没有线性相关时，可能存在非线性关系。如图 8－3 是 X 与 Y 之间为零相关的两种情况，左图中 X 与 Y 之间存在曲线关系，右图中 X 与 Y 相互独立。

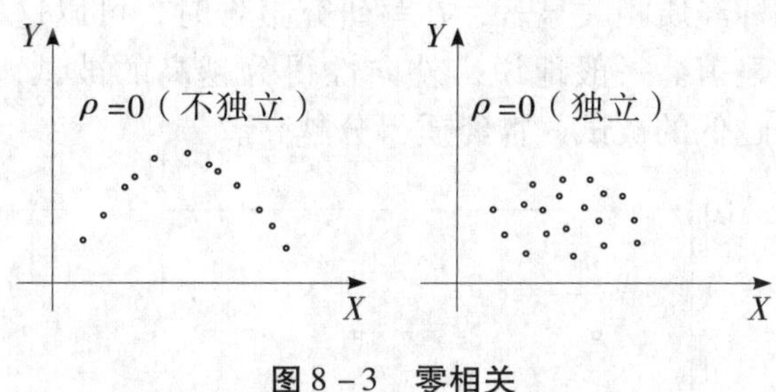

图 8－3　零相关

（6）在正态分布情况下，两个变量之间零相关与相互独立是一致的。

三、相关的显著性检验

两个变量是否有（线性）相关，关键是看总体相关系数 ρ 是否等于零。但总体的相关系数是未知的，需要通过用样本进行检验。一般地，要检验的假设是

$$H_0: \rho = 0, \quad H_1: \rho \neq 0$$

这是一个双侧的参数检验，但也可能用到单侧检验（见第二节）。如果检验结果是拒绝原假设，则相关显著，否则相关不显著。

四、相关的方向和结果的解释

如果相关显著，相关的方向就很重要。相关的方向有正负之分。正相关是指一个变量的值增加时，另一个变量的值也有增加的趋势。如图 8－1 所示的入学时英语词汇量与第一学年末词汇量的相关就是正相关的例子，入学时词汇量越多，第一学年末词汇量也越多。这是一种集体性规律，可以这样来理解：如果把学生按入学时词汇量分成高、中、低三组，则第一学年末词汇量将是第一组多于第二组，第二组又多于第三组。不排除有某些被试不满足这个规律。就是说，可以找到这样的两个学生，学生甲入学时词汇量多于学生乙，但第一学年末学生甲的词汇量反而不如学生乙。如果检验结果是两次测验的词汇量相关显著，在写研究报告时，在给出相关系数及其显著性概率后，通常会说："第一学年末词汇量与入学时词汇量有显著正相关，即入学时词汇量越多，第一学年末的词汇量往往也越多。"

负相关是指一个变量的值增加时，另一个变量的值反而有减少的趋势。图 8－4 是 30 名被试人格因素中的外向性和神经质的相关，外向性得分越高的被试，神经质的得分有降低的趋势，即外向性与神经质负相关。如果检验

结果是外向性和神经质相关显著，在写研究报告时，可以这样说："外向性和神经质负相关显著。一般地说，外向性得分越高的被试，神经质得分越低；外向性得分越低的被试，神经质得分越高。"

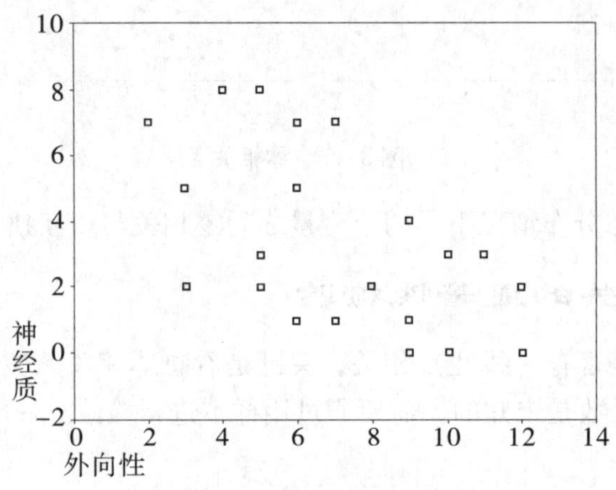

图 8－4　负相关散点图

相关系数作为两个变量相关程度的度量，不是等距的。比如：若 $\rho_1 = 0.3$、$\rho_2 = 0.6$、$\rho_3 = 0.9$，此时，我们不能说 ρ_1 与 ρ_2、ρ_2 与 ρ_3 相关程度上的差异是相等的，也不能说在相关程度上 ρ_2 是 ρ_1 的 2 倍，ρ_3 是 ρ_1 的 3 倍。相关系数也不代表相关的百分数（不是百分比）。所以，不能对相关系数直接做四则运算。如果要求多个相关系数的集中趋势，可以用中位数，但不要用均值。

相关系数只能描述两个变量之间的变化方向和共变的程度，并不能揭示二者内在的本质联系。第一，存在显著的高相关并不意味着两个变量之间存在因果关系。单凭相关我们无法判定是 X 影响 Y，还是 Y 影响 X，还是某个第三变量同时影响了 X 和 Y。第二，相关很低时也不能完全排除存在因果关系的可能性，因为通常的相关只是描述了线性关系。一个常见的问题是样本的全距限制问题，即样本中一个变量的数据取值范围很小时，它与另一个变量的相关系数会很低。

五、样本相关系数的特性

后面几节将会看到，不仅不同级别的变量有不同的样本相关系数计算方法，而且对一定测量级别的变量，还可能有多种计算相关系数的方法。有些相关系数有某种特性，有些则没有。

样本相关系数的一个特性是对称性。如果计算相关系数时不需要区分哪个是自变量（independent variable），哪个是因变量（dependent variable），这样的相关系数描述了对称（symmetrical）关系。自变量是在共变关系中假设为原因的变量，因变量则是共变关系中假设为结果的变量，详见第九章。如果计算相关系数时需要区分自变量和因变量，这样的相关系数描述了不对称（asymmetrical）关系。

样本相关系数的另一个特性是减少误差的意义。设想要预测（或解释）变量 Y，难免有误差（error）。如果 Y 与 X 相关，用 X 来预测 Y 得到的误差比不用 X 预测 Y 得到的误差应当小一些，如果误差减少的程度可以从相关系数上反映出来，则这样的相关系数有减少误差的意义。例如，要预测一个女生成年后的身高，如果没有别的变量信息可以利用，样本中只有成年女性身高（Y），那么用样本均值 $\bar{Y}$ 作为预测值，有一个误差平方和［平均误差为零，见第三章（3.4）］。如果样本中除了成年女性身高外，还有各自出生时的身高（X），则利用出生时的身高来预测成年后的身高，误差平方和将变小。Y 与 X 的相关系数越大，误差平方和减少的比例越大。

第二节　皮尔逊相关系数

一、定距变量之间的相关

设 X 和 Y 均为定距变量，随机抽取了 n 个样品，得到 X 与 Y 的如下配对数据

$$(X_1,Y_1),(X_2,Y_2),\cdots,(X_n,Y_n)$$

在（8.2）用样本均值估计总体均值，用样本标准差估计总体标准差，得到如下的样本相关系数：

$$r = \frac{1}{n-1}\sum_{i=1}^{n}\left(\frac{X_i-\bar{X}}{S_X}\right)\left(\frac{Y_i-\bar{Y}}{S_Y}\right) = \frac{\sum_{i=1}^{n}(X_i-\bar{X})(Y_i-\bar{Y})}{\sqrt{\sum_{i=1}^{n}(X_i-\bar{X})^2}\sqrt{\sum_{i=1}^{n}(Y_i-\bar{Y})^2}} \tag{8.3}$$

其中 S_X，S_Y 分别为 X，Y 的样本标准差（见第三章），称 r 为皮尔逊相关系数（Pearson's correlation coefficient）或积差相关系数（production moment correlation coefficient），简称相关系数。如果需要指明它是 X 与 Y 的相关系数，记为 r_{XY}。

皮尔逊相关系数是最常用的样本相关系数。它是 20 世纪初由英国统计学家 K. Pearson（皮尔逊）提出的一种计算相关系数的方法。除非另有说明，统计中所说的相关系数通常指的就是皮尔逊相关系数。

可以证明相关系数 r 的值在 $[-1, 1]$ 之间。r 的绝对值越大，X 与 Y 的相关程度越高。由（8.3）可看出变量 X 与 Y 的地位是对称的，即相关系数 r 是对称的。

相关系数 r 有减少误差的意义。减少的误差平方和占总平方和的比例为 r^2（详见第九章）。

二、相关系数的显著性检验

对于相关系数的显著性检验，如果事先不知道相关系数是正是负，要检验的假设是

$$H_0: \rho = 0, \quad H_1: \rho \neq 0$$

属于双侧检验。如果事先可以根据某种理论或实践经验认定相关系数的符号是正（或负）的，则要检验的假设是

$$H_0: \rho = 0, \quad H_1: \rho > 0 (\text{或} H_1: \rho < 0)$$

属于右侧（或左侧）检验。

不管是双侧还是单侧检验，检验统计量都是

$$t = r\sqrt{\frac{n-2}{1-r^2}} \tag{8.4}$$

可以证明，在 H_0 成立时，由（8.4）给出的 t 服从自由度为 $n-2$ 的 t 分布。

使用 SPSS 计算相关系数时，在输出结果中自动给出检验结果。

三、计算和检验相关系数的 SPSS 例解

【例 8.1】对于第七章例 7.5 的数据，计算并检验学生英语词汇量四次测验之间的相关系数，经验告诉我们，这些测验之间的应当是正相关，所以要用单侧检验。

（1）打开数据文件“ch7-5. sav”。

（2）击选〈**Analyze**〉菜单〈**Correlate**〉下的〈**Bivariate**〉命令。

（3）在打开的〈**Bivariate Correlations**〉对话框中，将〈**test1**〉、〈**test2**〉、〈**test3**〉和〈**test4**〉指定为〈**Variables**〉，见图 8－5。

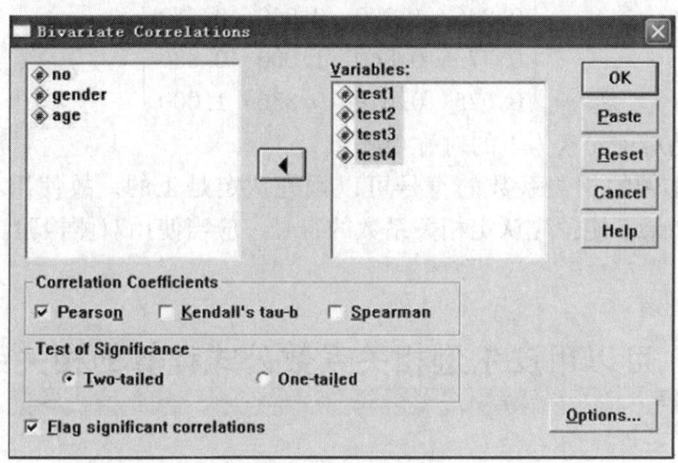

图 8－5

（4）单击〈**Test of Significance**〉下的〈**One-tailed**〉。

（5）单击〈**OK**〉按钮，结果见图 8－6。

Correlations

		TEST1	TEST2	TEST3	TEST4
TEST1	Pearson Correlation	1	.886**	.773**	.675**
	Sig. (1-tailed)	.	.000	.000	.000
	N	40	40	40	40
TEST2	Pearson Correlation	.886**	1	.860**	.679**
	Sig. (1-tailed)	.000	.	.000	.000
	N	40	40	40	40
TEST3	Pearson Correlation	.773**	.860**	1	.836**
	Sig. (1-tailed)	.000	.000	.	.000
	N	40	40	40	40
TEST4	Pearson Correlation	.675**	.679**	.836**	1
	Sig. (1-tailed)	.000	.000	.000	.
	N	40	40	40	40

**. Correlation is significant at the 0.01 level (1-tailed).

图 8－6

说明：

（1）图 8－6 中每个变量有三行数据，第一行是该变量与其他变量之间的相关系数，右上角标有“ ** ”的表示在 0.01 的水平上是显著的。

（2）对于多个变量，可以写出一个所谓的相关矩阵，本例四个变量的相关矩阵为：

$$\begin{pmatrix} 1.000 & 0.886 & 0.773 & 0.675 \\ 0.886 & 1.000 & 0.860 & 0.679 \\ 0.773 & 0.860 & 1.000 & 0.836 \\ 0.675 & 0.679 & 0.836 & 1.000 \end{pmatrix}$$

相关矩阵是对角元素为 1 的对称矩阵。

（3）本例的相关系数的符号可以预先认定是正的，故使用单侧检验。一般地，如果不能预先认定相关系数的符号，应当使用双侧检验。

第三节　可以用皮尔逊相关系数公式计算的相关系数

一、点双列相关系数 r_b

设 X 是含两个状态的定类变量（即 X 只取两个值），Y 是定距变量，显然，两个变量是不对称的。习惯上将样本数据写成两列（或两行），一列对应于 X 的一种状态。X 与 Y 的相关系数称为点双列相关系数（point biserial correlation coefficient），计算公式为

$$r_b = \frac{\overline{Y}_1 - \overline{Y}_2}{S_Y}\sqrt{pq} \tag{8.5}$$

其中，

$\overline{Y}_1$ 为 $X = X_1$ 时 Y 的平均值，$\overline{Y}_2$ 为 $X = X_2$ 时 Y 的平均值；

S_Y 为 Y 的标准差；

p 为 $X = X_1$ 的样品个数占全部样品个数的比例；

$q = 1 - p$ 为 $X = X_2$ 的样品个数占全部样品个数的比例。

由（8.5）知，点双列相关系数的绝对值不受 X 的状态值的影响。可以证明，如果取 $X_1 = 1$，$X_2 = 0$ 或 $X_1 = 0$，$X_2 = 1$，则由公式（8.3）计算的 X 与 Y 的皮尔逊相关系数正是由（8.5）计算的点双列相关系数。后者的相关显著性检验可以和前者一样进行。在 SPSS 中没有提供计算点双列相关系数的操作，计算点双列相关系数与计算皮尔逊相关系数的操作相同。

【例 8.2】表 8－1 是 28 个大学生被试辨认某个图案所花的时间，试问所花的时间与性别是否有关？

表 8－1　辨认某个图案所花的时间

单位：秒

男生	5	6	7	8	4	7	9	8	6	6	7	5	6		
女生	5	8	4	5	4	3	6	5	7	4	6	5	4	4	7

假设变量 X 表示性别，男生对应的 X 值为 1，女生对应的 X 值为 0。变量 Y 为辨认某个图案所花的时间。用于 SPSS 的数据要列成表 8－2 的形式。

表 8－2　用于 SPSS 的点双列数据

性别	时间	性别	时间
1	5	0	8
1	6	0	4
1	7	0	5
1	8	0	4
1	4	0	3
1	7	0	6
1	9	0	5
1	8	0	7
1	6	0	4
1	6	0	6
1	7	0	5
1	5	0	4
1	6	0	4
0	5	0	7

在 SPSS 中输入表 8－2 中的数据并定义相应的变量，计算和检验点双列相关系数的操作与例 8.1 的相同（留给读者练习），但注意这里要用双侧检验。图 8－7 是输出结果。

Correlations

		性别	时间
性别	Pearson Correlation	1	.441*
	Sig. (2-tailed)	.	.019
	N	28	28
时间	Pearson Correlation	.441*	1
	Sig. (2-tailed)	.019	.
	N	28	28

*. Correlation is significant at the 0.05 level (2-tailed).

图 8－7

说明：

（1）所求的点双列相关系数 $r_b = 0.441$，双侧显著性概率为 $0.019 < 0.05$，所以相关显著。由于是显著正相关，而 X 值是男生高于女生，所以男生所花的时间显著多于女生所花的时间。

（2）如果将男生对应的 X 值取为0，女生对应的 X 值取为1，点双列相关系数改变符号，绝对值不变。

（3）时间与性别显著相关意味着男生与女生所花时间有显著差异。如果将男生作为一个总体，女生作为另一个总体，作均值差异显著性检验，t 值的显著性概率与 r_b 的显著性概率0.019相同。这不是巧合，事实上两种检验是等价的。

（4）使用SPSS计算点双列相关系数时，类别变量的取值只能编码为0和1，不能用别的编码。

二、斯皮尔曼等级相关系数 r_s

当 X 与 Y 是两个特殊的定序变量，各有相同的等级个数，每个样品的变量值是样本排序后该样品的等级值。例如，第一个样品按变量 X 排序后是第3，按变量 Y 排序后是第5，则该样品在变量 X 和 Y 的取值分别是3和5。如果有多于一个样品的排序相同，则这些样品的取值用平均等级。例如，若有两个样品在变量 X 上取值相等，排序后位列第5和第6，则这两个样品的取值都是5.5。又如，若有三个样品在变量 X 上取值相等，排序后位列第2至第4，则这三个样品的取值都是3。

观察 n 个样品，获得了两个变量的等级值（或秩）如表8－3：

表8－3

样品序号	1	2	…	n
X 的等级	X_1	X_2	…	X_n
Y 的等级	Y_1	Y_2	…	Y_n

计算出每对等级值之差 $D_i = X_i - Y_i$，便可按下式求出斯皮尔曼等级相关系数（Spearman's rank correlation coefficient）：

$$r_s = 1 - \frac{6\sum_{i=1}^{n} D_i^2}{n(n^2 - 1)} \tag{8.6}$$

若有两个或多个样品在某变量上具有相同等级值（取平均等级值），则用下面的修正公式计算等级相关系数：

$$r_s = \frac{(n^3 - n) - 6\sum_{i=1}^{n} D_i^2 - \frac{1}{2}(T + U)}{\sqrt{(n^3 - n) - T}\sqrt{(n^3 - n) - U}} \tag{8.7}$$

其中

$T = \sum_j (t_j^3 - t_j)$，是对 X 的所有等值组求和，t_j 是第 j 个等值组的重复数；

$U = \sum_j (u_j^3 - u_j)$，是对 Y 的所有等值组求和，u_j 是第 j 个等值组的重复数。

可以证明，如果对两个已换成等级的定序变量求它们的皮尔逊相关系数 r，结果正是斯皮尔曼等级相关系数 r_s。r_s 的取值范围也是 $[-1, 1]$，两个变量是对称关系。但要注意，r_s 没有减少误差的意义。

如果将两个定距变量求各自的等级值转换为定序变量，计算的斯皮尔曼等级相关系数和皮尔逊相关系数相等，前提是两者都使用转换后的定序变量计算。不过，它们与直接用原始数据求皮尔逊相关系数一般是不相等的。

对 r_s 的显著性检验，传统上分小样本（$n \leq 30$）和大样本进行，小样本时查专门的斯皮尔曼等级相关系数临界值表，大样本时使用统计量：

$$Z = r_s \cdot \sqrt{n-1}$$

在 X 与 Y 不相关时它趋于标准正态分布。在 SPSS 中，对 r_s 的计算和检验与皮尔逊相关系数在同一个对话框中选择。

表 8－4　语文成绩与英语成绩的等级值

Chinese	3	6	6	6	2	1	13	15	11	8	9	12	10	4	14
English	1	5.5	2.5	7	5.5	13	2.5	12	4	9	14	8	15	10	11

【例 8.3】表 8－4 是 15 个学生的语文和英语成绩的等级值，求等级相关系数。

求斯皮尔曼等级相关系数的 SPSS 操作步骤如下：

（1）在〈**SPSS Data Editor**〉中定义两个变量，分别取名为“chinese”和“english”，变量标签分别为“语文”和“英语”，并输入上面的数据，命名为“ch8-3. sav”。

（2）击选〈**Analyze**〉菜单〈**Correlate**〉下的〈**Bivariate**〉命令。

（3）在打开的〈**Bivariate Correlations**〉对话框中，将〈**chinese**〉和〈**english**〉指定为〈**Variables**〉。

（4）击选〈**Correlation Coefficients**〉下的〈**Pearson**〉（默认项）和〈**Spearman**〉。

（5）单击〈**OK**〉按钮，结果见图8－8和8－9。

Correlations

		语文	英语
语文	Pearson Correlation	1	.185
	Sig. (2-tailed)	.	.509
	N	15	15
英语	Pearson Correlation	.185	1
	Sig. (2-tailed)	.509	.
	N	15	15

图8－8

Correlations

			语文	英语
Spearman's rho	语文	Correlation Coefficient	1.000	.185
		Sig. (2-tailed)	.	.509
		N	15	15
	英语	Correlation Coefficient	.185	1.000
		Sig. (2-tailed)	.509	.
		N	15	15

图8－9

说明：

比较图8－8和8－9可知，不仅斯皮尔曼等级相关系数与皮尔逊相关系数相等，而且它们的显著性概率也相等。但如果两个变量的等级不按前面所述的规定，比如等级个数不同，或者等级不是从1开始，或者同一变量的相同等级不是取平均值，则两种相关系数可能不同。

第四节　列联表分析和独立性检验

一、列联表

在心理和教育研究中，问卷或量表中的许多题目都是选择题，对应着一个定类（包括定序）变量。例如，一份测量中学生数学学习策略的问卷，有一个题目（记为 Y）是数学课前的预习策略：

你在数学课前：

（1）大范围超前预习；

（2）小篇幅超前预习；

（3）仅预习下节课内容；

（4）很少预习；

（5）从不预习。

调查了三种类型的班级（记为 X）：重点中学的奥班和非奥班，普通中学（简称普通班）。根据这两个题目（预习策略和班级类型）的答案可以整理成表 8－5 那样的所谓列联表（crosstabulation）。其中，“X＝奥班”与“$Y=1$”交叉位置上的 45 表示奥班有 45 人选择了答案（1），表中其余数据的含义依此类推。要研究的问题是，预习策略与班级有关吗？本节后文介绍的列联表分析可以对此类问题做出解答。

表 8－5　“班级类型 X”与“预习策略 Y”列联表

X	Y				
	1	2	3	4	5
奥班	45	23	10	4	0
非奥班	23	36	18	10	3
普通班	16	24	32	14	8

一般地，设有两个定类变量 X 和 Y，其中 X 取 p 个值（水平或状态），Y 取 q 个值，现随机抽取 n 个样品，观测它们的从属状态，记录下任一组合状态（X_i，Y_j）的次数 n_{ij}，将数据整理成表 8－6 所示的 $p\times q$ 列联表，其中的数据共有 p 行、q 列。

表 8－6　$p\times q$ 列联表

X	Y				边际次数
	Y_1	Y_2	…	Y_q	
X_1	n_{11}	n_{12}	…	n_{1q}	$n_{1.}$
X_2	n_{21}	n_{22}	…	n_{2q}	$n_{2.}$
⋮	⋮	⋮		⋮	⋮
X_p	n_{p1}	n_{p2}	…	n_{pq}	$n_{p.}$
边际次数	$n_{.1}$	$n_{.2}$	…	$n_{.q}$	$n_{..}=n$

其中

n_{ij}为 $X=X_i$ 且 $Y=Y_j$ 的样品数，也称为（i，j）格中的次数；

$n_{i.}=\sum_{j=1}^{q} n_{ij}$ 称为变量 X 在状态 X_i 上的边际次数（行和）；

$n_{.j}=\sum_{i=1}^{p} n_{ij}$ 称为变量 Y 在状态 Y_j 上的边际次数（列和）；

$n_{..}=\sum_{i=1}^{p}\sum_{j=1}^{q} n_{ij}$ 是样品总数 n。

二、独立性 χ^2 检验

由概率论可知，当变量 X 与 Y 相互独立时，有

$$P(X=X_i,Y=Y_j)=P(X=X_i)\cdot P(Y=Y_j) \tag{8.8}$$

记 π_{ij}是假定 X 与 Y 相互独立时，理论上（i，j）格应当有的次数（称为期望次数），若用频率代替（8.8）中的概率便得到

$$\frac{\pi_{ij}}{n}=\frac{n_{i.}}{n}\cdot\frac{n_{.j}}{n}$$

所以

$$\pi_{ij}=\frac{n_{i.}n_{.j}}{n} \tag{8.9}$$

独立性检验的原假设是

$$H_0：X \text{与} Y \text{相互独立}$$

通常用下面的卡方作为检验统计量：

$$\chi^2=\sum_{i=1}^{p}\sum_{j=1}^{q}\frac{(n_{ij}-\pi_{ij})^2}{\pi_{ij}} \tag{8.10}$$

上式给出的 χ^2 趋于自由度为 $(p-1)(q-1)$ 的 χ^2 分布。如果 H_0 为真，（i，j）格观测次数 n_{ij}与期望次数 π_{ij}的偏差应当很小，因而度量全部偏差的 χ^2 也小。给定显著性水平，如果将列联表中的数据代入公式（8.10）计算的 χ^2 值大于对应的 χ^2 分布的临界值，则拒绝原假设。或者，如果 χ^2 值的显著性概率（右侧）小于显著性水平，拒绝原假设。这是右侧检验问题，因为两个变量是否独立，归结为 χ^2 值是大还是不大的问题。

如果检验结果是不拒绝原假设，即 X 与 Y 相互独立，问题解决。如果检验结果是拒绝原假设，说明 X 与 Y 相关，就还有一个相关性大小的问题。对于一定的 n，若 χ^2 值越大，则关联性越大，但由于 χ^2 值会随 n 的增大而

无限增大下去，所以χ^2 不能充当相关系数。而且，有研究表明，即使作为独立性的检验统计量，当样本容量 n 很小或很大时，χ^2 也是不理想的。所以检验独立性时应当注意下面介绍的基于χ^2 统计量的相关系数的显著性概率。

三、基于χ^2 统计量的相关系数

下面的相关系数是基于χ^2 统计量修正得到的，其中 X 与 Y 的位置都是对称的，但没有减少误差的意义。

1. Phi 系数

$$\phi = \sqrt{\frac{\chi^2}{n}} \tag{8.11}$$

其中 n 为样本容量。ϕ 系数的适用场合是 $2\times q$ 或 $p\times 2$ 列联表，即 X 与 Y 中至少有一个为二值的定类变量，这时 ϕ 系数的取值范围为（0，1）。ϕ 系数越大相关性越强。

2. Cramer 的 V 系数

$$V = \sqrt{\frac{\chi^2}{n(m-1)}} \tag{8.12}$$

其中 n 为样本容量，m 为行数与列数中较小者，即 $m=\min(p, q)$。用于行数和列数均大于 2 的列联表。V 系数的取值范围为（0，1）。V 系数越大相关性越强。

3. 列联系数 C（Contingency Coefficient）

$$C = \sqrt{\frac{\phi^2}{1+\phi^2}} = \sqrt{\frac{\chi^2}{n+\chi^2}} \tag{8.13}$$

C 系数取值的下限为 0，上限小于 1，而且取决于列联表的行列数。例如 2×2 列联表，C 的值域为（0，0.707）。C 系数越大相关性越强。

四、其他定类变量与定类变量的相关系数

1. Lambda 系数

Lambda 系数 λ 根据列联表中每行或每列的最大频数计算，是具有减少误差意义的相关系数，它度量了当用自变量去预测因变量时，误差减少的比例。其值在 0 和 1 之间，越大相关性越强。$\lambda=0$ 表示没有减少误差，$\lambda=1$ 表示误差减少了 100%。X 与 Y 可以是对称的，也可以是不对称的，但两种情形的计算公式不同。

2. 不确定系数（Uncertainty Coefficient）

不确定系数也具有减少误差意义，它度量了引入自变量后，预测的不确定性减少的比例。其值在 0 和 1 之间，越大相关性越强。计算时也分为对称和不对称。

五、定序变量与定序变量的相关系数

常用的几个定序变量与定序变量的相关系数都与同序对（或称为和谐对）的概念有关。设有两个定序变量 X 和 Y，在 n 个样品上的观测值如表 8－7：

表 8－7

样品序号	1	2	…	n
X 值	X_1	X_2	…	X_n
Y 值	Y_1	Y_2	…	Y_n

任意两个样品（如 1 号和 2 号），如果两个 X 值大小顺序与两个 Y 值的大小顺序相同（如 $X_1 < X_2$ 且 $Y_1 < Y_2$，或者 $X_1 > X_2$ 且 $Y_1 > Y_2$），称为同序对（和谐对）。如果两个 X 值大小顺序与两个 Y 值的大小顺序相反，称为异序对（不和谐对）。如果在两个样品上 X 值相等，称为 X 等值对。记

N_1 为同序对的数目；

N_2 为异序对的数目；

T_X 为 X 等值对的数目。

所有的样品点对的数目是 $C_n^2 = \frac{n\ (n-1)}{2}$。如果是同序对较多，属于正相关；如果异序对较多，属于负相关；如果同序对和异序对差不多，则认为没有关联。这样就容易理解下面几种相关系数的含义。这些相关系数的取值范围都是［－1，1］，大于 0 是正相关，小于 0 是负相关，绝对值越大，相关性越强。

1. Gamma 相关系数

$$\gamma = \frac{N_1 - N_2}{N_1 + N_2} \tag{8.14}$$

显然在上面公式中，X 与 Y 的位置是对称的。Gamma 系数具有减少误差的意义。

2. Somers 的 D 相关系数

$$D_Y = \frac{N_1 - N_2}{N_1 + N_2 + T_Y} \tag{8.15}$$

Y 作为因变量出现，因而 D 系数不是对称的。它具有减少误差的意义。

3. 肯德尔（Kendall）tau 相关系数

肯德尔 tau 相关系数有三种形式：

$$\tau_a = \frac{N_1 - N_2}{C_n^2} \tag{8.16}$$

$$\tau_b = \frac{N_1 - N_2}{\sqrt{C_n^2 - T_X}\sqrt{C_n^2 - T_Y}} \tag{8.17}$$

$$\tau_c = \frac{2m(N_1 - N_2)}{n^2(m-1)} \tag{8.18}$$

其中 m 是 X 与 Y 的数据整理成列联表后行数和列数的较小者。SPSS 中没有 tau-a，如果列联表中行数和列数相同，用 tau-b，否则用 tau-c。X 与 Y 在三种 tau 相关系数中都是对称的。三种 tau 相关系数都没有减少误差的意义。

六、定类变量与定距变量的相关性度量——相关比 η^2

设自变量 X 是定类变量，因变量 Y 是定距变量，这是不对称的关系。设 X 有 k 个值（k 个状态）：$X_1, X_2, \cdots, X_k$，n_i 为状态 X_i 下的样品数，对应的 Y 值为 $Y_{i1}, Y_{i2}, \cdots, Y_{in_i}$（不妨称为第 i 组），其均值记为 $\bar{Y}_i$，$n = \sum_{i=1}^{k} n_i$ 为样品总数，$\bar{Y}$ 为 Y 的总平均。定义

$$\eta^2 = \frac{\sum_{i=1}^{k}\sum_{j=1}^{n_i}(\bar{Y}_i - \bar{Y})^2}{\sum_{i=1}^{k}\sum_{j=1}^{n_i}(Y_{ij} - \bar{Y})^2} \tag{8.19}$$

在第十章我们将讲到，这样定义的 η^2 就是组间平方和与总平方和之比。而组间平方和等于总平方和减去组内平方和，所以（8.19）可写成

$$\eta^2 = \frac{\sum_{i=1}^{k}\sum_{j=1}^{n_i}(Y_{ij} - \bar{Y})^2 - \sum_{i=1}^{k}\sum_{j=1}^{n_i}(Y_{ij} - \bar{Y}_i)^2}{\sum_{i=1}^{k}\sum_{j=1}^{n_i}(Y_{ij} - \bar{Y}_i)^2}$$

所以 η^2 度量了用各组的 Y 均值 $\bar{Y}_i$ 去预测该组的 Y 值时，误差平方和减少的比例。因此，将 $\sqrt{\eta^2} = \eta$ 作为 X 与 Y 的相关系数。其显著性检验是在方差分

析中做 F 检验。检验统计量

$$F=\frac{\eta^2/(k-1)}{(1-\eta^2)/(n-k)}$$

它服从自由度为 $(k-1,\ n-k)$ 的 F 分布。

相关系数 η 是测定 Y 对 X 的相依性大小的一个指标，这种相依性包括非线性的，而皮尔逊相关系数 r 只能测定变量间的线性关系，无法测定非线性关系。在能够同时计算 r 与 η 的场合，如果 r 不显著，而 η 显著，说明变量间存在非线性相关。当定类变量只有两个状态（即 X 只取两个值）时，可以证明 η 与 r 相等。

当考虑定类变量与定距变量的关系时，也可以做单因素方差分析，将相关比作为效应量使用（见第十章）。

七、列联表分析的 SPSS 例解

本节介绍的所有相关系数的计算和卡方检验均可用 SPSS 的〈**Descriptive Statistics**〉下的〈**Crosstabs**〉命令完成。而且，前面介绍的皮尔逊相关系数和斯皮尔曼等级相关系数也可用该命令进行分析。

【例 8.4】某校准备开设每周两次的收费第二课堂，调查了 176 个学生对参加第二课堂的意愿（记为 Y，取值是参加、不参加、未定），同时也调查了他们的家庭经济状况（记为 X，取值是好、中、差）。整理后得到表8－8 那样的列联表，格子中不在括号中的数字是实际观测次数（这里是人数），括号中的数字是期望人数，由公式（8.9）计算得到。

表 8－8　列联表分析

家庭经济状况	参加意愿			合计
	参加	不参加	未定	
好	36（26.9）	14（19.1）	10（14.0）	60
中	25（31.4）	22（22.3）	23（16.3）	70
差	18（20.6）	20（14.6）	8（10.7）	46
合计	79	56	41	176

我们感兴趣的问题是，Y 与 X 是否相关？此问题的原假设是

$$H_0: Y\text{ 与 }X\text{ 独立}$$

如果拒绝了原假设，说明学生参加第二课堂的意愿与家庭经济状况的相关显著。

用于 SPSS 的变量和数据如表 8－9 所示，其中 F 为观测次数，在数据分析前要将其作为加权变量对数据进行加权，具体见下面的 SPSS 操作。

表 8－9　用于 SPSS 的数据

X	Y	F
1	1	36
1	2	14
1	3	10
2	1	25
2	2	22
2	3	23
3	1	18
3	2	20
3	3	8

（1）在〈**SPSS Data Editor**〉中定义三个变量，分别取名为“X”、“Y”和“F”。标签分别为“家庭状况”、“参加意愿”和“频数”。变量“X”的值标签为：1＝好，2＝中，3＝差；“Y”的值标签为：1＝参加，2＝不参加，3＝未定。输入表 8－7 中的数据，将数据文件命名为“ch8-4”。

（2）击选〈**Data**〉下的〈**Weight Cases**〉命令，在打开的〈**Weight Cases**〉对话框中，击选〈**Weight Cases By**〉，并将变量〈**频数**〉指定为〈**Frequency Variable**〉。单击〈**OK**〉按钮。（完成对变量“频数”的加权处理，参见附录 A 的加权操作。）

（3）击选〈**Analyze**〉菜单〈**Descriptive Statistics**〉下的〈**Crosstabs**〉命令。

（4）在打开的〈**Crosstabs**〉对话框中，将〈**家庭状况**〉指定为〈**Row(s)**〉，〈**参加意愿**〉指定为〈**Column(s)**〉。

（5）单击〈**Statistics**〉按钮，在打开的〈**Crosstabs: Statistics**〉对话框中，击选〈**Chi-square**〉（计算 χ^2 值并做检验），击选〈**Contingency coefficient**〉、〈**Phi and Cramer's V**〉、〈**Lambda**〉和〈**Uncertainty coefficient**〉（计算相应的相关系数并做检验），见图 8－10。如果还要计算其他相关系数，也在此对话框中选择。单击〈**Continue**〉返回。

（6）在〈**Crosstabs**〉对话框中，单击〈**Cells**〉按钮，在打开的〈**Crosstabs: Cell Display**〉对话框中，击选〈**Observed**〉（在输出的列联表中给出每一格的观测次数）和〈**Expected**〉（给出每一格的期望次数），见图 8－11。如果还要输出其他信息，如行、列百分比，用期望次数预测观测次数的残差等，在此

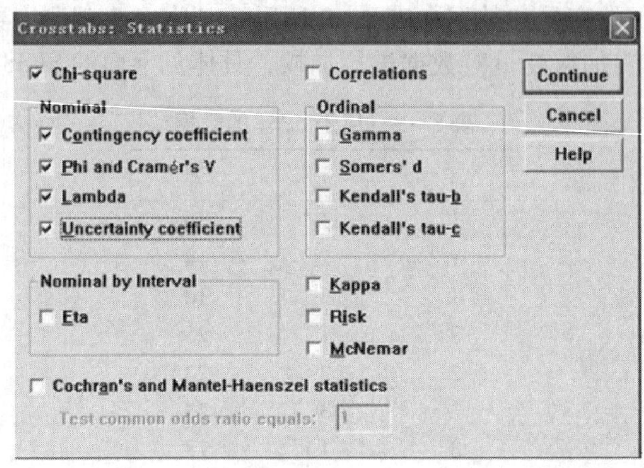

图 8－10

对话框中选择。单击〈**Continue**〉返回。

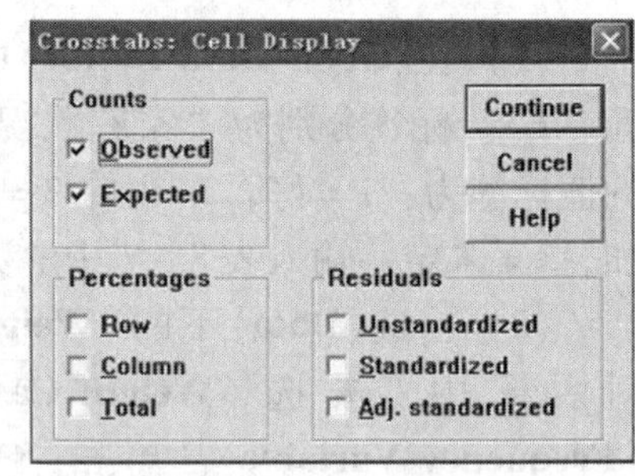

图 8－11

（7）单击〈**OK**〉按钮，结果见图 8－12 至图 8－14。（如果不想输出列联表，击选〈**Suppress**〉。）

说明：

（1）图 8－12 是列联表，每个格子有两个数值，上面一个是实际观测次数，下面一个是期望次数。通常整理成表 8－8 的形式放在研究报告中。

家庭状况 * 参加意愿 Crosstabulation

			参加意愿			Total
			参加	不参加	未定	
家庭状况	好	Count	36	14	10	60
		Expected Count	26.9	19.1	14.0	60.0
	中	Count	25	22	23	70
		Expected Count	31.4	22.3	16.3	70.0
	差	Count	18	20	8	46
		Expected Count	20.6	14.6	10.7	46.0
Total		Count	79	56	41	176
		Expected Count	79.0	56.0	41.0	176.0

图 8－12

（2）图 8－13 是 χ^2 检验表，$\chi^2=12.599$，显著性概率 Sig. $=0.013$（注意这是右侧显著性概率，尽管写着 2-sided），小于 0.05，因而拒绝“Y 与 X

Chi-Square Tests

	Value	df	Asymp. Sig. (2-sided)
Pearson Chi-Square	12.599[a]	4	.013
Likelihood Ratio	12.234	4	.016
Linear-by-Linear Association	2.513	1	.113
N of Valid Cases	176		

a. 0 cells (.0%) have expected count less than 5. The minimum expected count is 10.72.

图 8－13

Symmetric Measures

		Value	Approx. Sig.
Nominal by Nominal	Phi	.268	.013
	Cramer's V	.189	.013
	Contingency Coefficient	.258	.013
N of Valid Cases		176	

a. Not assuming the null hypothesis.

b. Using the asymptotic standard error assuming the null hypothesis.

图 8－14

独立”的原假设，即学生参与收费第二课堂的意愿与家庭经济状况的相关显著。换一个角度看就是，不同家庭经济状况的学生参加收费第二课堂的意愿有显著差异。

（3）图 8－14 给出了三个基于χ^2统计量的相关系数，它们都描述了对称关系，并且检验结果与χ^2检验结果相同。

（4）还有一个表给出两个变量不对称（一个作为自变量，另一个作为因变量）时的相关系数（略）。本例中，当要区分自变量和因变量时，“家庭状况”是自变量，“参加意愿”是因变量，不能调换。

（5）如果用于分析的数据是有 176 个样品的原始数据，这时不需要作为频数出现的加权变量 F，列联分析的结果完全一样。所以，对于原始数据，不用将数据整理成表 8－9 的式样，而是直接使用原始数据便可。

第五节　肯德尔和谐系数

一、肯德尔和谐系数的定义

前面介绍的斯皮尔曼等级相关系数是度量两个等级变量的相关系数，在心理和教育研究中有时需要考虑多个等级变量的相关性问题。先看下面一个例子。

【例 8.5】某校举办学生作文竞赛，6 篇作文进入决赛，请 5 位教师为这 6 篇作文评定等级，结果见表 8－10。如何衡量 5 位教师评定结果的一致程度？

表 8－10　5 位教师为 6 篇作文评定的等级

评分教师（$k=5$）	作文编号（$m=6$）					
	A1	A2	A3	A4	A5	A6
A	3	1	6	4	5	2
B	2	1	5	6	3	4
C	2	1	5	6	4	3
D	1	2	6	5	3	4
E	1	2	6	5	4	3
R_j	9	7	28	26	19	16

这种多个等级变量的相关性通常用肯德尔和谐系数（Kendall Coefficient of Concordance）来度量，公式如下：

$$W=\frac{SS_R}{\frac{1}{12}k^2(m^3-m)} \tag{8.20}$$

其中，

m 是被评对象数目（与等级数目相等，例 8.5 的 $m=6$）；

k 是评分者人数（与变量个数相等，例 8.5 的 $k=5$）；

$SS_R=\sum\limits_{j=1}^{m}(R_j-\bar{R})^2$ 是 R_j（$j=1,2,\cdots,m$）的离差平方和，R_j 是第 j 个被评对象所得等级值之和（例 8.5 中，$R_1=9$，$R_2=7$，等等），$\bar{R}=\frac{1}{m}\sum\limits_{j=1}^{m}R_j$ 是

均值。

肯德尔和谐系数 W 的取值范围是 0 到 1 之间，当评分者意见完全一致时，SS_R 取得最大值$\frac{1}{12}k^2(m^3-m)$，即 $W=1$。

肯德尔和谐系数对数据的要求与斯皮尔曼等级相关系数的相同。如果同一评分者有相同等级，也应取平均等级值，而且计算肯德尔和谐系数的公式修正为：

$$W=\frac{SS_R}{\frac{1}{12}[k^2(m^3-m)-k\sum_{i=1}^{k}T_i]} \tag{8.21}$$

其中，m，k，SS_R 的意义与（8.20）的相同，$T_i=\sum_{j=1}^{s_i}(n_{ij}^3-n_{ij})$，$s_i$ 为第 i 个评分者的评定结果中有重复等级的个数，n_{ij}为第 i 个评分者的评定结果中第 j 个重复等级的相同等级数目。对于无相同等级的评分者，$T_i=0$，因此只需对评定结果中有相同等级的评分者计算 T_i。

肯德尔和谐系数常被用作评分者信度，是教育测量学中的重要指标之一。

二、肯德尔和谐系数 SPSS 操作例解

在 SPSS 中，用于计算和检验肯德尔和谐系数的数据编排与通常的不相同：一个被评对象为一列数据（相当于变量），一个评分者为一行数据（相当于样品），其编排正好与表 8－10 的相同。下面是表 8－10 数据的 SPSS 操作步骤，对于有相同等级的情形，操作步骤完全一样。

（1）在〈**SPSS Data Editor**〉中输入表 8－10 数据，共 5 行 6 列，依次定义变量名为“A1—A6”。数据文件取名为“ch8-5. sav”。

（2）击选〈**Analyze**〉菜单〈**Nonparametric Test**〉下的〈**K Related Samples**〉命令。

（3）在打开的〈**Tests for Several Related Samples**〉对话框中，将〈**a1**〉至〈**a6**〉指定为〈**Test**〉。击选〈**Kendall's W**〉。

（4）单击〈**OK**〉按钮，结果见图 8－15 和图 8－16。

说明：

（1）图 8－15 给出各篇作文的平均等级值，据此可以将 6 篇作文排名次。

Ranks

	Mean Rank
A1	1.80
A2	1.40
A3	5.60
A4	5.20
A5	3.80
A6	3.20

图 8－15

（2）从图 8－16 可知，肯德尔和谐系数 $W = 0.845$。渐近显著性概率“Asymp. Sig.”为 0.001 小于 0.01，相关非常显著。

Ranks

N	5
Kendall's W	0.845
Chi-Square	21.114
df	5
Asymp. sig.	0.001

a. Kendall's Coefficient of Concordance

图 8－16

（3）如果数据是按通常的编排输入的（即一篇作文得到的等级为一行，一个评分者的评分为一列），使用〈**Data**〉菜单下的〈**Transpose**〉命令可将原始数据行列互换。该命令在要将样品作为变量进行分析时是很有用处的。

第六节　测验信度

一、信度的概念

测量需要测量工具。心理和教育测验的工具是一套测验题目，如学科知识水平或能力测验的试题、心理测量中的问卷，将它们统称为量表（scale）。一个量表由若干编制好的题目或项目（item）组成。信度（reliability）是衡量一个测量工具好坏的一个重要指标。在经典测验理论中，信度定义为真分数方差与观测分数方差的比值。由于真分数的方差通常不知道有多大，所以通常不能直接按定义计算信度。人们只好从不同的角度解读信度并作出估计，这里只介绍常用的信度系数的计算，它们的基础是（皮尔逊）相关系数。

测验信度是指测验结果的一致性或稳定性程度。一个好的测验，就像一把好的尺子，对同一对象反复测量多次，其结果要一致。例如，某个考生进行智力测验，第一次考试成绩是 80 分，第二次成绩也是 80 分，则说明该测验的稳定性非常好；但如果第二次成绩为 50 分，则说明该测验的稳定性不好。但是教育测量的对象是人，会受到各种主观因素的影响，例如，紧张、疲劳、猜测以及练习效应等都可能影响测验结果。此外，测验结果还会受到评分者和测验的外部环境等各种因素的影响。因此，任何一个测验都会受到一些与测验目的无关的偶然因素的影响而产生误差，对同一被试两次或多次测量的结果不可能完全一样，信度实际上就是对测验误差大小的一种描述。一般来说，误差越小，信度越大；误差越大，信度越小。

通常用满足某种条件的两次测验分数的相关系数作为测验信度的估计，记为 $r_{xx'}$，因此信度也称为信度系数。两次同类测验分数之间通常是正相关的，所以信度通常介于 0 和 1 之间，其值越大，说明测验越稳定、越可信。一般认为，信度在 0.9 以上时，信度很高；在 0.75 ~ 0.9 之间时，信度较高；在 0.65 ~ 0.75 之间时，信度中等，尚可接受；在 0.55 ~ 0.65 之间认为是处于临界状态；而 0.5 以下是低信度。不过，样本容量会影响相关系数，因而也影响信度的大小。对信度的要求与测验的内容和用途有关，学科测验和能力测验的要求较高，态度问卷和人格测验的要求较低。

根据两次测验结果获得的途径不同，信度有不同的名称，报告信度时要说明是哪一种信度。

二、重测信度

重测信度，是同一组被试使用同一份试题（以及相同的评分标准），前后两次测验分数的相关系数。

使用重测信度时，要注意以下几点：

（1）两次测验的时间间隔要适宜，间隔太长，被试的情况容易发生变化，两次测验结果就会有较大差异，这样就会低估测验的信度；间隔太短，由于记忆的影响，第一次的测验结果会对第二次产生影响，这样就会高估测验的信度。通常间隔 1 ~ 3 周为宜。

（2）重测信度比较适合用于速度测验、心理测验等非难度测验。难度测验（各种考试多数属于这种情况）不宜用重测信度，而用复本信度比较好。

(3) 在第二次测验时，应注意提高被试的积极性，使他们如同第一次测验那样认真对待。

三、复本信度

复本信度，是用两份“等值”（内容、题型、题数、难度等都相同或非常接近）但具体题目又不同的试题，相继对同一组被试进行两次测验所得分数的相关系数。通常所说的A、B卷，就认为是两份“等值”的试卷。

使用复本信度时，要注意以下几点：

(1) A和B两份试题的具体内容尽量不要重复，否则可能会高估信度。例如，第一份试题中不应该有第二份试题中要用的公式和定理。

(2) 两次测验的时间间隔要适当短一些（如一两天），以免由于知识的积累和练习的作用而影响到第二次测验的结果。但是如果两次测验紧接着进行，被试容易产生厌倦情绪。

四、分半信度

这种方法是把一个测验中的题目按编号分成两半，例如一半为奇数题，一半为偶数题，分别计算出每个被试两部分的得分。然后计算这两个部分的相关系数。这种做法相当于将两部分题目看作是两份“等值”试题。但测验长度（即题目数量）少了一半。测验长度对信度的大小有一定影响，增加题目可以提高测验的信度。所以最后要用下面的斯皮尔曼－布朗（Spearman-Brown）公式对相关系数进行校正，作为整份测验信度的估计：

$$r_{xx} = \frac{2r}{1+r}$$

因为只有一份试题，所以信度用 r_{xx} 表示。

【例8.6】用一份有50个题目的试题对小学六年级的学生进行测验，随机抽取到12个学生的成绩按奇偶分半（见表8－11）。容易算得 $r=0.703$，由斯皮尔曼－布朗公式

$$r_{xx} = \frac{2\times 0.703}{1+0.703} = 0.826$$

表8－11　12个学生在奇数题和偶数题的得分

被试编号	01	02	03	04	05	06	07	08	09	10	11	12
奇数题得分	36	38	37	38	41	40	36	38	39	40	35	35
偶数题得分	38	37	37	36	39	39	34	38	39	39	36	37

虽然分半的方法很多，但最好是按奇偶分半。前后分半不可取，因为时间关系，可能后面有些题目来不及做或没有前面的那么认真做。不过，在 SPSS 中，要输入各题的原始得分，并且将奇数题得分排在前面，偶数题得分排在后面，详见例 8. 8 的操作。

五、α 系数

α 系数（Alpha 系数）也称为克龙巴赫（Cronbach）系数，某种意义上说它等于一个测验的所有可能的分半信度的平均值。有的教科书将 α 系数称为内部一致性系数或者同质性系数，其实是误解。国内外都有不少研究发现，α 系数既不能用来衡量测验的内部一致性，也不能用来衡量测验的同质性。但在很一般的条件下（具体来说就是，各题得分的误差不相关，通常的测验都满足这个条件），α 系数不超过测验信度。就是说，如果 α 系数高到可以接受，测验信度就可以接受。所以，还是可以将 α 系数作为信度来报告，但要明说测验的 α 系数是多少，而不要将 α 系数说成是测验的内部一致性系数或者同质性系数。除非有特别的需要，否则报告 α 系数比报告分半信度好，没有必要两样都报告。

α 系数的计算公式为：

$$\alpha = \frac{k}{k-1}\left(1 - \frac{\sum_{i=1}^{k} S_i^2}{S_X^2}\right) \tag{8.22}$$

其中 k 为量表中的题数，S_i^2 为第 i 题各被试得分的样本方差，S_X^2 为各被试总分的样本方差。也可以将公式中的样本方差都换成总体方差。对二值记分测验，α 系数与下面常用的库得尔－理查森（Kurder-Richardson）信度系数相等：

$$r_{KR20} = \frac{k}{k-1}\left[1 - \frac{\sum_{i=1}^{k} p_i(1-p_i)}{S_X^2}\right] \tag{8.23}$$

其中，k 为量表中的题数，p_i 为第 i 题正确回答的人数比例，S_X^2 为各被试正确回答题数的总体方差（因为分子用的是总体方差）。

【例 8. 7】表 8－12 是一份包含 6 个题目的量表，对 5 个被试的测验结果。最后一行是由各列数据计算的样本方差，代入（8. 22）得

$$\alpha = \frac{6}{6-1}\left(1 - \frac{3.8 + 1.7 + 3.2 + 8.7 + 3.8 + 3.8}{87.8}\right) = 0.858\ 3$$

表 8－12　五个被试的测验得分

被试	题目						合计得分
	1	2	3	4	5	6	
A	7	6	6	8	7	7	41
B	11	9	10	11	11	11	63
C	8	7	6	6	8	8	43
D	11	8	8	8	11	11	57
E	11	9	9	3	11	11	54
S_i^2	3. 8	1. 7	3. 2	8. 7	3. 8	3. 8	87. 8

六、计算信度的 SPSS 操作例解

【例 8. 8】中学生自我概念量表包含英语自我概念分量表，题目如下：

我觉得英语功课很容易。

我的英语成绩不好。

英语是我学得最好的科目之一。

我讨厌英语课。

在英语课上我学东西很快。

答案选项是从“完全不同意”到“完全同意”，6 级计分。表 8－13 是 25 个被试的得分（反向题已经过重新编码）。一个题目对应于一个变量，用 eng_ sdq1 到 eng_ sdq5 给变量命名。

表 8－13　英语自我概念得分

eng_ sdq1	eng_ sdq2	eng_ sdq3	eng_ sdq4	eng_ sdq5
4	4	3	5	3
4	3	3	5	3
1	1	1	1	1
3	3	3	6	3
5	5	5	5	5
5	3	4	4	4
3	3	2	4	3
3	3	4	3	4
5	5	5	5	5
4	4	4	6	3
4	3	2	5	4
3	5	3	5	5

续上表

eng_ sdq1	eng_ sdq2	eng_ sdq3	eng_ sdq4	eng_ sdq5
4	2	2	5	4
4	5	4	5	5
2	5	2	3	3
3	4	5	4	5
2	2	3	4	2
3	3	3	3	3
5	5	5	5	5
5	4	3	6	2
2	2	1	2	2
6	6	6	6	6
1	1	1	4	1
4	4	3	4	3
1	3	1	2	1

计算 α 系数和分半信度的 SPSS 操作如下：

（1）在〈**SPSS Data Editor**〉中输入表 8－13 数据。依次定义变量名为“eng_ sdq1—eng_ sdq5”。

（2）击选〈**Analyze**〉菜单〈**Scale**〉下的〈**Reliability Analysis**〉命令。

（3）在打开的〈**Reliability Analysis**〉对话框中，将〈**eng_ sdq1**〉至〈**eng_ sdq5**〉指定为〈**Items**〉，见图 8－17。

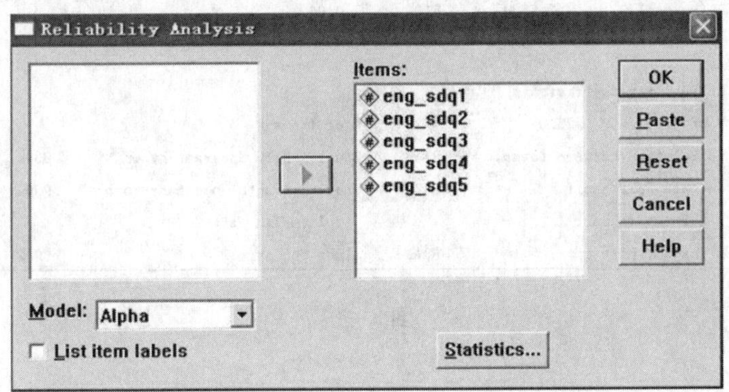

图 8－17

（4）击选〈**Statistics...**〉按钮，在打开的〈**Reliability Analysis：Statistics**〉对话框中，击选〈**Descriptives for**〉下的〈**Item**〉（输出各题的平均分、标准差）和〈**Scale**〉（输出量表总分的平均分、标准差）。单击〈**Continue**〉按钮返回。

第八章 相关分析

（5）单击〈**OK**〉按钮，结果见图 8－18。软件默认的模型是计算 Alpha（α 系数），如果要计算分半信度，在〈**Reliability Analysis**〉对话框内〈**Model**〉的下拉式菜单中选择〈**Split-half**〉。分半信度的操作结果见图8－19。

```
R E L I A B I L I T Y   A N A L Y S I S   -   S C A L E   (A L P H A)

                         Mean        Std Dev       Cases

  1.    ENG_SDQ1        3.4400        1.3868        25.0
  2.    ENG_SDQ2        3.5200        1.3266        25.0
  3.    ENG_SDQ3        3.1200        1.4236        25.0
  4.    ENG_SDQ4        4.2800        1.3392        25.0
  5.    ENG_SDQ5        3.4000        1.4142        25.0

                                                      N of
Statistics for      Mean    Variance     Std Dev  Variables
      SCALE      17.7600     35.6067      5.9671          5


Reliability Coefficients

N of Cases =      25.0                   N of Items =  5

Alpha =    .9164
```

图 8－18

```
R E L I A B I L I T Y   A N A L Y S I S   -   S C A L E   (S P L I T)

                          Mean        Std Dev       Cases

  1.     ENG_SDQ1        3.4400        1.3868        25.0
  2.     ENG_SDQ2        3.5200        1.3266        25.0
  3.     ENG_SDQ3        3.1200        1.4236        25.0
  4.     ENG_SDQ4        4.2800        1.3392        25.0
  5.     ENG_SDQ5        3.4000        1.4142        25.0

                                                     N of
Statistics for       Mean    Variance    Std Dev  Variables
      PART 1      10.0800     13.9933     3.7408          3
      PART 2       7.6800      5.8100     2.4104          2
      SCALE       17.7600     35.6067     5.9671          5


Reliability Coefficients

N of Cases =       25.0               N of Items =  5

Correlation between forms =     .8763   Equal-length Spearman-Brown =      .9341

Guttman Split-half =            .8877   Unequal-length Spearman-Brown =    .9364

  3 Items in part 1                       2 Items in part 2

Alpha for part 1 =              .8879   Alpha for part 2 =                 .6942
```

图 8－19

说明：

（1）在〈**Reliability Analysis：Statistics** 〉对话框中还可以选择许多统计功能，计算指定的统计量或检验。

（2）图 8－18 是求 α 系数的结果。第一部分是各题得分的平均分和标准差，第二部分是量表总分的平均分（17.7600）、方差（35.6067）和标准差（5.9671）。第三部分给出了 α 系数（0.9164）。

（3）SPSS 的分半信度是按进入〈**Items**〉中的题目（见图 8－17）前后分半计算的，如果要想奇偶分半，第 3 步操作时，要先让所有奇数题号的题目先进入〈**Items**〉中，然后才让偶数题号的题目进入。如果总题数是奇数，SPSS 在分半时，第一部分的题目多一题。

（4）图 8－19 是求分半信度的结果。第一部分是各题得分的平均分和标准差，第二部分除了量表总分的描述统计外，还有分半的两部分的总分的描述统计。第三部分给出了信度，因为这里共有 5 个题目，第一部分有 3 题，第二部分有 2 题，两部分不等长，所以要看“Unequal-length Spearman-Brown”的结果，即分半信度是 0.936 4。最后一行给出了两部分的 α 系数，第一部分（前 3 题）的 α 系数是 0.887 9，第二部分（后 2 题）的 α 系数是 0.694 2。

（5）由 5 个题目组成的量表的 α 系数大于分半后各部分的 α 系数，第一部分（前 3 题）的 α 系数又大于第二部分（后 2 题）的 α 系数，说明题目个数会影响 α 系数。一般来说，增加题目，α 系数通常会变大。所以，α 系数大不一定说明量表的内部一致性高。不过，如果题目个数固定，α 系数大的量表较好。

（6）如果一份量表由多个分量表组成，只需要计算和报告分量表的 α 系数，计算和报告总量表的 α 系数没有多大意义。

习　题

1. 用 SPSS 计算例 7.4 中前后测分数的相关系数。相关显著吗？

2. 相关显著是两个变量的一种关系，有自反性（即一个变量与自己显著相关）、对称性（即如果 X 与 Y 显著相关，则 Y 与 X 显著相关）。请问相关显著有传递性吗？就是说，如果 X 与 Y 显著相关，Y 与 Z 显著相关，能推出 X 与 Z 显著相关吗？

3. 心理统计课老师在教完“参数估计和假设检验”后，出了 20 个选择题进行测验，并要求学生报告准备测验所花的时间（小时）。抽查的 13 个学生复习时间和错误题数如表 8－14 所示：

表 8－14

复习时间（T）	3	1	2	3	3	2	0	4	5	4	3	4	5
错误题数（X）	7	6	2	4	5	6	12	2	0	1	5	3	3

使用 SPSS 完成下列任务：

（1）以复习时间为横轴画出散点图。

(2) 计算错误题数与复习时间的皮尔逊相关系数。相关显著吗？对结果做出解释。

(3) 计算错误题数与复习时间的斯皮尔曼等级相关系数，它与皮尔逊相关系数相等吗？

(4) 分别写出复习时间和错误题数的等级。两个等级的顺序相同吗？

(5) 以复习时间的等级为横轴画出等级数据的散点图。

(6) 用等级数据分别计算皮尔逊相关系数和斯皮尔曼等级相关系数（两者应当相同）。

4. 计算例7.5中学生入学时的词汇量与性别（男生编码为1，女生编码为0）的点双列相关系数，并将显著性概率与例7.5中 t 检验的显著性概率比较（两者应当相同）。

5. 仿照例8.4的操作，将表8－5的数据输入SPSS，进行列联表分析，检验"预习策略 Y"与"班级类型 X"的独立性。你得到什么结论？

6. 一份量表有10个题目，100名被试参与测试。图8－20是被试得分的信度分析结果，请据此结果写出量表的 α 系数和分半信度。

R E L I A B I L I T Y   A N A L Y S I S - S C A L E   (S P L I T)

		Mean	Std Dev	Cases
1.	C1	2.7100	.9566	100.0
2.	C2	2.6100	.9733	100.0
3.	C3	2.9700	.9151	100.0
4.	C4	2.5500	.9679	100.0
5.	C5	2.1700	.7792	100.0
6.	C6	3.0900	.9222	100.0
7.	C7	3.1000	.9587	100.0
8.	C8	2.4500	.9143	100.0
9.	C9	2.8800	.9351	100.0
10.	C10	2.5400	.9366	100.0

Statistics for	Mean	Variance	Std Dev	N of Variables
PART 1	13.0100	10.9191	3.3044	5
PART 2	14.0600	11.1681	3.3419	5
SCALE	27.0700	38.9344	6.2397	10

Reliability Coefficients

N of Cases =   100.0   N of Items = 10

Correlation between forms =   .7628   Equal-length Spearman-Brown =   .8654

Guttman Split-half =   .8654   Unequal-length Spearman-Brown =   .8654

5 Items in part 1   5 Items in part 2

Alpha for part 1 =   .7642   Alpha for part 2 =   .7623

图8－20

7. 根据变量级别，列表总结本章介绍的各种相关系数。

第九章
回归分析

如果两个变量 X 和 Y 的相关显著，说明这两个变量有某种程度的共变关系。我们希望通过 X 的值去预测 Y 的值，或者希望了解 Y 的变化在多大程度上可以由 X 的变化来解释。这时，称 Y 为因变量（dependent variable），X 为自变量（independent variable）或预测变量。

有时候，变量 X 与 Y 的关系是确定的，Y 是 X 的函数。例如，Y 是正方形的周长，X 是正方形的边长，则 $Y=4X$。但更多的时候，虽然变量 X 与 Y 有一定的关系，但还没有密切到由 X 唯一决定 Y 的程度。例如，Y 和 X 分别表示某班男生的体重和身高，同样身高的男生，体重可能不同。因此不能指望体重与身高之间存在唯一确定的关系。不过，可以发现，随着身高观测值的增加，对应的体重观测值的平均值也会增加。回归分析（regression analysis）就是用统计的方法研究变量 Y 和 X 的这种不确定的共变关系，描述 Y 的均值与 X 的关系的函数通常称为回归方程。

本章讨论线性回归模型，分别就一个自变量和多个自变量情形，介绍如何建立回归方程，如何检验、评价和解释回归方程，如何利用回归方程进行预测。

第一节　直线回归

一、一元线性回归的概念

【例 9.1】表 9－1 是某校高中一年级 15 个学生的英语入学成绩（X）和

期末考试成绩（Y），图 9－1 是散点图。要通过学生的英语入学成绩预测其英语期末成绩。

表 9－1 15 名高一学生的英语入学成绩和期末成绩

序号	入学成绩（X）	期末成绩（Y）
1	98	90
2	85	82
3	89	88
4	84	80
5	81	82
6	70	66
7	92	88
8	67	68
9	84	84
10	80	77
11	60	64
12	81	79
13	65	55
14	73	75
15	70	73

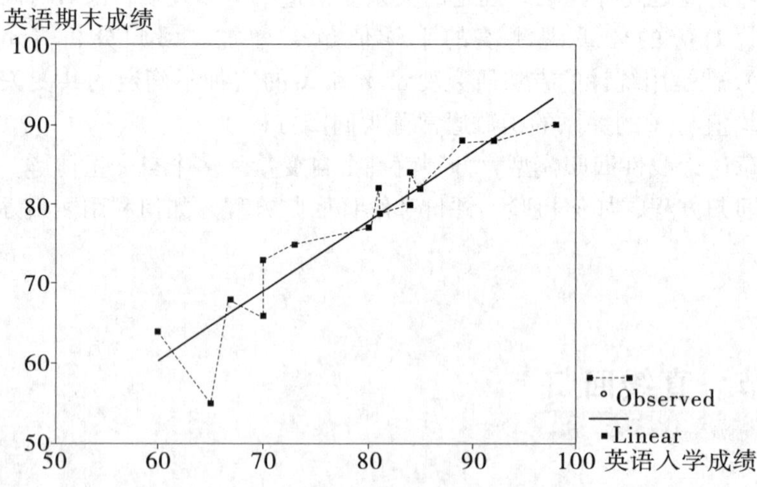

图 9－1 数据散点图和拟合的直线

图 9－1 可以看出，英语期末成绩与入学成绩正相关。入学成绩 81 分的两个学生，一个期末成绩是 82 分，另一个是 79 分。对于该校全体高一学生（总体）而言，入学成绩 81 分的学生可能不止两个，他们的期末成绩不是一个确定的值，因而可以看作是一个随机变量。一般地，可以把入学成绩为 X 的学生的期末成绩看作一个随机变量，记为 Y_X，其均值 $E(Y_X)$ 表示“入学成绩为 X 的学生的期末成绩的平均分”。虽然期末成绩不能由入学成绩确定，但总的趋势是 $E(Y_X)$ 随入学成绩 X 而线性增加，用数学方程来描述就是:

$$E(Y_X) = \beta_0 + \beta_1 X \tag{9.1}$$

称为回归方程。记 $\varepsilon_X = Y_X - E(Y_X)$，则有

$$Y_X = \beta_0 + \beta_1 X + \varepsilon_X \tag{9.2}$$

ε_X 也是随机变量，$E(\varepsilon_X)=0$。但在回归分析中，自变量 X 不是随机变量。

通常将（9.2）简单地写成

$$Y = \beta_0 + \beta_1 X + \varepsilon \tag{9.3}$$

称为一元线性回归模型。如果能根据样本数据求出（9.3）中的未知参数 β_0 和 β_1 的估计值 b_0 和 b_1，就得到了一个预测方程（也称为拟合方程）

$$\hat{Y} = b_0 + b_1 X \tag{9.4}$$

对应的直线称为回归直线（也称为拟合直线，见图 9－1），b_1 称为回归系数。给定一个 X 值，由（9.4）得到的 $\hat{Y}$ 值称为给定的 X 相应的 Y 的预测值，其实是 Y 的均值的预测值。

为了估计未知参数 β_0 和 β_1，需要配对变量（X，Y）的观测值。假设有 N 对观测值（X_1，Y_1），（X_2，Y_2），…，（X_N，Y_N）（本例中 $N=15$），则由（9.3）有

$$Y_i = \beta_0 + \beta_1 X_i + \varepsilon_i, i = 1,2,\cdots,N \tag{9.5}$$

许多时候也就称（9.5）为一元线性回归模型，它是在有了观测样本后解决问题的出发点。

对于随机样本，$Y_1,Y_2,\cdots,Y_N$ 是独立的随机变量，因而 $\varepsilon_1,\varepsilon_2,\cdots,\varepsilon_N$ 也是独立的随机变量，通常还进一步假设 $\varepsilon_1,\varepsilon_2,\cdots,\varepsilon_N$ 都服从 N（0，σ^2）分布，σ^2 也是未知参数。

二、最小二乘拟合的直线

对于每个样品的一对观测值（X_i，Y_i），Y_i 与 $\beta_0+\beta_1 X_i$ 都有一个误差

ε_i，为了避免误差正负相抵和便于数学运算，我们考虑误差平方和

$$S(\beta_0,\beta_1)=\sum_{i=1}^{N}\varepsilon_i^2=\sum_{i=1}^{N}(Y_i-\beta_0-\beta_1X_i)^2 \tag{9.6}$$

最小二乘法[1]归结为找 b_0 和 b_1，使得 $\beta_0=b_0$，$\beta_1=b_1$ 时 $S(\beta_0,\beta_1)$ 达到最小。即拟合直线与 N 个观测点的偏差是在一切直线中是最小的，如图 9－2 所示。

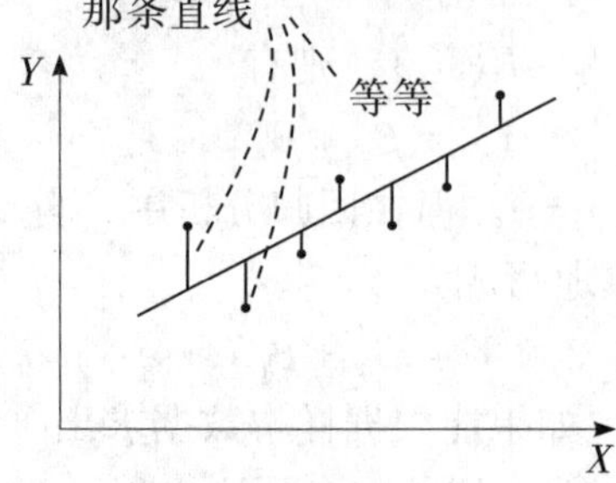

图 9－2　最小二乘拟合的直线

为了求 $S(\beta_0,\beta_1)$ 的最小值，可以将（9.6）进行代数变换：

$$\begin{aligned}S(\beta_0,\beta_1)&=\sum_{i=1}^{N}\left[(Y_i-\bar{Y})-\beta_1(X_i-\bar{X})+(\bar{Y}-\beta_0-\beta_1\bar{X})\right]^2\\&=\beta_1^2\sum_{i=1}^{N}(X_i-\bar{X})^2-2\beta_1\sum_{i=1}^{N}(X_i-\bar{X})(Y_i-\bar{Y})+\\&\quad\sum_{i=1}^{N}(Y_i-\bar{Y})^2+N(\bar{Y}-\beta_0-\beta_1\bar{X})^2+\\&\quad(2\bar{Y}-\beta_0-\beta_1\bar{X})\sum_{i=1}^{N}(Y_i-\bar{Y})-\\&\quad2\beta_1(\bar{Y}-\beta_0-\beta_1\bar{X})\sum_{i=1}^{N}(X_i-\bar{X})\end{aligned} \tag{9.7}$$

其中 $\bar{X}=\frac{1}{N}\sum_{i=1}^{N}X_i$，$\bar{Y}=\frac{1}{N}\sum_{i=1}^{N}Y_i$ 分别为 X 和 Y 的样本均值。注意到

① 二乘就是平方的意思。最小二乘法是一种常用的参数估计和模型拟合方法。

$\sum_{i=1}^{N}(X_i - \bar{X}) = 0$，$\sum_{i=1}^{N}(Y_i - \bar{Y}) = 0$，所以（9.7）最后两项是零。$S(\beta_0, \beta_1)$ 前三项是 β_1 的二次三项式，第四项是非负的。如果取 β_1 使得前三项达到最小，再取 β_0 使得第四项为零，则 $S(\beta_0, \beta_1)$ 达到最小。应用上 X_i $(i=1,2,\cdots,N)$ 是不全相等的实数，所以 $\sum_{i=1}^{N}(X_i - \bar{X}) > 0$，$S(\beta_0, \beta_1)$ 的前三项在

$$\beta_1 = \frac{\sum_{i=1}^{N}(X_i - \bar{X})(Y_i - \bar{Y})}{\sum_{i=1}^{N}(X_i - \bar{X})^2}$$

时达到最小，而

$$\beta_0 = \bar{Y} - \beta_1 \bar{X}$$

时第四项为零，所以 β_0，β_1 的估计值是

$$b_1 = \frac{\sum_{i=1}^{N}(X_i - \bar{X})(Y_i - \bar{Y})}{\sum_{i=1}^{N}(X_i - \bar{X})^2} \tag{9.8}$$

$$b_0 = \bar{Y} - b_1 \bar{X} \tag{9.9}$$

称 b_0，b_1 为 β_0，β_1 的最小二乘估计。在 b_0，b_1 确定之后，对于一个给定的 X 值，由 $\hat{Y} = b_0 + b_1 X$ 就得到对应的 Y 的均值的预测值，通常也将 $\hat{Y}$ 作为 Y 的预测值。如果 X 是用于回归分析的样本数据，在该点的预测值也称为拟合值。

显然，b_1 是拟合直线的斜率（slope），b_0 是拟合直线的截距（intercept）。由（9.9）可知点 $(\bar{X}, \bar{Y})$ 落在拟合直线上。

记 $S_{XX} = \sum_{i=1}^{N}(X_i - \bar{X})^2$，$S_{XY} = \sum_{i=1}^{N}(X_i - \bar{X})(Y_i - \bar{Y})$，则

$$b_1 = S_{XY}/S_{XX} \tag{9.10}$$

在推导回归分析中的统计量之间的关系时，上述记号是很方便的。

对例 9.1 中的数据，$b_0 = 8.758$，$b_1 = 0.865$，回归方程为 $\hat{Y} = 8.758 + 0.865X$，经常也简写成 $Y = 8.758 + 0.865X$。

三、回归的显著性检验

只要有了观测数据，根据公式总能求出一个回归方程，问题是所求得的

方程是否有实际意义，需要做回归的显著性检验。现对模型（9.5）提出一些基本假设：

（1）$E(\varepsilon_i)=0$，$\mathrm{Var}(\varepsilon_i)=\sigma^2$。从而 $E(Y_i)=\beta_0+\beta_1X_i$，$\mathrm{Var}(Y_i)=\sigma^2$。

（2）当 $i\neq j$ 时，$\mathrm{Cov}(\varepsilon_i,\varepsilon_j)=0$。即 ε_i 与 ε_j 不相关，这时，Y_i 与 Y_j 也不相关。

为了做假设检验，还要加上如下正态性假定。实际上是否满足这个假设，可以在 SPSS 回归分析中进行正态性检验。

（3）ε_i 服从正态分布，即 $\varepsilon_i\sim N(0,\sigma^2)$。在这个假定下，$\varepsilon_i$ 与 ε_j 独立。

对每个观测值 X_i，由回归方程 $\hat{Y}=b_0+b_1X$ 都可以得到一个预测值（predicted value）$\hat{Y}_i$ 和残差（residual）$Y_i-\hat{Y}_i$，表 9-2 给出了例 9.1 数据的观测值、预测值和残差。

表 9-2　观测值、预测值和残差

序号	入学成绩	期末成绩	预测成绩	残差
1	98	90	93.51	-3.51
2	85	82	82.27	-0.27
3	89	88	85.73	2.27
4	84	80	81.40	-1.40
5	81	82	78.81	3.19
6	70	66	69.30	-3.30
7	92	88	88.32	-0.32
8	67	68	66.70	1.30
9	84	84	81.40	2.60
10	80	77	77.94	-0.94
11	60	64	60.65	3.35
12	81	79	78.81	0.19
13	65	55	64.97	-9.97
14	73	75	71.89	3.11
15	70	73	69.30	3.70

将（9.9）代入回归方程（9.4），并代入观测值得

$$\hat{Y}_i=\overline{Y}+b_1(X_i-\overline{X}) \tag{9.11}$$

所以 $Y_i-\hat{Y}_i=Y_i-\overline{Y}-b_1(X_i-\overline{X})$，故

$$\sum_{i=1}^{N}(Y_i - \hat{Y}_i) = \sum_{i=1}^{N}(Y_i - \overline{Y}) - b_1\sum_{i=1}^{N}(X_i - \overline{X}) = 0$$

即残差之和为零，这也说明样本观测值 Y_i 与预测值 $\hat{Y}_i$ 有相同的均值 $\overline{Y}$。在实际计算中，由于舍入误差，残差之和可能不恰好是零。

注意到

$$Y_i - \overline{Y} = \hat{Y}_i - \overline{Y} + Y_i - \hat{Y}_i \tag{9.12}$$

观测值 Y_i 的离均差 $Y_i - \overline{Y}$ 是预测值 $\hat{Y}_i$ 的离均差与残差之和。将（9.12）两边平方，再求和得到

$$\sum_{i=1}^{N}(Y_i - \overline{Y})^2 = \sum_{i=1}^{N}(\hat{Y}_i - \overline{Y})^2 + \sum_{i=1}^{N}(Y_i - \hat{Y}_i)^2 \tag{9.13}$$

其中的交叉项由（9.11）和（9.10）得

$$\begin{aligned}
&2\sum_{i=1}^{N}(\hat{Y}_i - \overline{Y})(Y_i - \hat{Y}_i)\\
&= 2\sum_{i=1}^{N}b_1(X_i - \overline{X})[(Y_i - \overline{Y}) - b_1(X_i - \overline{X})]\\
&= 2b_1(S_{XY} - b_1S_{XX}) = 0
\end{aligned}$$

（9.13）左边是 Y_i 的离均差平方和，称为总平方和，记为 SS_T，右边第一项是预测值的离均差平方和，称为回归平方和，记为 SS_R，右边第二项是残差平方和，记为 SS_E，这样就有

$$SS_T = SS_R + SS_E$$

这就将总平方和分解为两部分，第一部分是由回归直线（与直线 $Y = \overline{Y}$ 比较）引起的，第二部分是由于实际的观测值没有落在回归直线上引起的（否则残差平方和为零）。

每个平方和（sum of squares）都与一个自由度（记为 df）联系在一起。自由度表示在平方和中独立的项数。在总平方和中，因为 $Y_1 - \overline{Y}, \cdots, Y_N - \overline{Y}$ 之和为零，只有 $N-1$ 项是独立的，所以 $df_T = N-1$。由（9.11）可得

$$SS_R = \sum_{i=1}^{N}(\hat{Y}_i - \overline{Y})^2 = \sum_{i=1}^{N}b_1^2(X_i - \overline{X})^2 = b_1^2S_{XX} \tag{9.14}$$

即回归平方和可以用 $Y_1, \cdots, Y_N$ 的一个线性函数 b_1 来计算（注意 X 不是随机变量，因而 S_{XX} 也不是随机变量），故其自由度 $df_R = 1$。用变量代换，可以求出残差平方和的自由度 $df_E = N-2$，这表明残差是从需要估计 2 个参数的线性回归模型的拟合中出现的。与平方和分解相应地，我们有自由度的分解

$$df_T = df_R + df_E$$

任何一个平方和除以其自由度称为均方（mean squares），简记为 MS，如 MS_R 表示回归均方。残差均方 MS_E 提供了随机误差 ε 的方差 σ^2 的估计，如果模型正确，可以证明，这个估计还是无偏的。因而残差均方是衡量回归方程预测精度的一个指标。

回归显著性检验的统计假设是

H_0：回归方程中所有自变量的系数都为零。

在一元的情形，相当于统计假设 H_0：$\beta_1 = 0$。可以证明，当 H_0 为真时，回归均方与残差均方的比率

$$F = \frac{MS_R}{MS_E} \sim F(1, N-2)$$

在总平方和中，如果回归平方和远比残差平方和大，F 值将比较大，其显著性概率 P 则比较小，当 P 小于给定的显著性水平（如 0.05）时，检验结果是拒绝 H_0，表明 $\beta_1 \neq 0$，变量 X 和 Y 有显著的线性关系，所求的回归方程有意义。反之，如果 P 不小于给定的显著性水平，变量 X 和 Y 的线性关系不显著，所求的回归方程没有意义。我们可将上述结果列成一个方差分析表，见表 9－3。例 9.1 的方差分析表见表 9－4，检验结果表明回归非常显著。

对于一元回归情形，可以证明，回归显著性检验与因变量和自变量相关显著性检验等价。即如果 Y 对 X 的回归显著，则 Y 与 X 的相关显著。反之亦然。当 X 和 Y 都是标准化变量时，由公式（9.8）可知，回归系数 b_1 等于相关系数。

表 9－3　方差分析表

来源	平方和（SS）	自由度（df）	均方（MS）	F 值	显著性概率 P
回归	SS_R	1	MS_R	MS_R/MS_E	
残差	SS_E	$N-2$	MS_E		
总和	SS_T	$N-1$			

表 9－4　例 9.1 的方差分析表

来源	SS	df	MS	F	P
回归	1 212.830	1	1 212.830	85.641	0.000
残差	184.103	13	14.162		
总和	1 396.933	14			

说明一下，当 H_0 为真时，意味着模型 $Y=\beta_0+\beta_1X+\varepsilon$ 不比简单的模型 $Y=\beta_0+\varepsilon$ 好。显然，对后一模型，最小二乘法拟合的回归方程是 $\hat{Y}=\overline{Y}$，相应的残差平方和就是前面定义过的总平方和 SS_T。

四、评价回归方程的指标——R^2

前面关于回归显著性的检验，得到的结果要么回归显著，要么回归不显著。不过，只知道显著与否是不够的。许多时候，回归虽然显著，但用回归方程来预测得到的误差可能很大，预测没有多少实际价值。这样，我们需要有一个指标来衡量回归直线对数据拟合的好坏。

我们前面将总平方和分解为回归平方和与残差平方和，其中，回归平方和占的比例越大，残差平方和占的比例就越小，回归直线拟合得越好。定义

$$R^2 = SS_R/SS_T$$

称为平方复相关系数（squared multiple correlation coefficient），也称为测定系数（coefficient of determination），它是一个无单位的数，**度量了 Y 的变异（由总平方和衡量）中可以由自变量的变异来解释的比例**。由于 R^2 意义明确，只与平方和有关，而与参数个数无关，容易推广到多元回归分析，是最常用的回归分析的效应量。当所有的 X 值不相同时，R^2 可能取到最大值 1。但当数据中有重复观测时（即有些 X 值相同时），不管模型拟合得多好，R^2 都不可能达到 1，因为模型不能解释由纯误差引起的变异。

可以换一个角度来看平方复相关系数。Y 的总平方和 $\sum_{i=1}^{N}(Y_i-\overline{Y})^2$ 可以理解为用 $\overline{Y}$ 来预测所有的 Y_i 时的残差平方和。如果用 Y 对 X 的回归方程（9.11）来预测 Y_i，其残差平方和变成 $\sum_{i=1}^{N}(Y_i-\hat{Y}_i)^2$，与用 $\overline{Y}$ 来预测相比，减少的残差平方和占总平方和的比例为

$$\frac{\sum_{i=1}^{N}(Y_i-\overline{Y})^2-\sum_{i=1}^{N}(Y_i-\hat{Y}_i)^2}{\sum_{i=1}^{N}(Y_i-\overline{Y})^2}$$

由（9.13）和平方复相关系数的定义可知，它就是平方复相关系数 R^2。

对于例 9.1 的数据，$R^2=1\ 212.830/1\ 396.933=0.868$。

如果我们形式地将 X 看作随机变量，考虑 X 与 Y 的相关系数 $r_{XY}=$

$\frac{S_{XY}}{\sqrt{S_{XX}S_{YY}}}$，由（9.14）和（9.10）知

$$R^2 = \frac{SS_R}{SS_T} = \frac{S_{XX}b_1^2}{S_{YY}} = \frac{S_{XX}}{S_{YY}}\left(\frac{S_{XY}}{S_{XX}}\right)^2 = \frac{S_{XY}^2}{S_{XX}S_{YY}} = r_{XY}^2 \tag{9.15}$$

记 R 为 R^2 的算术根，称为复相关系数（multiple correlation coefficient），它衡量了 X 与 Y 的线性关系的大小，它的值等于 X 与 Y 的相关系数的绝对值。注意到 $\hat{Y} = \bar{Y} + b_1(X - \bar{X})$，不难推出

$$R = |r_{XY}| = |r_{Y\hat{Y}}| \tag{9.16}$$

值得指出的是，$R = |r_{XY}|$ 只对一元线性回归成立，而 $R = |r_{Y\hat{Y}}|$ 对多元线性回归也成立。

上面的论述让我们明确了相关系数“有减少误差意义”的含义。设 X 与 Y 的相关系数为 r，利用了 X 进行的预测 $\hat{Y} = \bar{Y} + b_1(X - \bar{X})$ 与不用 X 进行的预测 $\hat{Y} = \bar{Y}$ 相比，前者的预测残差平方和较小，减少的残差平方和占总平方和的比例就是 r^2。可见，X 与 Y 的相关系数的平方越大，回归方程预测的残差平方和越小。

五、参数的置信区间和检验

当误差 $\varepsilon \sim N(0, \sigma^2)$ 时，参数的估计和预测 $\hat{Y}$ 都服从正态分布，因为它们都是 Y_i 因而是 ε_i 的线性组合。因此，置信区间和假设检验都可以以 t 分布为基础。以后我们记 σ^2 的估计为 s^2，它是前面定义过的残差均方 MS_E。

1. 常数项 β_0 的置信区间和检验

β_0 的估计 b_0 的标准差为

$$sd(b_0) = \sigma\left(\frac{1}{N} + \frac{\bar{X}^2}{S_{XX}}\right)^{\frac{1}{2}}$$

将 σ 换成 s 就得到 $sd(b_0)$ 的估计，称为 b_0 的标准误（standard error）：

$$se(b_0) = s\left(\frac{1}{N} + \frac{\bar{X}^2}{S_{XX}}\right)^{\frac{1}{2}}$$

因此 β_0 的置信度为 $1-\alpha$ 的置信限是

$$b_0 \pm t(N-2, 1-\alpha/2)s\left(\frac{1}{N} + \frac{\bar{X}^2}{S_{XX}}\right)^{\frac{1}{2}}$$

对于统计假设 H_0：$\beta_0 = 0$，用于检验的 t 统计量是

$$t = \frac{b_0}{\left(\frac{1}{N} + \frac{\overline{X}^2}{S_{XX}}\right)^{\frac{1}{2}} s}$$

如果由样本计算的 t 值其显著性概率小于给定的显著性水平，则拒绝 H_0。也可以看置信区间，如果置信区间不包含零，则拒绝 H_0。

如果检验结果是拒绝 H_0，说明 β_0 不是零，即回归方程应当有常数项。如果不拒绝 H_0，则说明回归方程可以不包含常数项，即回归直线过原点。但要注意，拟合一个没有常数项的模型得到的结果解释有些不同。这时，总平方和不是$\sum_{i=1}^{N}(Y_i-\overline{Y})^2$，而是$\sum_{i=1}^{N}Y_i^2$（没有校正项）。标准化解也不是通常意义上的标准化解，因为标准化变量没有减去常数项。除非理论上有需要，初学者最好还是拟合一个有常数项的回归方程，以免出现错误解释。

2. 回归系数 β_1 的置信区间和检验

β_1 的估计 b_1 的标准差为

$$sd(b_1) = \frac{\sigma}{S_{XX}^{1/2}}$$

将 σ 换成 s 就得到 b_1 的标准误

$$se(b_1) = \frac{s}{S_{XX}^{1/2}}$$

因此 β_1 的置信度为 $1-\alpha$ 的置信限是

$$b_1 \pm t(N-2, 1-\alpha/2)\frac{s}{S_{XX}^{1/2}}$$

对于统计假设 H_0：$\beta_1=0$，用于检验的 t 统计量是

$$t = b_1 S_{XX}^{1/2}/s \tag{9.17}$$

如果由样本计算的 t 值其显著性概率小于给定的显著性水平，则拒绝 H_0。也可以看置信区间，如果置信区间不包含零，则拒绝 H_0，说明回归方程应当包含自变量 X。

注意到 s^2 就是残差均方，由（9.14）$SS_R=b_1^2S_{XX}$ 知（9.17）的分母是回归平方和（也是回归均方①）的方根，因而方差分析中的 $F=t^2$（F 的第二自由度与 t 的自由度相等）。所以，在一元回归中，由样本计算的检验回归显著性的 F 值和检验回归系数的 t 值有相同的显著性概率。应用时我们只需检视其中之一便可，但对多元回归，没有类似的结果。

① 一元回归的回归平方和的自由度是 1，因而回归均方等于回归平方和。

当 H_0 为真时，回归方程中 $\beta_1=0$，即回归模型不需要 $\beta_1 X$ 项，模型 $Y=\beta_0+\beta_1 X+\varepsilon$ 不比简单的模型 $Y=\beta_0+\varepsilon$ 好。对于一元回归，X 的回归系数显著等价于 X 与 Y 的相关系数显著。

例 9.1 数据的参数检验和置信区间见表 9－5。

表 9－5　回归参数的检验和置信区间

参数	估计值	标准误	t 值	P 值	95%置信下限	95%置信上限
β_0	8.758	7.409	1.182	0.258	－7.249	24.765
β_1	0.865	0.093	9.254	0.000	0.663	1.067

六、预测和预测区间

对于给定的自变量 X_0，可以考虑如下两种不同的预测，一是 X_0 对应的因变量的均值的预测，二是 X_0 对应的单个因变量的预测。如例 9.1 中，英语入学成绩 80 分，可以是预测所有英语入学成绩为 80 分的学生英语期末成绩的均值，也可以是预测某个英语入学成绩是 80 分的学生的英语期末成绩。作为点估计，两种预测都是 $\hat{Y}_0=b_0+b_1X_0$，但作为区间估计［即预测区间(prediction interval)］，前者范围将小一些。事实上，前者是 $EY_0=\beta_0+\beta_1X_0$ 的预测，而后者是 $Y_0=\beta_0+\beta_1X_0+\varepsilon_0$ 的预测。后者除了预测 $EY_0=\beta_0+\beta_1X_0$ 外，还要预测 ε_0，因为 $E(\varepsilon)=0$，所以前者用 0 作为 ε_0 的预测值，这样，预测单个的 Y_0 就较前者多了一个误差项。

可以证明，对于给定的 X_0，对应的因变量 Y_0 的均值的 $1-\alpha$ 的置信限是

$$\hat{Y}_0 \pm t(N-2,1-\alpha/2)s\left[\frac{1}{N}+\frac{(X_0-\bar{X})^2}{S_{XX}}\right]^{\frac{1}{2}}$$

不难看出，预测区间随 X_0 与 $\bar{X}$ 的距离的增大而增大，当 $X_0=\bar{X}$ 时，预测区间最短。就是说，利用回归方程做预测，自变量离它的均值越近，预测越精确，反之，误差越大。对于 X 的观测区域之外的值，应该料到做出的预测是比较粗糙的，误差可能很大。图 9－3 给出了预测区间宽度变化的示意图，其中回归直线旁边的两条曲线是置信上限和下限的轨迹。

由于多了一项误差，对于给定的 X_0，对应的单个 Y_0 的预测区间的置信限是

$$\hat{Y}_0 \pm t(N-2,1-\alpha/2)s\left[1+\frac{1}{N}+\frac{(X_0-\bar{X})^2}{S_{XX}}\right]^{\frac{1}{2}}$$

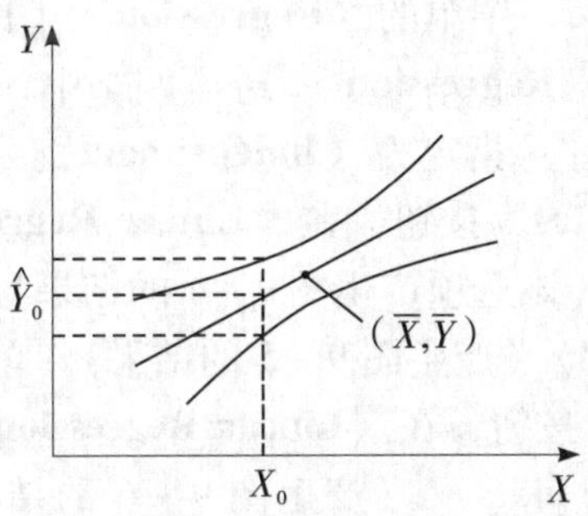

图 9 – 3　Y 的均值的预测区间宽度变化示意图

对例 9.1 数据，如果 $X_0=80$，对应的 Y_0 的均值的预测值是

$$\hat{Y}_0 = 8.758 + 0.865X_0 = 77.94$$

置信度为 95% 的预测区间是（75.82，80.06）。对于单个的 Y_0，预测值还是 77.94，但置信度为 95% 的预测区间是（69.54，86.34）。显然，后一区间的长度比前一区间的长度长得多。直观上容易理解这一结果，前者要求有 95% 的把握包含英语入学成绩是 80 分的学生的英语期末平均成绩，而后者要求有 95% 的把握包含英语入学成绩是 80 分的学生的英语期末成绩。

七、回归结果的解释

参数估计得到的回归方程经过参数检验、模型评价和残差分析等环节后，可以对结果做出解释。以例 9.1 为例，如果回归分析的主要目的是要了解自变量（入学成绩）对因变量（期末成绩）的解释程度，由 $R^2=0.868$，可以说“期末成绩变异的 86.8% 可以由入学成绩来解释”；由入学成绩的回归系数 0.865，可以说“平均而言，入学成绩每增加（或减少）1 分，期末成绩将增加（或减少）0.865 分”。如果回归分析的主要目的是要建立回归方程进行预测，则在做了上述解释后，还要对感兴趣的自变量值，预测相应的因变量值或置信区间。例如，对入学成绩为 80 分的学生，预测他们的期末成绩为 78 分，有 95% 的把握在 70 分至 86 分之间。

八、一元回归分析 SPSS 操作例解

【例 9.2】对于第七章例 7.5 的数据，做第一学年末学生英语词汇量对入学英语词汇量的回归分析。

（1）打开数据文件“ch7-5. sav”。

（2）击选〈**Analyze**〉菜单的〈**Regression**〉下的〈**Linear**〉命令。

（3）在〈**Linear Regression**〉对话框中，将〈**test2**〉指定为〈**Dependent**〉，将〈**test1**〉指定为〈**Independent**〉。

（4）单击〈**Statistics**〉按钮，在〈**Linear Regression: Statistics**〉对话框中击选〈**Model fit**〉（该选项产生图9－4的结果）。击选〈**Estimates**〉，击选〈**Confidence interval**〉（产生图9－5的结果）。单击〈**Continue**〉按钮。

（5）单击〈**Plots**〉按钮，在〈**Linear Regression: Plots**〉对话框中，击选〈**Normal probability plots**〉（产生图9－6的结果）。单击〈**Continue**〉按钮。

（6）单击〈**Save**〉按钮，在〈**Linear Regression: Save**〉对话框中，击选〈**Predicted values**〉下的〈**Unstandardized**〉；击选〈**Residual**〉下的〈**Unstandardized**〉；击选〈**Prediction intervals**〉下的〈**Mean**〉，〈**Individual**〉。单击〈**Continue**〉按钮。以上选项将在〈**SPSS Data Editor**〉的原始数据清单中依次给出预测值（pre_1），残差值（res_1），均值的预测区间下限（lmci_1）和上限（umci_1），单个值的预测区间下限（lici_1）和上限（uici_1）。前面10个被试的数据见图9－7，未显示没有用到的变量。

（7）最后单击〈**OK**〉按钮。结果见图9－4至图9－7。

Model Summary

Model	R	R Square	Adjusted R Square	Std. Error of the Estimate
1	.886[a]	.785	.779	.16833

a. Predictors: (Constant), TEST1

ANOVA[b]

Model		Sum of Squares	df	Mean Square	F	Sig.
1	Regression	3.932	1	3.932	138.788	.000[a]
	Residual	1.077	38	.028		
	Total	5.009	39			

a. Predictors: (Constant), TEST1

b. Dependent Variable: TEST2

图9－4　模型摘要和回归显著性检验

说明：

（1）图9－4是最基本的结果。只要进行了第1、2、3、7步就会有此结果。

Coefficients[a]

Model		Unstandardized Coefficients B	Unstandardized Coefficients Std. Error	Standardized Coefficients Beta	t	Sig.	95% Confidence Interval for B Lower Bound	95% Confidence Interval for B Upper Bound
1	(Constant)	.544	.326		1.669	.103	-.116	1.204
	TEST1	1.080	.092	.886	11.781	.000	.894	1.265

a. Dependent Variable: TEST2

图 9－5　回归系数的估计和置信区间

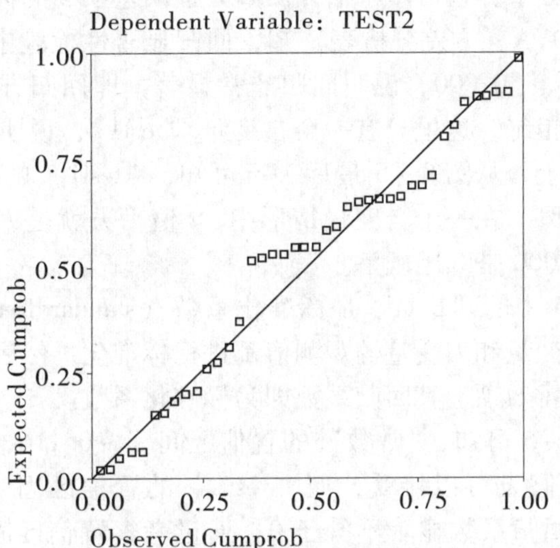

图 9－6　残差的正态性检验

no	test1	test2	pre_1	res_1	lmci_1	umci_1	lici_1	uici_1
1	3.33	4.18	4.140	.040	4.073	4.207	3.793	4.487
2	3.59	4.44	4.421	.019	4.366	4.475	4.076	4.766
3	3.52	4.49	4.345	.145	4.291	4.399	4.000	4.690
4	3.49	4.14	4.313	-.173	4.258	4.368	3.968	4.658
5	3.04	3.84	3.827	.013	3.719	3.935	3.469	4.184
6	3.07	4.02	3.859	.161	3.756	3.963	3.503	4.215
7	3.51	4.56	4.334	.226	4.280	4.389	3.989	4.679
8	4.09	4.79	4.961	-.171	4.846	5.075	4.601	5.320
9	3.54	4.23	4.367	-.137	4.313	4.421	4.022	4.712
10	3.51	4.00	4.334	-.334	4.280	4.389	3.989	4.679

图 9－7　在数据窗口产生的预测值、残差和预测区间上下限（前 10 个被试）

（2）R^2（R Square）是 0.785，它度量了因变量的变异中被回归方程解释了的比例。在一元回归的情形中，R 就是因变量与自变量的相关系数。具体到本例来说，第一学年末学生英语词汇量的变异，有78.5%可以由入学英语词汇量的变异来解释。

(3)“Adjusted R Square” 0.779 是调整后的R^2，等于$1-(1-R^2)(n-1)/(n-p)$，p为参数个数（这里是2）。这个统计量一般是在多元回归分析中选择变量时用到。

(4)“Std. Error of Estimate” 0.168 33 是估计的标准误s，它等于残差均方0.028的平方根，它可用于估计回归方程误差项ε的标准差σ。

(5) 由 ANOVA（方差分析表）知，回归显著性检验中的$F=138.788$，显著性概率“Sig.”0.000，说明回归非常显著，即回归方程中自变量的系数为0的假设被拒绝。这里只有一个自变量“test1”，说明其系数为0的假设被拒绝。实际上，从图9-5最后一行可知，“test1”的系数为1.08，对应的t值为11.781。在一个自变量情形中，t值平方就是F值，但注意t值的显著性概率0.000是双尾概率。

(6) 图9-5中的“Beta”是标准化系数（standardized coefficients）的估计。如果将自变量和因变量的观测值都进行标准化，然后做回归分析，此时回归方程没有常数项，其回归系数即为标准化系数。

(7) 由图9-5可知，“常数”的置信区间（-0.116，1.204）包含0，说明截距为0的假设可以接受，而“test1”的置信区间（0.894，1.265）不包含0，说明回归系数显著不等于0。通过考察置信区间来做假设检验，显著性水平是1减去置信度。

(8) 图9-6用于因变量（或误差项）的正态性检验，如果图中的点在对角线上或对角线附近，则因变量服从正态分布。本例中可以认为因变量是近似正态的。

(9) 由图9-5中的回归系数，可以写出预测方程：test2 = 0.544 + 1.080 * test1。如果要对一个新的被试做预测，可将其作为一个样品加入数据中，填上其自变量取值，但对应的因变量值缺失，则第6步操作即可做出预测值及预测区间。

(10) 以图9-7中第一个被试的数据为例，预测值是（pre_1）4.140，与因变量test2的观测值4.18之差是残差值（res_1）0.040，均值的预测区间下限（lmci_1）和上限（umci_1）分别是4.073和4.207，单个值的预测区间下限（lici_1）和上限（uici_1）分别是3.793和4.487。显然，后者的置信区间长度长得多。

在应用中一般先画出数据散点图看看因变量与自变量是直线关系还是曲

线关系。如果是曲线关系，则要做下节介绍的曲线回归。

第二节　可线性化的曲线回归

一、常见的回归曲线

我们前面讨论了因变量与自变量有直线关系的回归模型，但在教育现象的研究中，涉及的变量许多时候呈现非直线关系。不过只要模型或者经过适当变换后的模型关于参数 β_0、β_1 是线性的，即使因变量与自变量是曲线关系，前面讨论的方法仍然有效。实际上，线性回归模型的“线性”是对参数而言，而不是对自变量而言的。

例如，模型 $y = ae^{bx+\varepsilon}$，两边取对数得 $\ln y = \ln a + bx + \varepsilon$，令 $Y = \ln y$，$\beta_0 = \ln a$，$\beta_1 = b$，便有模型（9.3）的形式，这样的模型称为可线性化的曲线模型。至于像 $y = a + b/x + \varepsilon$ 的模型，本来就是线性回归模型，只不过此处自变量是 $1/x$。但 $y = ae^{bx} + \varepsilon$ 却是不可线性化的非线性回归模型。

当因变量 Y 与自变量 X 不是直线关系时，可以根据一定的专业知识和实践经验猜测它们的函数形式，也可以画出数据散点图，看看呈现哪一种函数图形。图 9－8 至图 9－12 给出了几种常见的函数图形。假设原模型中误差项以适当的形式出现，使得变量变换以后模型是线性的。

1. 倒数函数（inverse）：$y = a + \dfrac{b}{x}$

令 $Y = y$，$X = \dfrac{1}{x}$，得到 $Y = a + bX$。倒数函数的曲线是双曲线。

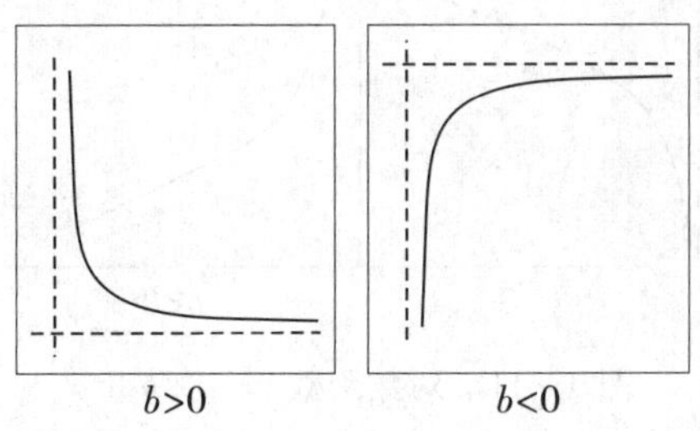

图 9－8　双曲线 $y = a + \dfrac{b}{x}$

2. 幂函数（power）：$y = ax^b$

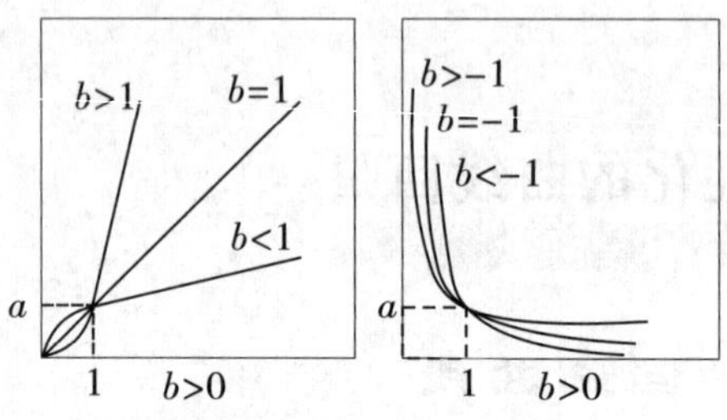

图 9－9　幂函数 $y = ax^b$

两边取自然对数，$\ln y = \ln a + b\ln x$，令 $Y = \ln y$，$X = \ln x$，$\beta_0 = \ln a$，$\beta_1 = b$，得到 $Y = \beta_0 + \beta_1 X$。

3. 指数函数（exponential）：$y = ae^{bx}$

两边取自然对数，$\ln y = \ln a + bx$，令 $Y = \ln y$，$X = x$，$\beta_0 = \ln a$，$\beta_1 = b$，得到 $Y = \beta_0 + \beta_1 X$。

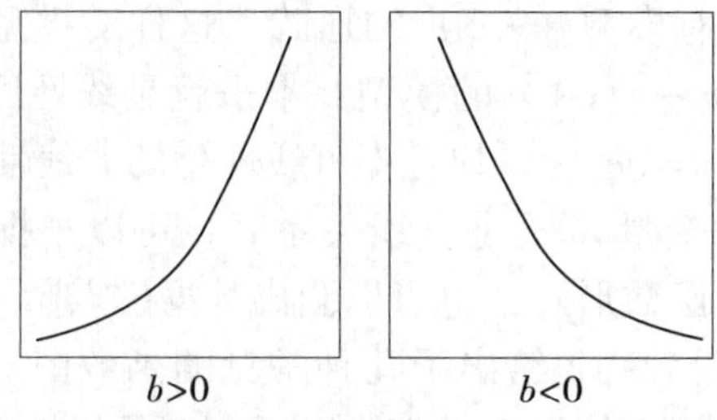

图 9－10　指数函数 $y = ae^{bx}$

4. 对数函数（logarithmic）：$y = a + b\ln x$

只要令 $X = \ln x$ 便可。

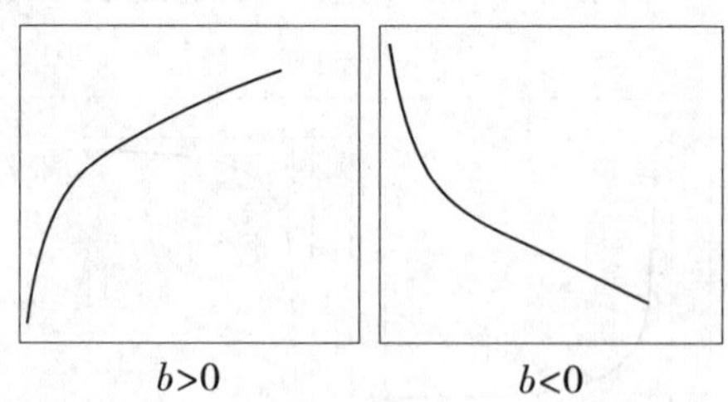

图 9－11　对数函数 $y = a + b\ \ln x$

5. 增长函数（growth）：$y = e^{a + bx}$

变换后是 $\ln y = a + bx$。

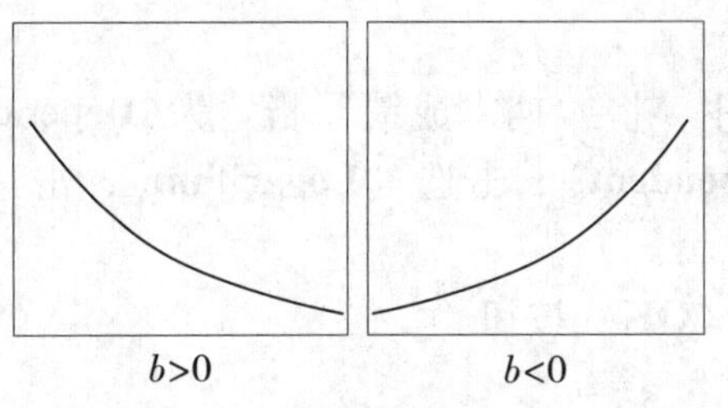

图 9－12　增长函数 $y=e^{a+bx}$

6. 逻辑斯蒂函数（logistic）：$y=\dfrac{1}{1/u+ab^x}$

变换后是 $\ln\left(\dfrac{1}{y}-\dfrac{1}{u}\right)=\ln a+\ln b\cdot x$，其中 u 是特定的大于零的常数，大于因变量的所有取值。

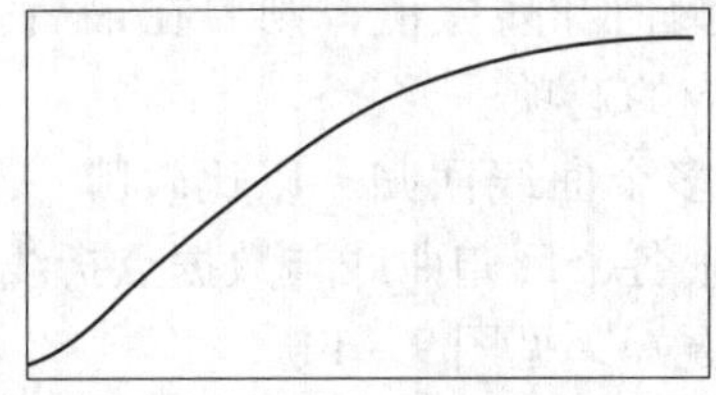

图 9－13　逻辑斯蒂函数 $y=\dfrac{1}{1/u+ab^x}$

SPSS 中还有人们熟悉的二次函数和三次函数，以及人们不熟悉的一种"S"函数。"S"函数在自变量的不同区域，图象可能变化很大。

在实际应用中，因变量与自变量的函数形式可能不很明确，可以试用几种不同的函数进行数据拟合，然后看哪个方程拟合得较好，这在高版本的 SPSS 上是很容易做到的，参见下面用例 9.1 数据所做的曲线回归。

二、曲线回归分析 SPSS 操作例解

曲线回归传统的做法是先做数据变换，然后对变换后的数据做直线回归分析，再将结果变换回曲线方程。利用 SPSS 做一元曲线回归时无须做数据变换，直接选择所要的函数形式做回归。如例 9.1，从图 9－1 可知，除了可以将散点图看作近似于直线外，似乎更可以看作对数函数曲线（见图 9－11）。设回归方程有如下形式：$\hat{Y}=b_0+b_1\ln X$。SPSS 操作如下：

（1）击选〈**Analyze**〉菜单的〈**Regression**〉下的〈**Curve Estimation**〉

命令。

（2）在对话框中，将“期末成绩”指定为〈**Dependent(s)**〉，“入学成绩”指定为〈**Independent**〉。击选〈**Logarithm**〉，击选〈**Display ANOVA table**〉。

（3）最后单击〈**OK**〉按钮。

说明：

（1）上述操作结果前一部分是直线回归的结果，〈**Linear**〉是作为默认的选项，如果不想做直线回归，可以单击之取消该选项。

（2）所得的对数回归方程是 $\hat{Y} = -215.30 + 67.05 \ln X$。$R^2 = 0.874$，$s = 3.68$（残差均方开方）。而直线回归 $R^2 = 0.868$，$s = 3.76$。说明就样本数据而言，对数回归比直线回归稍微好一点（有较高的 R^2 和较低的残差均方），但两种回归的 R^2 和 s 非常接近，因为直线回归比较简单，所以还是认可直线回归。

（3）如果要求出预测值和残差值，则要在最后一步前单击〈**Save**〉，在打开的对话框中击选相应的选项。

（4）可以同时击选多个曲线回归，以比较哪一个方程拟合得最好。曲线回归的结果还给出一个各个回归曲线与数据点折线在一起的图，可以直观比较哪一条曲线拟合得更好，见图 9－14。

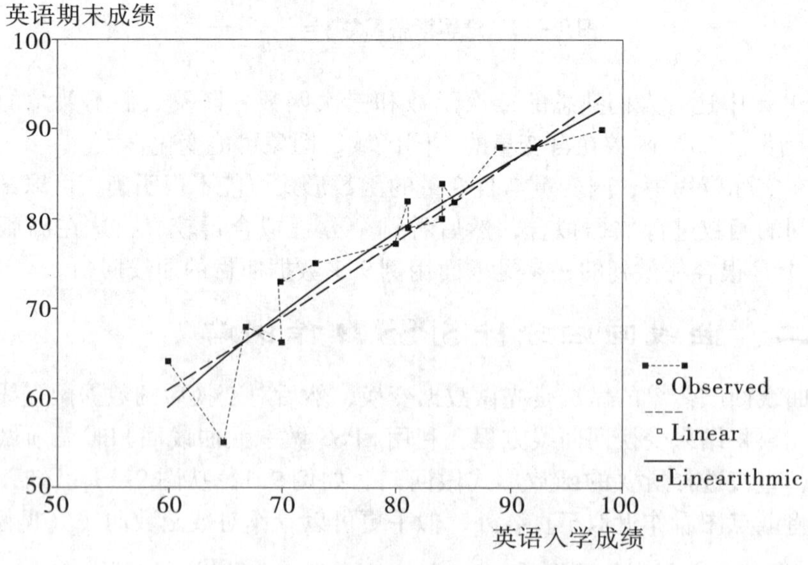

图 9－14　对数曲线拟合和直线拟合

第三节 多元回归分析

前面讨论的模型中仅含有一个自变量，属于单变量回归模型。在实际问题中，影响 Y 的因素往往不止一个，尤其是在教育和心理研究领域，一果多因是普遍现象。如第一节考虑了入学成绩对期末成绩的影响，其实，学生智商、学习方法、教学水平、教材质量、学习环境等都可能会影响学生的学习成绩。这时，根据多个自变量建立方程预测因变量，就会比只用一个自变量进行的预测更加精确和有效。包含两个和两个以上自变量的回归分析属于多元回归分析。

一、回归方程

一般地，设问题涉及 p 个自变量 $X_1, X_2, \cdots, X_p$，它们与因变量 Y 有如下线性关系

$$Y = \beta_0 + \beta_1 X_1 + \beta_2 X_2 + \cdots + \beta_p X_p + \varepsilon \tag{9.18}$$

其中 $\beta_0, \beta_1, \cdots, \beta_p$ 为未知参数，ε 是不可观测的随机误差，$E(\varepsilon) = 0$，$\mathrm{Var}(\varepsilon) = \sigma^2$。假设有 N 次独立的观测，$(Y, X_1, X_2, \cdots, X_p)$ 的 N 次观测值为 $(Y_i, X_{i1}, X_{i2}, \cdots, X_{ip})$，$i = 1, 2, \cdots, N$。误差平方和为 $S(\beta_0, \beta_1, \cdots, \beta_p) = \sum_{i=1}^{N}(Y_i - \beta_0 - \beta_1 X_{i1} - \cdots - \beta_p X_{ip})^2$。和一元情形一样，我们求 $b_0, b_1, \cdots, b_p$，使 $S(b_0, b_1, \cdots, b_p)$ 达到最小。称 $b_0, b_1, \cdots, b_p$ 为 $\beta_0, \beta_1, \cdots, \beta_p$ 的最小二乘估计，b_0 为常数项，b_i 为 Y 对 X 的偏回归系数。

由回归方程 $\hat{Y} = b_0 + b_1 X_1 + b_2 X_2 + \cdots + b_p X_p$ 对每个样品 $(Y_i, X_{i1}, X_{i2}, \cdots, X_{ip})$，都可以求出预测值 $\hat{Y}_i$ 和残差 $e_i = Y_i - \hat{Y}_i$。和一元情形一样，残差均方 s^2 是 σ^2 的估计，预测区间也分均值的预测和单个观测点的预测，平方复相关系数 R^2 也和一元情形同样定义，并有相同的意义。

多元回归分析一般都用矩阵的方法进行计算，涉及较多的数学知识。使用计算机统计软件，我们可以像一元回归那样，通过简单的操作就可以得出结果。不过多元情形与一元情形有很多不同之处，如变量选择及相关的问题，需要详细讨论。

二、假设检验

和一元回归一样，可以将反映因变量变异的 Y 的总平方和分解为回归平方和与残差平方和：

$$\sum_{i=1}^{N}(Y_i-\overline{Y})^2=\sum_{i=1}^{N}(\hat{Y}_i-\overline{Y})^2+\sum_{i=1}^{N}(Y_i-\hat{Y}_i)^2$$

相应的自由度分解式为

$$N-1=p+(N-p-1)$$

其中 p 为自变量个数。方差分析表见表 9－6。

表 9－6　方差分析表

来源	平方和 (SS)	自由度 (df)	均方 (MS)	F 值	显著性概率 P
回归	SS_R	p	MS_R	MS_R/MS_E	
残差	SS_E	$N-p-1$	MS_E		
总和	SS_T	$N-1$			

1. 回归的显著性检验

检验 H_0：$\beta_1=\beta_2=\cdots=\beta_p=0$，对立假设是 H_1：并非所有的 $\beta_i=0$。检验统计量是 $F=MS_R/MS_E$。若检验结果拒绝 H_0，说明回归显著。常用 R^2 作为回归分析的效应量。

2. 自变量显著性的偏 F 检验

若回归显著性检验结果是回归不显著，说明所有的 $\beta_i=0$，即自变量都不显著，没有必要做进一步的分析。若回归显著，在一元情形中自然是自变量也显著，但在多元的情形中，仍有可能某些 $\beta_i=0$，其对应的自变量不显著，没有必要在回归方程中出现。检验自变量 X_j 显著性的假设是 H_0：$\beta_j=0$。检验统计量是 $t=b_j/se(b_j)$。记得 t^2 就是第一自由度为 1 的 F 统计量，所以对 X_j 的显著性检验也称为偏 F 检验，并在选择变量时使用。

在 SPSS 中，判别一个自变量是否显著的标准有两个，一是将计算的偏 F 值与 F 临界值比较，如果大于临界值则显著，否则不显著；二是将计算的偏 F 值的显著性概率与一个指定的显著性水平比较，如果小于显著性水平则显著，否则不显著。

一个自变量是否显著，不仅依赖于它与因变量的关系，也依赖于它与其他自变量的关系。例如，当方程只有两个自变量 X_1、X_2 时，对 X_2 的显著性检验与方程中有三个自变量X_1、X_2、X_3时对X_2的显著性检验结果，可能是不同的。

三、偏相关系数与部分相关系数

在变量选择时要用到偏相关系数（partial correlation coefficient）。为了说明偏相关系数的概念，考虑三个自变量情形。假设做了Y对X_1的回归，其残差称为Y对X_1的残差。又假设做了X_2对X_1的回归（此时将X_2作为因变量），其残差称为X_2对X_1的残差。这两个残差的相关系数称为由X_1校正的Y与X_2的偏相关系数，记为$r_{YX_2 \cdot X_1}$。它度量了在消除了X_1的影响后Y与X_2关系的强弱。如果这个值很小，意味着如果回归方程中已有X_1，再加入X_2意义不大。这时，关于X_2的偏F检验结果将是不显著。同理，读者不难理解$r_{YX_3 \cdot X_1X_2}$的含义，它是Y对X_1、X_2的残差与X_3对X_1、X_2的残差的相关系数，度量了在消除了变量X_1、X_2的影响后Y与X_3关系的强弱。对于更多变量的情形，可以类似地定义偏相关系数。

如果只是自变量使用残差，因变量使用原来的观测值，得到的相关系数称为部分相关系数（part correlation coefficient）。例如，“X_2对X_1的残差”与Y的相关系数，记为$r_{Y(X_2,X_1)}$，就是Y与X_2（由X_1校正）的部分相关系数。部分相关系数小于或等于偏相关系数。SPSS专门计算偏相关系数命令是〈**Analyze**〉菜单的〈**Correlate**〉下的〈**Partial**〉。不过，回归分析命令本身就有计算偏相关系数的选项，也有计算部分相关系数的选项。

四、额外平方和与R^2的变化

检验回归系数可以知道一个变量在回归方程中是否有作用，但不能知道有多大的作用。通过分析额外平方和（extra sum of squares）以及R^2的变化，可以了解新加入的变量有多大作用。

看看有三个自变量的情形，设第一个回归方程只含有X_1，可以计算出回归平方和SS_{R1}和平方复相关系数R_1^2。设第二个回归方程增加了X_2，此时有两个自变量，又可以计算出回归平方和SS_{R2}和平方复相关系数R_2^2。则$SS_{R2}-SS_{R1}$是回归方程中增加了X_2后得到的额外平方和；R^2的变化是$R_2^2-R_1^2$，衡量了回归方程中增加了X_2后对Y的变异的解释能力有多大的提高，反映了方程中已经有X_1的条件下，X_2的额外贡献的大小，正好就是部分相关系数$r_{Y(X_2 \cdot X_1)}$的平方。设第三个回归方程含有全部三个自变量，回归平方和是SS_{R3}，平方复相关系数是R_3^2。则$R_3^2-R_2^2$是第三个方程与第二方程相比

R^2 的变化，反映了方程中已经有 X_1 和 X_2 的条件下，X_3 的额外贡献的大小，正好就是部分相关系数 $r_{Y(X_3 \cdot X_1X_2)}$ 的平方。$R_3^2 - R_1^2$ 是第三个方程与第一个方程相比 R^2 的变化，反映了方程中已经有 X_1 的条件下，X_2 和 X_3 的额外贡献的大小。

有时候，自变量的重要性可以预先确定。例如，研究儿童身高的遗传因素，父辈身高比祖辈身高重要。又如，研究过往学业成绩对高考成绩的影响，高中二年级的成绩比高中一年级的成绩重要。这时，通常做所谓的层次（hierarchical）回归，依次加入自变量，比较重要的自变量优先进入方程。在这个过程中，可以考察 R^2 的变化情况，如果某个自变量引入后 R^2 的变化不显著，说明没有必要加入该变量。如果每次只加入一个变量，可以用 t 检验（或第一自由度是 1 的 F 检验），在 SPSS 中就是回归系数的检验。如果加入的变量多于一个，用 F 检验。

如果研究者预先不知道哪个（哪些）变量比较重要，通常要用下面的变量选择方法，进行探索性回归分析。

五、变量选择方法

变量选择的目的是使回归模型包含尽量多的自变量，以提高预测的精确度，同时又要尽量避免作用不显著的自变量进入方程，以减少计算量和计算误差，降低建立方程后用于监控或预测的成本。

显然，我们可以人为地选定某些变量，或剔除某些变量。通过统计方法选择变量常用的有下列三种：向后（backward）剔除法、向前（forward）选择法和逐步（stepwise）回归法。

（一）向后剔除法

向后剔除法是从包含最多自变量的方程开始，逐步减少自变量的个数直到得到合适的方程。步骤如下：

（1）计算包含全部自变量的回归方程。

（2）计算每个自变量的偏 F 值。

（3）考虑有最小偏 F 值那个自变量，如果偏 F 检验结果是不显著的，剔除该自变量。对剩下的自变量重新计算回归方程，并回到步骤 2。如果偏 F 检验结果是显著的，采用所得的回归方程。

（二）向前选择法

向前选择法是从只包含常数项的最简单的方程开始，依次选入变量直到获得一个满意的方程为止。步骤如下：

（1）计算 Y 与所有自变量的相关系数，首先选择与 Y 有最大相关系数的变量进入方程。

（2）检验刚进入的变量是否显著，如果不显著，停止选择，采用目前已进入方程的变量。否则进行第 3 步。

（3）对目前不在方程中的每一个自变量，计算它与 Y 的由已经在方程中的自变量校正的偏相关系数。选择有最大偏相关系数的自变量进入方程。回到第 2 步。

（三）逐步回归法

逐步回归在向前选择的每一步，都考虑是否有先前进入的变量需要剔除。步骤如下：

（1）计算 Y 与所有自变量的相关系数，首先选择与 Y 有最大相关系数的变量进入方程。

（2）检验刚进入的变量是否显著，如果不显著，停止选择，采用目前已进入方程的变量。否则进行第 3 步。

（3）对目前在方程中的每个自变量计算其偏 F 值。考虑有最小偏 F 值那个自变量，如果偏 F 检验结果是不显著的，剔除该自变量，否则保留。

（4）对目前不在方程中的每一个自变量，计算它与 Y 的由已经在方程中的自变量校正的偏相关系数。选择有最大偏相关系数的自变量进入方程。回到第 2 步。

向后剔除法每一步剔除一个变量，容易理解。但当自变量之间有线性关系或近似线性关系时，称为多重共线性（multicollinearity），不仅估计的误差会增大，还可能导致向后剔除法开始时就无法进行计算。向前选择法只进不出，但实际上可能会有某个先前进入的变量因后面变量的进入而显得多余。逐步回归法得到的方程比较好，被广泛采用，其计算量较大的缺点因计算机统计软件的应用而消失。

当变量较少时，也可以尝试做所有可能的回归，看哪些变量组合得到的回归方程最好。显然，若考虑的自变量有 p 个，则所有可能的回归共有 2^p 个。

通过上述变量选择方法来选择自变量，属于探索性回归分析。但在一些实际问题中，研究者心目中对自变量的重要性有一个顺序，或者出于某种需要规定了诸自变量进入方程的一个顺序，这是做层次回归分析。它是通过人为地逐步加入变量，并检验加入的变量是否显著而确立最终的回归方程。如果加入的变量不显著，则剔除这一变量；如果显著，计算额外平方和以及 R^2 的变化大小。探索性回归中，自变量进入方程的顺序由统计方法确定，而层次回归中自变量进入方程的顺序是人为确定的，这种顺序可以源于研究者的假设，也可以源于一种理论支持，等等。这与探索性回归分析不同，所以层次回归也称为验证性回归分析。

六、残差检验

在进行回归分析时我们对模型中的误差项做了一些假设，通常的假设有：①误差项的均值为零；②误差项有固定的方差；③各次观测的误差相互独立；④求置信区间和假设检验时还假定误差服从正态分布。利用残差可以对上述假设做出检验。

残差检验是回归分析的重要环节。无论是回归分析的专著还是统计软件中的回归分析命令，残差检验（或称为残差分析）都是重要的组成部分。

我们前面已经定义过，所谓残差是这样的 N 个数：$e_i = Y_i - \hat{Y}_i$，$i = 1, 2, \cdots, N$，其中 Y_i 是因变量的观测值，$\hat{Y}_i$ 是由回归方程得到的预测值。许多时候，考察残差的大小需要有个相对标准，因而要对残差进行修正。一种是标准化（standardized）残差，它是残差值除以样本残差的标准差，其均值为0，标准差为1；一种是 t－化（studentized）残差，它是残差值除以它的标准差的估计（即标准误）。检验残差的方法很多，这里着重介绍如何通过残差图进行检验。

残差图是以某种残差（如 t－化残差）为纵坐标，以其他指定的变量为横坐标的散点图。通常取横坐标为观测时间（或观测序号）、预测值或者某个自变量。图 9－15 是 t－化残差图的一些可能的图式。

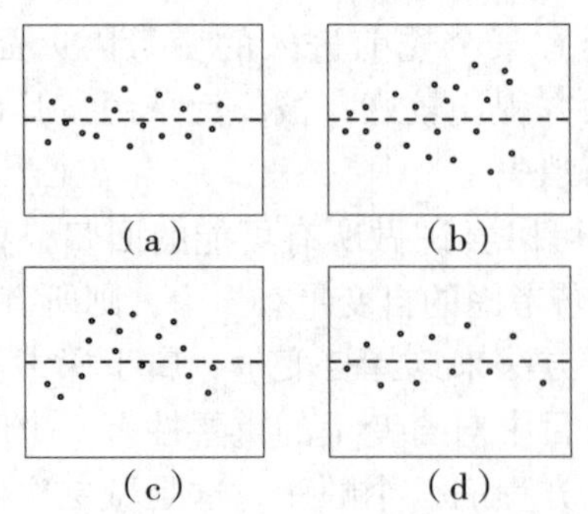

图 9－15　t－化残差图

满足模型假设的残差图应当是像图 9－15（a）那样，呈水平带状，没有特别的模式。像图 9－15（b）那样的残差图说明误差方差不是常数，应当做加权最小二乘或对因变量做方差齐性变换，详见回归分析专著。以序号或观测时间为横坐标的残差图出现图9－15（c）的形式说明方程中应当包含时间或序号的一次项和二次项；以某个自变量为横坐标的残差图出现图 9－15（c）的形式说明方程中应当包含该自变量的二次项。以序号或观测时间为横坐标的残差图出现图 9－15（d）的形式说明各次观测误差不是独立的，因为残差符号正负交替。

检验相邻误差项是否有序列相关可用 Durbin-Watson 检验，检验统计量是

$$\mathrm{DW} = \sum_{i=2}^{N}(e_i - e_{i-1})^2 / \sum_{i=2}^{N} e_i^2$$

当误差呈正相关时，相邻两个残差之间的差异小，DW 应当较小；当误差呈负相关时，相邻两个残差之间的差异大，DW 应当较大。可以证明 DW 的值介于 0 与 4 之间。设 ρ 为序列相关系数，当 $\rho = 0$ 时，DW = 2。当 $\rho = -1$ 时，DW = 4。当 $\rho = 1$ 时，DW = 0。临界值与自变量个数 p、样品数 N 和显著性水平都有关，对于普通的应用，当 DW 介于 1.2 与 2.8 之间时可以认为相邻误差项是独立的。

检验误差正态的假设看标准化残差图。一是标准化残差直方图与正态曲线对比，如果两者接近，认为误差是正态的。二是标准化残差正态概率图与对角直线对比，如果两者接近，认为误差是正态的。

检验残差还可以查找异常点（outlier），异常点是指预测值与观测值相差特别大的样品，通常将标准化残差超出 3 个残差标准差的样品视为异常点。残差检验还与影响分析有关，通过分析残差可找出强影响点，这种点对回归方程的影响非常明显。这种点可能是异常点，也可能是自变量在其附近没有其他取值的点。这些计算工作在 SPSS 中都有选项供用户选用。

七、多元回归分析 SPSS 操作例解

多元回归的 SPSS 操作与一元回归基本一样，只是多了一些选项。

【例 9.3】一份中学生学业自我概念量表含有如下分量表：数学、语文、英语三科自我概念和总的学业自我概念。每个分量表由 5 个题目组成，通常用 5 个题目得分的均值作为分量表得分，也可用加权平均分或因子得分等。表 9－7 是 36 名职业高中学生在各分量表上的得分。要研究数学、语文、英语自我概念对学业自我概念的影响。显然，这里使用探索性回归分析是合适的。

表9－7　学科自我概念和学业自我概念得分

编号	数学	语文	英语	学业
1	3.2	3.4	3.6	3.2
2	2.8	3.4	3.4	3.6
3	3.6	3.4	3.4	4.4
4	1.4	4.0	3.8	3.2
5	2.6	4.6	3.8	3.6
6	5.6	3.0	1.0	4.0
7	3.0	3.2	4.4	3.2
8	2.4	5.4	5.2	4.8
9	3.0	3.4	3.0	3.8
10	2.0	2.0	3.0	2.4
11	1.8	3.8	3.4	3.8
12	4.8	2.6	4.6	4.4
13	2.0	4.2	1.4	3.2
14	3.4	3.4	4.0	3.4
15	3.2	4.8	4.6	3.4
16	2.0	3.0	1.2	2.2
17	4.2	4.2	4.0	4.2
18	3.4	3.8	3.4	3.2
19	1.8	2.6	1.4	3.0
20	3.4	3.8	4.4	4.3
21	4.0	4.2	4.0	4.8
22	3.8	3.2	6.0	5.0
23	4.4	5.4	3.2	4.2
24	4.0	6.0	4.4	4.6
25	2.0	3.8	5.0	4.2
26	3.6	5.8	1.2	4.0
27	1.0	2.0	5.0	2.3
28	3.2	3.8	3.4	3.4
29	2.0	5.4	6.0	4.4
30	3.6	4.2	3.8	3.8
31	1.4	4.4	3.0	4.0
32	4.2	3.0	3.6	4.6
33	2.6	3.0	3.2	2.8
34	1.5	5.2	5.2	4.0
35	1.8	3.4	2.0	2.6
36	1.2	2.2	1.6	2.4

（1）在〈**SPSS Data Editor**〉中输入表9－7的数据。将编号取名为

"No"。将数学、语文、英语三科自我概念分别取名为"math"、"chinese"、"english"，标签分别为"数学"、"语文"、"英语"。将学业自我概念取名为"academic"，标签为"学业"。

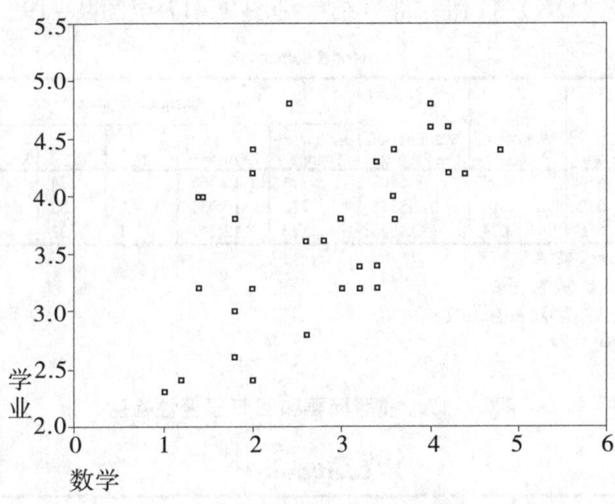

图 9-16　学业—数学散点图

（2）分别作 academic-math、academic-chinese、academic-english 散点图。如作 academic-math 散点图的操作如下：单击〈**Graphs**〉菜单的〈**Scatter**〉命令，在〈**Scatterplot**〉对话框中单击〈**Simple**〉左边的图例，单击〈**Define**〉按钮。在〈**Simple Scatterplot**〉对话框中，将〈**学业[academic]**〉指定为〈**Y Axis**〉，将〈**数学[math]**〉指定为〈**X Axis**〉，单击〈**OK**〉按钮。结果见图9-16，呈倾斜长条状，没有明显的函数变换提示，故不用对"数学"做变换。"语文"和"英语"也不用变换。

（3）击选〈**Analyze**〉的〈**Regression**〉下的〈**Linear**〉命令。

（4）在〈**Linear Regression**〉对话框中，将〈**学业**〉指定为〈**Dependent**〉，将〈**数学**〉、〈**语文**〉、〈**英语**〉指定为〈**Independent(s)**〉。在〈**Method**〉右栏输入"**Stepwise**"，即用逐步回归法选择变量。系统默认的是强迫进入法〈**Enter**〉，即〈**Dependent**〉下的变量都一次性进入方程做分析。

（5）单击〈**Statistics**〉按钮，在打开的〈**Linear Regression：Statistics**〉对话框中，分别击选〈**R squared change**〉（R^2变化）、〈**Durbin-Watson**〉（检验序列相关）、〈**Casewise diagnostic**〉（查找异常点），单击〈**Continue**〉按钮。

（6）单击〈**Plot**〉按钮，在打开的对话框中，击选〈**Normal**

probability plot〉（正态性检验），单击〈Continue〉按钮。

（7）单击〈Save〉按钮，在打开的对话框中，击选〈Residuals〉下的〈Standardized〉（在数据清单中产生标准化残差），单击〈Continue〉按钮。

（8）单击〈OK〉按钮。部分结果见图 9－17 至图 9－19。

Model Summary[d]

Model	R	R Square	Adjusted R Square	Std. Error of the Estimate	Change Statistics					Durbin-Watson
					R Square Change	F Change	df1	df2	Sig. F Change	
1	.561[a]	.314	.294	.6402	.314	15.585	1	34	.000	
2	.733[b]	.538	.510	.5335	.223	15.950	1	33	.000	
3	.816[c]	.666	.634	.4608	.128	12.247	1	32	.001	1.815

a. Predictors: (Constant), 数学

b. Predictors: (Constant), 数学, 英语

c. Predictors: (Constant), 数学, 英语, 语文

d. Dependent Variable: 学业

图 9－17　模型摘要和回归显著性检验

Coefficients[a]

Model		Unstandardized Coefficients		Standardized Coefficients	t	Sig.
		B	Std. Error	Beta		
1	(Constant)	2.570	.300		8.559	.000
	数学	.384	.097	.561	3.948	.000
2	(Constant)	1.628	.344		4.735	.000
	数学	.375	.081	.548	4.629	.000
	英语	.273	.068	.473	3.994	.000
3	(Constant)	.864	.368		2.346	.025
	数学	.342	.071	.499	4.834	.000
	英语	.220	.061	.382	3.621	.001
	语文	.275	.079	.373	3.500	.001

a. Dependent Variable: 学业

图 9－18　回归系数的估计值及其显著性检验

说明：

（1）图 9－17 给出了逐步回归法选择变量的每一步结果。最先进入方程的是“数学”，说明数学自我概念对学业自我概念影响最大。模型 1 是只包含“数学”的模型，平方复相关系数 $R^2=0.314$。模型 2 是模型 1 增加了“英语”以后的模型，$R^2=0.538$。模型 2 和模型 1 相比，R^2 增加了 0.223。模型 3 是包含了全部三科的模型，也是最后得到的模型，平方复相关系数 $R^2=0.666$。模型 3 和模型 2 相比，R^2 增加了 0.128。结果说明数学、语文、

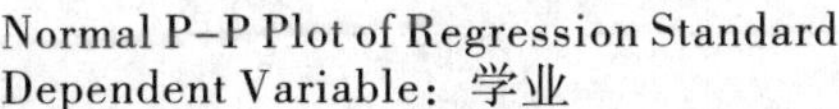

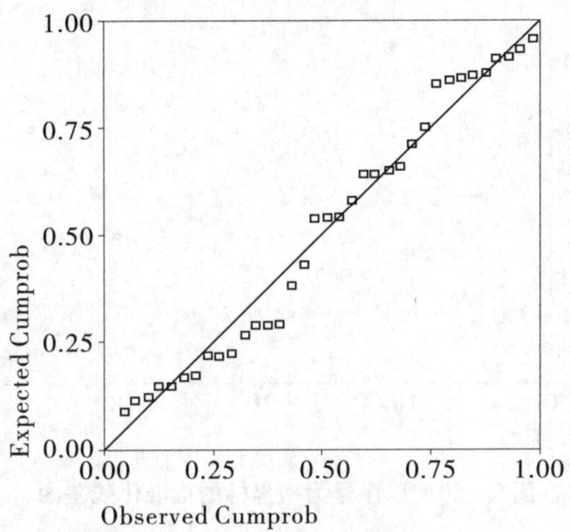

图 9－19　残差正态性检验

英语每一科的自我概念对学业自我概念都有显著影响。

（2）由图 9－18 模型 3 知，最后求得的回归方程为：

学业＝0.864＋0.342＊数学＋0.220＊英语＋0.275＊语文

以数学自我概念为例，对回归系数的解释是：保持语文和英语自我概念不变，数学自我概念每变化一个单位，学业自我概念将变化 0.342 个单位。

（3）由图 9－19，可以认为残差是正态的。因为 DW＝1.815（见图 9－17），Durbin-Watson 检验结果是残差没有序列相关。因为标准化残差都介于－2 与 2 之间，所以没有异常点。

（4）为了检验残差，可以作一些残差图。在数据清单中已有标准化残差（zre－1），以序号为横坐标的残差图见图 9－20，残差点散布得很均匀，没有呈现明显的模式。说明很难通过已涉及的变量改进回归模型。例如，不用考虑用各科自我概念的高阶项做自变量。

（5）综合以上分析可知，回归方程基本上反映了“学业”与“数学”、“语文”和“英语”之间的关系，但由于平方复相关系数只有 2/3，用这三科自我概念得分来预测学业自我概念得分误差可能比较大。

（6）可以在上面的操作过程中打开〈**Options**〉对话框，改变与变量选择有关的数值。默认的是显著性水平：Entry ＞ 0.05 用于选入变量，

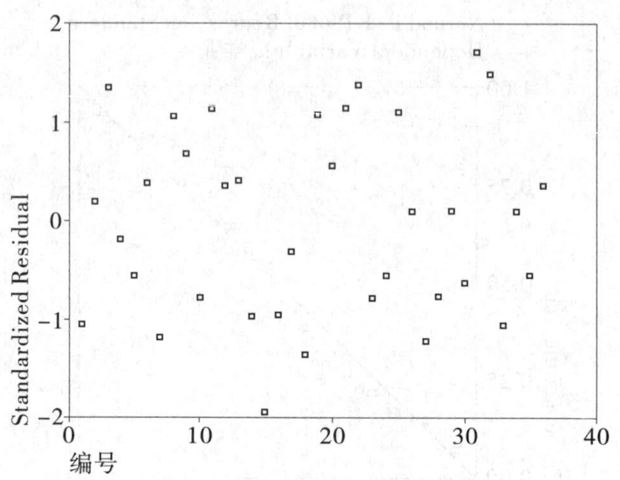

图 9-20　以序号为横坐标的标准化残差图

Removal >0.10 用于剔除变量。后者比前者大是避免在逐步回归过程中刚刚选入的变量又被剔除出去。〈**Options**〉对话框中还提供了缺失值处理方式，默认的是〈**Exclude case listwise**〉（列删）。如果方程不含常数项，也在该对话框中指定。

（7）回归分析的整个过程可以概括为：观察散点图，看是否需要对变量进行变换；建立回归方程；检验和评价所得的回归方程；报告决定系数 R^2，并解释结果。如果需要预测，当 R^2 比较大时（如 0.6 以上，有的研究可能要求 0.8 以上），才有意义。

【例 9.4】对于第七章例 7.5 的数据，做第三学年末学生英语词汇量（test4）对入学英语词汇量（test1）、第一学年末词汇量（test2）和第二学年末词汇量（test3）的回归分析。考虑到时序因素，可以认为 test3 对 test4 的影响最大，test2 的影响次之，test1 的影响最小，所以应当做层次回归。

模型 1：以 test3 为自变量，$R^2=0.700$。回归方程是

$$test4 = 1.121 + 0.746 * test3$$

模型 2：以 test3，test2 为自变量，$R^2=0.706$。回归方程是

$$test4 = 1.342 + 0.864 * test3 - 0.193 * test2$$

R^2 的变化只有 0.06，test2 系数相应的 $t=-0.878$，$P=0.385>0.05$，即 test2 系数不显著，test2 不能进入方程。

即使回归系数都显著，也还要看回归系数的符号是否合理。test2 系数

为负值是否合理呢？控制 test3 为常数时，从回归方程可知，test2 越大，test4 越小。表面上看这是不合理的，因为这意味着第一学年末词汇量较大的人，在第三学年末反而较小。考虑学生甲和学生乙，假设他们 test3 相等，但 test2 是甲大于乙。说明从第一学年末到第二学年末，甲的词汇量的增长低于乙，而 test3 两者相同，继续下去，到第三学年末时，test4 甲小于乙是合理的。

模型 3：以 test3，test1 为自变量，$R^2=0.702$。回归方程是

$$\text{test4}=0.995+0.698*\text{test3}+0.108*\text{test1}$$

R^2 的变化只有 0.02，test1 系数相应的 $t=0.496$，$P=0.623>0.05$，即 test1 系数不显著，test1 不能进入方程。其实有了模型 2 的结果，模型 3 的结果是意料中的，因为 test2 对 test4 的影响不显著，test1 的影响应当也不显著。

本例最后得到的回归方程是

$$\text{test4}=1.121+0.746*\text{test3}$$

$R^2=0.700$。即第三学年末的词汇量的变异有 70% 可以由第二学年末的词汇量来解释。而在有了第二学年末词汇量后，第一学年末词汇量和入学词汇量对解释第三学年末词汇量没有什么作用。

习　题

1. 证明

$$S_{XX}=\sum_{i=1}^{N}(X_i-\bar{X})^2=\sum_{i=1}^{N}X_i^2-N\bar{X}^2,$$

$$S_{XY}=\sum_{i=1}^{N}(X_i-\bar{X})(Y_i-\bar{Y})=\sum_{i=1}^{N}X_iY_i-N\bar{X}\bar{Y}$$

2. 利用上面的公式和公式（9.9）、（9.10），手工计算表 9－8 中数据的回归方程：

表 9－8

X	1	3	2	4	5	3	2
Y	2	5	3	7	8	6	2

3. 使用 SPSS，对第八章习题 3 的数据，以复习时间为自变量，错误题数为因变量，进行回归分析。

（1）写出回归方程。

（2）检验回归系数的显著性。对回归系数做出解释。

(3) 写出 R^2 并做出解释。

(4) 某人复习了 1.5 小时，对他的错误题数做出预测。

(5) 计算残差，以复习时间为横轴，做出残差图。

(6) 残差服从正态分布吗？

(7) 残差存在序列相关吗？

4. 仿照例 9.4 的层次回归方法，对例 7.5 的数据，做第二学年末英语词汇量（test3）对入学英语词汇量（test1）和第一学年末词汇量（test2）的回归分析。

第十章 方差分析

在回归分析中，因变量和自变量都假设是定距变量。但在心理和教育实验中碰到的情形通常是这样的：因变量是实验结果，为定距变量；自变量是实验因素，为类别变量。这时，不能用通常的回归分析。如果是简单的实验组和控制组对比实验（即单因素两水平的实验），要比较两组实验结果的均值时，可以用独立样本的 t 检验。如果水平多于两个，涉及多组样本的均值比较问题，还用 t 检验进行两两比较是不合适的，应当用本章介绍的方差分析（analysis of variance，ANOVA）。

与 t 检验直接比较两组的平均数的做法不同，方差分析把“平均数之间差异是否显著”的问题转化为“平均数组间变异是否显著”的问题，通过“组间变异”与“组内变异”的对比，进行 F 检验，从整体上同时比较多组的平均数之间是否存在显著差异。方差分析还可以解决两种或两种以上方式分组的均值比较问题，以及分组方式之间的交互作用问题。

在实验研究中，分组由实验因素的变化产生，这些变化表示为因素的不同“状态”或“等级”。所谓因素（factor），是由研究者掌握的、设想为原因的变量（自变量），一种是由研究者主动操纵而变化的变量，如学习内容、教学方法、教学组织形式、学习时间、刺激次数（或强度）、作业量、活动方式等；另一种是研究者主动选择而变化的变量，如性别、年级、智力、家庭背景等。在实验中，因素都作为类别变量来测量。实验中研究者关注的指标是因变量，它是由因素的变化引起的与被试行为反应相关联的变量，如测验分数、及格率、解答一定数量的题目需要的时间、反应的速度（强度、次数）等。因变量都作为定距变量来测量。

因素的每个取值称为因素的一个水平（level）。每个因素各取一个水平得到一个水平组合，称为一个实验处理（treatment）。对于单因素实验，一个水平就是一个处理。如何将被试分组、安排实验处理等，属于实验设计的范畴。对应于不同的实验设计，有不同的方差分析方法。本章介绍单因素完全随机设计（被试间设计）、区组设计、被试内设计，两因素完全随机设计（被试间设计）、被试内设计和混合设计的方差分析。

第一节　单因素方差分析

一、单因素方差分析原理

本节考虑单因素完全随机设计的方差分析，单因素随机区组设计见第二节，单因素被试内设计见第三节。在单因素完全随机设计情形中，实验中只有一个因素 A，设它有 a（$a \geqslant 2$）个水平：A_1，A_2，…，A_a，所有的被试完全随机地分配到各个实验处理中，每个被试只接受一个实验处理（被试间设计）。

1. 方差分析模型

设在 A_i 水平下的实验结果 Y_i 服从 N（μ_i，σ^2），$i=1$，…，a，且 Y_1，Y_2，…，Y_a 相互独立。又设在 A_i 水平下做了 r 次（重复）实验，得到 r 个实验数据 y_{ij}，$j=1$，…，r，这可以看成是取自 Y_i 的一个容量为 r 的样本。全部 $n=ar$ 个实验数据如表 10－1 所示：

表 10－1　单因素实验数据

水平	观测				$\bar{y}_i$
	1	2	…	r	
A_1	y_{11}	y_{12}	…	y_{1r}	$\bar{y}_{1.}$
A_2	y_{21}	y_{22}	…	y_{2r}	$\bar{y}_{2.}$
⋮	⋮	⋮		⋮	⋮
A_a	y_{a1}	y_{a2}	…	y_{ar}	$\bar{y}_{a.}$

由于 $y_{ij} \sim N$（μ_i，σ^2），故 y_{ij} 与 μ_i 的差可以看成一个随机误差 ε_{ij}，$\varepsilon_{ij} \sim N$（0，σ^2）。因而单因素方差分析有如下数据结构模型

$$y_{ij} = \mu_i + \varepsilon_{ij};\quad i = 1,\cdots,a;\quad j = 1,\cdots,r \tag{10.1}$$

其中诸 ε_{ij} 相互独立，均服从 $N(0, \sigma^2)$ 分布。要检验的假设是

$$H_0: \mu_1 = \mu_2 = \cdots = \mu_a \tag{10.2}$$

记 $\mu = \frac{1}{a}\sum_{i=1}^{a}\mu_i$ 为总均值，称 $\alpha_i = \mu_i - \mu$ 为因素 A 的第 i 个水平 A_i 的效应(effect)。容易看出，a 个效应满足 $\sum_{i=1}^{a}\alpha_i = 0$。这样，模型（10.1）可以写成

$$y_{ij} = \mu + \alpha_i + \varepsilon_{ij};\ i = 1, \cdots, a;\ j = 1, \cdots, r \tag{10.3}$$

$$\sum_{i=1}^{a}\alpha_i = 0$$

模型（10.3）实际上是一个有约束条件 $\sum_{i=1}^{a}\alpha_i = 0$ 的线性模型（general linear model)①，SPSS 将多于一个因素的方差分析放在 General Linear Model 命令中。μ 和 α_i（$i=1, \cdots, a$）是未知参数，其最小二乘估计分别为

$$\hat{\mu} = \bar{y}_{..},\ \hat{\alpha}_i = \bar{y}_{i.} - \bar{y}_{..}$$

其中 $\bar{y}_{..} = \frac{1}{n}\sum_{i=1}^{a}\sum_{j=1}^{r}y_{ij}$，$\bar{y}_{i.} = \frac{1}{r}\sum_{j=1}^{r}y_{ij}$ 分别为全部样本的总均值和第 i 组样本的均值。因为有约束条件 $\sum_{i=1}^{a}\alpha_i = 0$，可得如下平方和分解：

$$\sum_{i=1}^{a}\sum_{j=1}^{r}(y_{ij} - \mu - \alpha_i)^2 = \sum_{i=1}^{a}\sum_{j=1}^{r}(y_{ij} - \bar{y}_{i.})^2 + \sum_{i=1}^{a}\sum_{j=1}^{r}(\bar{y}_{i.} - \bar{y}_{..} - \alpha_i)^2 + \sum_{i=1}^{a}\sum_{j=1}^{r}(\bar{y}_{..} - \mu)^2 \tag{10.4}$$

当 $\hat{\mu} = \bar{y}_{..}$，$\hat{\alpha}_i = \bar{y}_{i.} - \bar{y}_{..}$ 时将使残差平方和 $\sum_{i=1}^{a}\sum_{j=1}^{r}\varepsilon_{ij}^2 = \sum_{i=1}^{a}\sum_{j=1}^{r}(y_{ij} - \mu - \alpha_i)^2$ 达到最小值 $\sum_{i=1}^{a}\sum_{j=1}^{r}(y_{ij} - \bar{y}_{i.})^2$。平方和分解式（10.4）的证明与下面（10.6）的类似，做法是先适当地恒等变换，再将平方项展开，由约束条件可知其中的交差乘积项为零。

---

① 方差分析模型和线性回归模型都属于线性模型。SPSS 的 General Linear Model 命令中不仅可以做方差分析，还可以做回归分析，将自变量作为方差分析的协变量放在〈**Covariate(s)**〉中。就是说，在线性模型中，可以同时包含类别变量和连续变量作为自变量。但不要误解为回归分析可以用方差分析来做。

2. 平方和分解

在方差分析中，与参数的估计问题相比，人们更关心参数的检验问题。因为 $\alpha_i = \mu_i - \mu$，要检验的假设（10.2）可以写成

$$H_0: \alpha_1 = \alpha_2 = \cdots = \alpha_a = 0 \tag{10.5}$$

这就将均值差异显著性检验转化为因素 A 的（效应）显著性检验。

方差分析技术主要表现在平方和分解上，在平方和分解的基础上推导出检验统计量。通常用离均差平方和（简称平方和，记为 SS）来表示各种变异：

总（total）平方和 $SS_T = \sum_{i=1}^{a}\sum_{j=1}^{r}(y_{ij} - \bar{y}_{..})^2$

组间（between groups）平方和 $SS_b = \sum_{i=1}^{a}\sum_{j=1}^{r}(\bar{y}_{i.} - \bar{y}_{..})^2$

组内（within groups）平方和 $SS_w = \sum_{i=1}^{a}\sum_{j=1}^{r}(y_{ij} - \bar{y}_{i.})^2$

注意到 $\sum_{j=1}^{r}(y_{ij} - \bar{y}_{i.}) = 0$，第 i 组 r 个数据的离差平方和为

$$\begin{aligned}\sum_{j=1}^{r}(y_{ij} - \bar{y}_{..})^2 &= \sum_{j=1}^{r}[(\bar{y}_{i.} - \bar{y}_{..}) + (y_{ij} - \bar{y}_{i.})]^2 \\ &= \sum_{j=1}^{r}(\bar{y}_{i.} - \bar{y}_{..})^2 + 2(\bar{y}_{i.} - \bar{y}_{..})\sum_{j=1}^{r}(y_{ij} - \bar{y}_{i.}) + \sum_{j=1}^{r}(y_{ij} - \bar{y}_{i.})^2 \\ &= \sum_{j=1}^{r}(\bar{y}_{.j} - \bar{y}_{..})^2 + \sum_{j=1}^{r}(y_{ij} - \bar{y}_{.j})^2\end{aligned}$$

将 a 组平方和加起来得到

$$\sum_{i=1}^{a}\sum_{j=1}^{r}(y_{ij} - \bar{y}_{..})^2 = \sum_{i=1}^{a}\sum_{j=1}^{r}(\bar{y}_{i.} - \bar{y}_{..})^2 + \sum_{i=1}^{a}\sum_{j=1}^{r}(y_{ij} - \bar{y}_{i.})^2 \tag{10.6}$$

即 $$SS_T = SS_b + SS_w$$

这样，总平方和可分解成两部分：第一部分为组间平方和，是由各组均值与总均值的差异引起的，由于 $\sum_{i=1}^{a}\sum_{j=1}^{r}(\bar{y}_{i.} - \bar{y}_{..})^2 = \sum_{i=1}^{a}\sum_{j=1}^{r}\hat{\alpha}_i^2$，所以 SS_b 是因素 A 的（效应）平方和，记为 SS_A；第二部分为组内平方和，就是前面参数估计中提到的残差平方和，记为 SS_E，它是由同一组内个体间的差异和实验误差引起的，在单因素情形中可以看成是随机误差引起的，故又称为误差平方和。这样，

$$SS_T = SS_A + SS_E \tag{10.7}$$

每个平方和都与一个自由度（记为 df ）联系在一起。自由度表示在平方和中独立变化的项数。在总平方和中，因为$\sum_{i=1}^{a}\sum_{j=1}^{r}(y_{ij}-\bar{y}_{..})=0$，只有 $ar-1$ 项是独立变化的，故自由度 $df_T=ar-1$。类似的分析可知，SS_A 的自由度$df_A=a-1$，SS_E 的自由度 $df_E=df_w=ar-a=a(r-1)$。这样，对应于平方和分解式（10.6），自由度有下列分解

$$df_T = df_A + df_E$$

3. 方差分析

当实验重复数 r 增加时，实验数据增多，各种平方和会有不同程度的增加。比较组间变异与组内变异时，不能直接比较各自的平方和，因为平方和的大小与平方和的项数有关。为消去项数的影响，将平方和除以各自的自由度，称为均方（mean squares），记为 MS，组间均方和组内均方分别为

$$MS_A = \frac{SS_A}{df_A},\quad MS_E = \frac{SS_E}{df_E} \tag{10.8}$$

它们分别表示“平均”效应平方和与“平均”残差平方和。因此，因素 A 的显著性检验，可以通过比较组间均方与组内均方进行。检验统计量是

$$F = \frac{MS_A}{MS_E} \tag{10.9}$$

可以证明，如果假设 H_0为真，则 F 服从 F（df_A，df_E）分布。如果因素 A 的效应不显著，即 H_0为真，组间均方与组内均方将比较接近，由样本计算的 F 值将接近于1。反之，如果因素 A 的效应显著，组间均方将远比组内均方大，F 值将远大于1。显然，这是单侧（右侧）检验问题。

检验结果是这样做出的，给定显著性水平 α（通常是 0.05 或 0.01），若由样本计算的 F 值大于（右侧）临界值 F_α，则拒绝零假设 H_0，即因素 A 的效应显著，或者说至少有两个水平上的均值差异显著。反之若 F 值小于临界值 F_α，则 A 的效应不显著，或者说所有 a 个水平上的均值无显著差异。对于由统计软件计算的结果，更精确而方便的做法是将 F 值的显著性概率 P 值与显著性水平 α 比较，如果 $P<\alpha$，则拒绝 H_0。应用上，将各平方和的值、相应的自由度、均方、F 值、P 值（或临界值）列成一个方差分析表（见表 10－2），检验结果一目了然。表中“来源”一列，“组间”和“组内”可以分别换为“因素 A”和“误差”。

表 10－2　单因素方差分析表

来源	平方和	自由度	均方	F 值	P 值
组间	SS_A	$a-1$	MS_A	$\frac{MS_A}{MS_E}$	
组内	SS_E	$a\ (r-1)$	MS_E		
总和	SS_T	$ar-1$			

如果因素的每个水平所进行的实验次数不等，设第 i 个水平的重复次数为 r_i，只需在前面的讨论中将 r 换成 r_i，推理过程和结果都完全类似。

【例 10.1】有一项汉字识字教学法的实验，从小学一年级新生中随机抽取 18 名学生，随机地平分为 3 个组，分别用 3 种识字教学法进行教学，期末汉字识字测验成绩见表 10－3。要检验 3 种教学法的教学效果是否有显著差异，即要检验 H_0：$\mu_1=\mu_2=\mu_3$。

表 10－3　三组学生识字测验成绩

教法 1	63	76	78	81	72	82
教法 2	79	89	84	88	83	85
教法 3	80	68	69	84	78	80

这是一个单因素完全随机化等重复设计，方差分析表见表 10－4（参见图 10－2），由于 $F=4.44$，显著性概率 $P=0.031<0.05$，所以拒绝零假设。

表 10－4　方差分析表

来源	平方和	自由度	均方	F 值	P 值
组间	310.333	2	155.167	4.440	0.031
组内	524.167	15	34.944		
总和	834.500	17			

二、多重比较

通过 F 检验，如果零假设

$$H_0:\mu_1=\mu_2=\cdots=\mu_a$$

被拒绝，则说明至少有两个水平的均值差异显著。但是当 $a>2$ 时，前述 F 检验并没有指出哪些水平之间的均值差异显著。对于研究者而言，不仅关心

因素 A 是否显著，还要知道具体哪些水平之间有差异，这类问题属于多重比较（multiple comparisons）问题。

1. 有标准水平的比较

有标准水平的比较是指研究者认为因素的某个水平可以作为比较的标准，将其余水平与标准水平做比较。例如，汉字识字教学法的实验，如果教法 1 是传统的方法，而其余的是新引入的方法，则教法 1 可以很自然地作为比较的标准。一般地，不妨设第一水平是标准水平，则有标准水平的比较是检验如下一组假设：

H_0：$\mu_2 - \mu_1 = 0$

H_0：$\mu_3 - \mu_1 = 0$

…

H_0：$\mu_a - \mu_1 = 0$

常用的检验方法有 Dunnett 法，在 SPSS 中有此选项，标准水平应当放在最前面或最后面。

2. 两两比较

如果研究者对因素的所有水平“同等无知”，在发现水平之间存在差异后，可以做两两比较，找出 $C_a^2 = a(a-1)/2$ 个成对均值之间的差异是否显著。本章开头说过，多个均值的两两比较不宜直接两两做 t 检验。多重比较不限于在 F 检验之后进行，只要对多个均值进行两两比较，都应当使用多重比较的方法。两两比较是要检验如下一组假设：

$$H_0: \mu_i - \mu_j = 0; \quad i > j = 1, \cdots, a-1$$

这 $a(a-1)/2$ 个假设是不独立的。检验的方法很多（SPSS 中有 10 多种），常用的有最小显著差数法（LSD）、Duncan 多范围检验、q 检验法（SNK）、Turkey 法等，研究者可以同时选用多种方法对比检验结果。如果检验结果不一致，可以看看样本均值是否有实质性差异，如果有实质性差异，则选择报告差异显著的检验方法及其结果。

3. 线性对比

上述两种比较都是做一组特殊的线性对比（contrast）的检验。一般的线性对比是

$$\sum_{i=1}^{a} c_i \mu_i = 0$$

其中 c_i，…，c_a 是满足 $\sum_{i=1}^{a} c_i = 0$ 的常数。例如，对于 4 水平的情形，可以做出

下列线性对比（括号内是相应的系数）：

$$\mu_1 - \mu_2 = 0, (1, -1, 0, 0)$$

$$\mu_1 - (\mu_2 + \mu_3)/2 = 0, (1, -1/2, -1/2, 0)$$

$$(\mu_1 + \mu_2) - (\mu_3 + \mu_4) = 0, (1, 1, -1, -1)$$

显然，可以做出无穷多的线性对比，但研究者只需做一些有实际意义或者感兴趣的对比。检验线性对比可以采用 Scheffe 法。

三、方差分析的条件与数据变换

从前面对方差分析模型所做的假定可知，进行方差分析需要有如下条件：（1）总体服从正态分布，即实验中的观测值应来自正态分布的总体。在教育与心理研究领域，大多数变量可以假定总体是服从正态分布的。而且方差分析对分布假设有稳健性，即当正态性不满足时，统计结果变化不大，因此一般方差分析并不要求检验总体的正态性。（2）方差齐性（homogeneity of variance），也称为变异的同质性，即各组样本所来自的总体的方差相同，这是方差分析一个很重要的前提，因此在进行方差分析之前，应当进行方差齐性检验（SPSS 的方差分析中有此选项）。

方差齐性检验也就是第七章说的等方差检验，在 SPSS 中使用的是 Levene 检验，其原理还是方差分析 F 检验。对于第 i 个水平（第 i 组）中的任意一个被试的观测值（如 y_{ij}），用该组的均值（$\bar{y}_{i.}$）作为预测值，产生一个残差 $e_{ij} = y_{ij} - \bar{y}_{i.}$。考虑残差的绝对值，如果各组方差相等，则各组的残差绝对值的均值应当很接近，这就将问题转化为检验各组的残差绝对值的均值是否相等，即对 $|e_{ij}|$ 进行方差分析和 F 检验。在 SPSS 的方差分析中选择了“Homogeneity tests”后，会输出 Levene 检验结果，可以知道方差是否齐性。

如果方差齐性的假定不满足，则方差分析的结果只能认为是近似的结果。可以考虑如下策略：

（1）检查某些表现“特殊”的观测值，看能否将其剔除，用剩下的数据进行方差分析。

（2）使用无方差齐性假设的多重比较方法（SPSS 的多重比较有此选项）。

（3）数据变换，用变换后的数据进行方差分析。常用的变换函数如下，变换后将使方差相等或接近。

①平方根变换。如果样本方差与样本均值有比例关系，则将原来的观测值 y 变换成 $\sqrt{y}$。②对数变换。如果样本方差与样本均值的平方成比例，则将

原来的观测值 y 变换成 $\ln y$ 或 $\ln(y+1)$（如果观测值有零的话）。③反正弦变换。如果观测变量是百分比，总体的均值小于0.3或大于0.7时，则将原来的观测值 y 变换成 $\arcsin\sqrt{y}$。

此外，如果采用若干个观测值的平均值作为原始数据，将可能更加符合方差分析的条件。

四、方差分析的效应量和检验力

方差分析的效应量通常用下面的 η^2 来衡量：

$$\eta^2 = SS_A/SS_T$$

其中 SS_A 是因素 A 的平方和（即组间平方和），SS_T 是总平方和，η^2 是总平方和中被因素 A 解释的比例。SPSS 有选项计算效应量。

和 t 检验的情形一样，F 检验也可以计算观测的检验力。在 H_1 成立（即至少有两个水平的均值不相等）时，F 统计量服从一个非中心的 F 分布，计算观测的检验力的原理与第七章 t 检验的相似。SPSS 有选项计算观测的检验力。

五、单因素方差分析 SPSS 操作例解

下面给出例10.1数据的方差分析操作过程。将表10－3数据整理成表10－5的形式（有两个变量）。

表10－5　用于 ANOVA 的例10.1数据

A	Y	A	Y	A	Y
1	63	2	79	3	80
1	76	2	89	3	68
1	78	2	84	3	69
1	81	2	88	3	84
1	72	2	83	3	78
1	82	2	85	3	80

（1）在〈**SPSS Data Editor**〉中输入表10－5的数据。共有两列数据，第一列变量名为 A，标签为“教法”，A 的取值1、2、3的值标签依次是“教法1、教法2、教法3”。第二列变量名为 Y，标签为“成绩”。

（2）击选〈**Analyze**〉菜单〈**Compare Means**〉下的〈**One-Way ANOVA**〉命令。

（3）在〈**One-Way ANOVA**〉对话框中，将〈**Y**〉指定为〈**Dependent List**〉，将〈**A**〉指定为〈**Factor**〉。

（4）单击〈**Options**〉按钮，在〈**One-Way ANOVA：Options**〉对话框中，击选〈**Analyze**〉下的〈**Descriptive**〉（计算各组均值和方差等），击选〈**Homogeneity-of-variance**〉（方差齐性检验，结果见图 10－1）。

Test of Homegeneity of Variances

成绩

Levene Statistic	df1	df2	Sig.
1.391	2	15	.279

图 10－1　方差齐性检验

（5）击选〈**Post Hoc**〉按钮（指定多重比较方法），在〈**One-Way ANOVA：Post Hoc Multiple Comparisons**〉对话框中，击选〈**S－N－K**〉（q 检验）和〈**Duncan**〉（Duncan 检验），结果见图 10－3。（如果要做有标准水平的比较，击选〈**Dunnett**〉）单击〈**Continue**〉按钮。

（6）击选〈**Plot**〉（输出各水平的均值，结果见图 10－4）。单击〈**Continue**〉按钮。

（7）单击〈**OK**〉按钮，方差分析表见图 10－2。

ANOVA

成绩

	Sum of Squares	df	Mean Square	F	Sig.
Between Groups	310.333	2	155.167	4.440	.031
Within Groups	524.167	15	34.944		
Total	834.500	17			

图 10－2　方差分析

说明：

（1）图 10－1 是方差齐性检验的结果，由样本计算的显著性概率 Sig. 为 0.279，大于 0.05，所以检验结果是各水平的方差无显著差异。

（2）图 10－2 是方差分析结果，应用上一般将其翻译成表 10－4 的形式。由于 $F=4.44$，显著性概率 $P=0.031<0.05$，所以拒绝零假设 H_0：$\mu_1=\mu_2=\mu_3$。

（3）图 10－3 是多重比较结果。上半部分是 q 检验的结果，下半部分是

Duncan 检验的结果。两种检验的结果完全一致，教法 1 和教法 3 之间没有显著差异（因为教法 1 和教法 3 的均值在同一列中出现），教法 2 与教法 1、教法 2 与教法 3 之间差异显著。

成绩

	教法	N	Subset for alpha = .05 1	2
Student-Newman-Keuls[a]	教法1	6	75.33	
	教法3	6	76.50	
	教法2	6		84.67
	Sig.		.737	1.000
Duncan[a]	教法1	6	75.33	
	教法3	6	76.50	
	教法2	6		84.67
	Sig.		.737	1.000

Means for groups in homogeneous subsets are displayed.

a. Uses Harmonic Mean Sample Size = 6.000.

图 10－3　多重比较结果

（4）如果要计算检验力和效应量，不能使用〈**one-way ANOVA**〉命令，应当用〈**Analyze**〉的〈**General Linear Modes**〉下的〈**Univariate**〉命令，参见本章第二节。

（5）图 10－4 实际上是各组均值的线形图，直观地反映了三种教法的识字测验成绩差异。

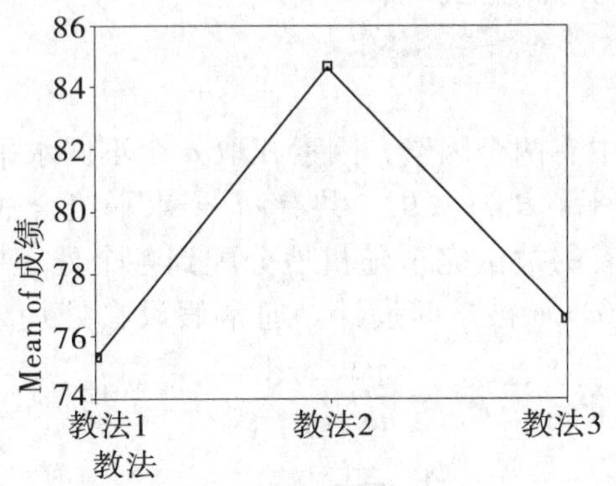

图 10－4　各组均值比较

六、方差分析结果的解释

方差分析的目的是通过检验多组的均值差异是否显著，从而推论实验因素的效应是否显著，即实验因素是否影响因变量。通常用表 10－4 那样的方差分析表来报告方差分析结果，如果篇幅所限，也可以只报告 F 值及其显著性概率 P 值。

如果 F 值的显著性概率 P 值大于预先给定的显著性水平 α（通常是 0.05 或 0.1），则不拒绝 H_0。此时可以说“各组均值差异不显著”或“因素 A 各水平上的均值差异不显著”，“即因素 A 对 Y 的影响不显著”。

如果 F 值的显著性概率 P 值小于预先给定的显著性水平 α，则拒绝 H_0。此时可以说“各组均值差异显著”或“因素 A 各水平上的均值差异显著”，“即因素 A 对 Y 的影响显著”。然后是报告多重比较检验结果，说明哪些组之间差异显著，谁高谁低。

具体到例 10.1 来说，因为 $F=4.44$，$P=0.031<0.05$，三种教法的期末汉字识字测验成绩有显著差异，即识字教学法对识字测验成绩有显著影响。多重比较检验结果是，教法 1 的成绩（平均 75.33）与教法 3 的成绩（平均 76.50）没有显著差异，而教法 2 的成绩（平均 84.67）显著高于教法 1 和教法 3 的成绩。接下来可以就此结果做出自己的分析和讨论。

第二节　两因素方差分析

设在一个实验中有两个因素，因素 A 取 a 个不同水平：A_1，…，A_a，因素 B 取 b 个不同水平：$B_1,\cdots,B_b$，共有 ab 个水平组合（即处理）。考虑完全随机设计，即所有的被试完全随机地分配到各个处理中，每个被试只接受一个处理，称为 $a\times b$ 被试间设计。通常假设在处理 A_iB_j 的实验结果服从 N（μ_{ij}，σ^2）分布。记 $\bar{\mu}_{..}=\frac{1}{ab}\sum_{i=1}^{a}\sum_{j=1}^{b}\mu_{ij}$ 为总均值，$\bar{\mu}_{i.}=\frac{1}{b}\sum_{j=1}^{b}\mu_{ij}(i=1,\cdots,a)$ 为 A_i 的均值，$\bar{\mu}_{.j}=\frac{1}{a}\sum_{i=1}^{a}\mu_{ij}(j=1,\cdots,b)$ 为 B_j 的均值。称 $\alpha_i=\bar{\mu}_{i.}-\bar{\mu}_{..}$ 为因素 A 的第 i 个水平 A_i 的主效应（main effect），$\beta_j=\bar{\mu}_{.j}-\bar{\mu}_{..}$ 为因素 B 的第 j 个水平 B_j 的主效应。这样，从 μ_{ij} 分解出均值 μ 及主效应 α_i 和 β_i，

称余差 $(\alpha\beta)_{ij}=\mu_{ij}-\bar{\mu}_{..}-\alpha_i-\beta_j=\mu_{ij}-\bar{\mu}_{i.}-\bar{\mu}_{.j}+\bar{\mu}_{..}$ 为 A_i 与 B_j 的交互效应（interaction）。容易看出，主效应和交互效应满足如下条件

$$\sum_{i=1}^{a}\alpha_i=0,\ \sum_{j=1}^{b}\beta_j=0;\ \sum_{i=1}^{a}(\alpha\beta)_{ij}=0,\ \sum_{j=1}^{b}(\alpha\beta)_{ij}=0 \quad (10.10)$$

一、无交互效应的两因素方差分析

1. 无交互效应的方差分析模型

如果两因素的所有交互效应为零，对每个处理 A_iB_j 只需做一次实验，记其结果为 y_{ij}，全部 ab 个实验数据可列成表 10-6。反过来，对无重复的两因素实验，只能做无交互效应的方差分析，因为分析交互效应需要有重复实验。

无交互效应的两因素方差分析数据模型为

$$y_{ij}=\mu+\alpha_i+\beta_j+\varepsilon_{ij};\ i=1,\cdots,a;\ j=1,\cdots,b \quad (10.11)$$

其中 ε_{ij} 是正态随机误差，参数满足（10.10）前两个约束条件。要检验的假设有两个

（1）H_0：$\alpha_1=\alpha_2=\cdots=\alpha_a=0$

（2）H_0：$\beta_1=\beta_2=\cdots=\beta_b=0$ (10.12)

表 10-6　无重复两因素实验数据

因素 A	因素 B				$\bar{y}_{i.}$
	B_1	B_2	$\cdots$	B_b	
A_1	y_{11}	y_{12}	$\cdots$	y_{1b}	$\bar{y}_{1.}$
A_2	y_{21}	y_{22}	$\cdots$	y_{2b}	$\bar{y}_{2.}$
$\vdots$	$\vdots$	$\vdots$		$\vdots$	$\vdots$
A_a	y_{a1}	y_{a2}	$\cdots$	y_{ab}	$\bar{y}_{a.}$
$\bar{y}_{.j}$	$\bar{y}_{.1}$	$\bar{y}_{.2}$	$\cdots$	$\bar{y}_{.b}$	$\bar{y}_{..}$

2. 方差分析

和单因素方差分析的思想一样，先进行平方和分解和自由度分解，为此引入记号

$$\bar{y}_{..}=\frac{1}{n}\sum_{i=1}^{a}\sum_{j=1}^{r}y_{ij},\ \bar{y}_{i.}=\frac{1}{b}\sum_{j=1}^{b}y_{ij},\ \bar{y}_{.j}=\frac{1}{a}\sum_{i=1}^{a}y_{ij}$$

总平方和

$$
\begin{aligned}
SS_T &= \sum_{i=1}^{a}\sum_{j=1}^{b}(y_{ij}-\bar{y}_{..})^2 = \sum_{i=1}^{a}\sum_{j=1}^{b}[(\bar{y}_{i.}-\bar{y}_{..})+(y_{ij}-\bar{y}_{i.})]^2 \\
&= \sum_{i=1}^{a}\sum_{j=1}^{b}(\bar{y}_{i.}-\bar{y}_{..})^2 + \sum_{i=1}^{a}\sum_{j=1}^{b}(y_{ij}-\bar{y}_{i.})^2 \\
&= \sum_{i=1}^{a}\sum_{j=1}^{b}(\bar{y}_{i.}-\bar{y}_{..})^2 + \sum_{i=1}^{a}\sum_{j=1}^{b}[(\bar{y}_{.j}-\bar{y}_{..}) + \\
&\quad (y_{ij}-\bar{y}_{i.}-\bar{y}_{.j}+\bar{y}_{..})]^2 \\
&= \sum_{i=1}^{a}\sum_{j=1}^{b}(\bar{y}_{i.}-\bar{y}_{..})^2 + \sum_{i=1}^{a}\sum_{j=1}^{b}(\bar{y}_{.j}-\bar{y}_{..})^2 + \\
&\quad \sum_{i=1}^{a}\sum_{j=1}^{b}(y_{ij}-\bar{y}_{i.}-\bar{y}_{.j}+\bar{y}_{..})^2 \\
&= SS_A + SS_B + SS_E \qquad (10.13)
\end{aligned}
$$

其中

$SS_A = \sum_{i=1}^{a}\sum_{j=1}^{b}(\bar{y}_{i.}-\bar{y}_{..})^2$ 为因素 A 的(效应) 平方和，自由度为 $df_A = a-1$；

$SS_B = \sum_{i=1}^{a}\sum_{j=1}^{b}(\bar{y}_{.j}-\bar{y}_{..})^2$ 为因素 B 的(效应) 平方和，自由度为 $df_B = b-1$；

$SS_E = \sum_{i=1}^{a}\sum_{j=1}^{b}(y_{ij}-\bar{y}_{i.}-\bar{y}_{.j}+\bar{y}_{..})^2$ 为误差平方和，自由度为 $df_E = (a-1)(b-1)$。

方差分析表见表 10－7。

表 10－7　无交互效应方差分析表

来源	平方和	自由度	均方	F 值	P 值
因素 A	SS_A	$a-1$	MS_A	$\frac{MS_A}{MS_E}$	
因素 B	SS_B	$b-1$	MS_B	$\frac{MS_B}{MS_E}$	
误差 E	SS_E	$(a-1)(b-1)$	MS_E		
总和	SS_T	$ab-1$			

3. 单因素随机区组设计的方差分析

在单因素实验中，设因素 A 的水平为 a，各水平重复实验 b 次。将整个实验分成 b 个类，称为 b 个区组，每个区组恰好含有全部 a 个水平的实验，并且各区组内的实验条件尽可能均等，区组内随机安排实验次序，这样的实验设计称为单因素随机区组设计。将区组作为一个因素，有 b 个水平，则单因素随机区组的方差分析与上述无交互效应的两因素方差分析完全一致。所不同的是方差分析结果的解释，对于单因素随机区组设计，研究者主要关注因素 A 的效应；对于两因素设计，两个因素是平等的。

如果在实验中除了研究者感兴趣的一个自变量（因素）外，还有一个无关变量，它与自变量没有交互效应，则可将无关变量设计成区组。比较一下，公式（10.6）中的组内平方和在（10.13）中被分解成区组平方和与误差平方和，从而，区组设计可以将无关变量的影响（即区组效应），从实验误差（组内变异）中分离出来，从而减少实验误差。

随机区组设计体现了 Fisher 提出的实验设计应遵循的三个原则：随机、重复和局部控制。首先，因素 A 的每个水平都重复了 b 次实验，重复可以减少误差和估计误差。其次，要求同一区组内实验条件尽可能均等，或者说无关变量保持在同一个水平上，这就是局部控制，局部控制可以进一步减少误差。最后，同一区组内哪个被试接受哪个水平的处理采用随机化的安排，随机化可以正确估计误差。

4. 无交互效应两因素方差分析 SPSS 操作例解

【例 10.2】一项关于“学生对文章内容的不同预期对英文阅读理解的影响”的研究，“不同预期”在文章中具体表现为“不同类型标题提示”（因素 A），有三个水平：正确标题提示、中性标题提示、误导标题提示。表 10－8 是 36 个被试的阅读理解成绩。被试是同一个学院 6 个专业的大一学生，每个专业 6 人并被随机分成 3 组，每组 2 人阅读一种类型标题提示的文章。考虑到不同专业学生的英文程度可能不同，所以将专业作为区组（因素 B）。

表 10－8　随机区组设计的阅读理解成绩

	B_1	B_2	B_3	B_4	B_5	B_6
正确提示（A_1）	7，7	6，6	8，7	7，9	9，6	5，6
中性提示（A_2）	5，3	8，4	6，6	4，6	4，8	5，7
误导提示（A_3）	3，3	5，6	7，5	5，4	2，6	6，5

在区组设计中，通常不考虑因素 A 与区组的交互效应。用同一专业的 2 人在同一处理上的平均成绩来做方差分析（如 A_1B_3 的平均成绩是 7.5）。供

SPSS 使用的数据写成表 10－9 的形式，留意 SPSS 的数据输入规律。

表 10－9　用于方差分析的数据

A	B	Y
1	1	7
1	2	6
1	3	7.5
1	4	8
1	5	7.5
1	6	5.5
2	1	4
2	2	6
2	3	6
2	4	5
2	5	6
2	6	6
3	1	3
3	2	5.5
3	3	6
3	4	4.5
3	5	4
3	6	5.5

（1）在〈**SPSS Data Editor**〉中输入表 10－9 的数据，有 3 列数据，第 1 列变量名为 A，标签为“标题提示”，取值 1～3，代表 3 种不同的标题提示类型，值标签依次为“正确、中性、误导”。第 2 列变量名为 B，标签为“区组（专业）”，取值 1～6，代表 6 个专业。第 3 列变量名为 Y，标签为“成绩”。

（2）击选〈**Analyze**〉的〈**General Linear Modes**〉下的〈**Univariate**〉命令。

（3）在〈**Univariate**〉对话框中，将〈**Y**〉指定为〈**Dependent**〉，将〈**A**〉和〈**B**〉指定为〈**Fixed Factor(s)**〉。

（4）单击〈**Model**〉按钮，在〈**Univariate：Model**〉对话框，选择模型类型。系统默认的〈**Full factorial**〉，适用于有交互效应的模型。对单因素随机区组设计，只考虑主效应。故要击选〈**Custom**〉建立自定义模型。将〈**Factors &**〉下的〈**A(F)**〉和〈**B(F)**〉指定为〈**Model**〉下面的变量，并在〈**Build Term(s)**〉的箭头按钮下方的下拉式菜单中选择〈**Main effects**〉（即

计算因素 A 和 B 的主效应）。（其他选项均应使用默认选项，如计算平方和的方法〈**Sum of**〉，本书介绍的实验设计都适用系统默认的〈**Type Ⅲ**〉）单击〈**Continue**〉按钮。

（5）单击〈**Post Hoc**〉按钮，在〈**Univariate：Post Hoc Multiple Comparisons for Observed Means**〉对话框中，将〈**A**〉指定为〈**Post Hoc Tests for:**〉下的变量（对 A 做多重比较），击选〈**S－N－K**〉（做 q 检验）。单击〈**Continue**〉按钮。

（6）单击〈**OK**〉按钮。部分结果见图 10－5 和图 10－6。

Tests of Between-Subjects Effects

Dependent Variable: 成绩

Source	Type III Sum of Squares	df	Mean Square	F	Sig.
Corrected Model	19.806[a]	7	2.829	3.041	.055
Intercept	589.389	1	589.389	633.373	.000
A	14.528	2	7.264	7.806	.009
B	5.278	5	1.056	1.134	.403
Error	9.306	10	.931		
Total	618.500	18			
Corrected Total	29.111	17			

a. R Squared = .680 (Adjusted R Squared = .457)

图 10－5　方差分析

成绩

Student-Newman-Keuls[a,b]

标题提示	N	Subset 1	Subset 2
误导	6	4.750	
中性	6	5.500	
正确	6		6.917
Sig.		.208	1.000

Means for groups in homogeneous subsets are displayed.
Based on Type III Sum of Squares
The error term is Mean Square(Error) = .931.

a. Uses Harmonic Mean Sample Size = 6.000.

b. Alpha = .05.

图 10－6　q 检验多重比较结果

说明：

（1）图 10－5 是方差分析结果，其中 Corrected Model 平方和（19.806）是 A 的平方和（14.528）与 B 的平方和（5.278）之和，对它的检验是从线性模型的角度进行的。Total 平方和（618.500）是所有 Y 值的平方和，它减去 Intercept 平方和（589.389）就是 Corrected Total 平方和（29.111），这是（10.13）的平方和分解中的总平方和。应用上可以列成表 10－10 那样的方差分析表。

表 10－10　方差分析表

来源	平方和	自由度	均方	F 值	P 值
A（标题提示）	14.528	2	7.264	7.806	0.009
区组（专业）	5.278	5	1.056	1.134	0.403
误差	9.306	10	0.931		
总和	29.111	17			

（2）从表 10－10 可知，因素 A 对应的 $F=7.806$，显著性概率为 0.009，A 的效应非常显著。区组对应的 $F=1.134$，显著性概率为 0.403，区组效应不显著。

（3）图 10－6 是对因素 A 多重比较的结果。“误导标题提示”（平均分 4.75）与“中性标题提示”（平均分 5.50）的阅读理解成绩无显著差异，但“正确标题提示”（平均分 6.92）显著高于前面两种提示的阅读理解成绩。

（4）如果除了类别自变量（即因素）外，还有连续自变量，则在〈**Univariate**〉对话框中将连续自变量指定为〈**Covariate(s)**〉。

二、有交互效应的两因素方差分析

1. 有交互效应的方差分析模型

如果要分析因素间的交互效应，则需要有重复的实验。设对每个处理做了 r 次重复实验，处理 A_iB_j 的第 k 次实验结果记为 y_{ijk}，则有交互效应的两因素方差分析数据模型为

$$y_{ijk}=\mu+\alpha_i+\beta_j+(\alpha\beta)_{ij}+\varepsilon_{ijk},\ i=1,\cdots,a;\ j=1,\cdots,b;\ k=1,\cdots,r \tag{10.14}$$

其中 ε_{ijk} 是等方差的正态随机误差，参数满足（10.10）的约束条件。对此模型，要检验的假设是

（1）$H_0: \alpha_1 = \alpha_2 = \cdots = \alpha_a = 0$

（2）$H_0: \beta_1 = \beta_2 = \cdots = \beta_b = 0$

（3）H_0：对一切 i，j，$(\alpha\beta)_{ij} = 0$ （10.15）

2. 方差分析

总平方和

$$SS_T = \sum_{i=1}^{a}\sum_{j=1}^{b}\sum_{k=1}^{r}(y_{ijk} - \bar{y}_{\dots})^2 = \sum_{i=1}^{a}\sum_{j=1}^{b}\sum_{k=1}^{r}[(\bar{y}_{ij.} - \bar{y}_{\dots}) + (y_{ijk} - \bar{y}_{ij.})]^2$$

$$= \sum_{i=1}^{a}\sum_{j=1}^{b}\sum_{k=1}^{r}(\bar{y}_{ij.} - \bar{y}_{\dots})^2 + \sum_{i=1}^{a}\sum_{j=1}^{b}\sum_{k=1}^{r}(y_{ijk} - \bar{y}_{ij.})^2$$

$$= \sum_{i=1}^{a}\sum_{j=1}^{b}\sum_{k=1}^{r}[(\bar{y}_{i..} - \bar{y}_{\dots}) + (\bar{y}_{.j.} - \bar{y}_{\dots}) + (\bar{y}_{ij.} - \bar{y}_{i..} - \bar{y}_{.j.} + \bar{y}_{\dots})]^2 + \sum_{i=1}^{a}\sum_{j=1}^{b}\sum_{k=1}^{r}(y_{ijk} - \bar{y}_{ij.})^2$$

$$= \sum_{i=1}^{a}\sum_{j=1}^{b}\sum_{k=1}^{r}(\bar{y}_{i..} - \bar{y}_{\dots})^2 + \sum_{i=1}^{a}\sum_{j=1}^{b}\sum_{k=1}^{r}(\bar{y}_{.j.} - \bar{y}_{\dots})^2 + \sum_{i=1}^{a}\sum_{j=1}^{b}\sum_{k=1}^{r}(\bar{y}_{ij.} - \bar{y}_{i..} - \bar{y}_{.j.} + \bar{y}_{\dots})^2 + \sum_{i=1}^{a}\sum_{j=1}^{b}\sum_{k=1}^{r}(y_{ijk} - \bar{y}_{ij.})^2$$

$$= SS_A + SS_B + SS_{AB} + SS_E \quad (10.16)$$

其中，SS_A 为 A 的效应平方和，自由度为 $df_A = a-1$；SS_B 为 B 的效应平方和，自由度为 $df_B = b-1$；SS_{AB} 为 A 与 B 的交互效应平方和，自由度为 $df_{AB} = (a-1)(b-1)$；SS_E 为误差平方，自由度为 $df_E = ab(r-1)$。方差分析表见表 10－11。

表 10－11　有交互效应方差分析表

来源	平方和	自由度	均方	F 值	P 值
A	SS_A	$a-1$	MS_A	$\frac{MS_A}{MS_E}$	
B	SS_B	$b-1$	MS_B	$\frac{MS_B}{MS_E}$	
AB	SS_{AB}	$(a-1)(b-1)$	MS_{AB}	$\frac{MS_{AB}}{MS_E}$	
E	SS_E	$ab(r-1)$	MS_E		
总和	SS_T	$abr-1$			

3. 简单主效应检验

当交互效应显著时，对主效应的解释要小心。例如，研究教学方法（讲授法与自学辅导法）对中学生数学学习成绩的影响，同时要考虑重点中学和普通中学的差异。用2×2 被试间设计，因素 A 是教学方法，因素 B 是学校类型。表 10－12 的数据表示各处理组（水平交叉的格子）和各水平（各行或各列）被试接受实验处理后的平均成绩。

表 10－12　2×2 被试间设计各处理组和各水平的平均成绩

	普通中学 B_1	重点中学 B_2	平均
讲授法 A_1	75	80	77.5
自学辅导 A_2	70	83	76.5
平均	72.5	81.5	

以 A 为横轴，平均成绩为纵轴，分别固定 B_1 和 B_2 作图，得到的连线分别记为 B_1 和 B_2（图 10－7）。B_2 远在 B_1 之上，说明重点中学的平均成绩远高于普通中学的平均成绩。两线段不平行（意味着它们的延长线会交叉），说明两因素有交互作用①。两种教学方法的平均成绩接近，教学方法的主效应不显著。但不要简单地说教学方法的主效应不显著，而应当固定中学类型，分别普通中学和重点中学来检验教学方法的主效应，即检验简单主效应（simple main effects）。对普通中学来说，自学辅导法的成绩低于讲授法的成绩；但对于重点中学来说，自学辅导法的成绩却高于讲授法的成绩。虽然教学方法的主效应不显著，但无论普通中学还是重点中学，教学方法的简单主效应都显著。两种教学方法谁优谁劣，视学生的情况而定。所以解释交互效应往往与解释简单主效应联系在一起。

简单主效应的检验应当在交互效应显著的基础上进行。以检验 A 的简单主效应为例，依次固定 B 的水平，并检验单因素 A 的效应。A 的平方和、自由度和均方与单因素情形一样计算，但误差的平方和、自由度和均方仍然使用两因素有交互效应方差分析中的结果，即仍然使用表 10－11 倒数第二行的结果。

---

① 这种图示方法经常用于直观显示交互效应。如果两线段平行或近似平行，没有交互效应；如果两线段交叉，有交互效应。

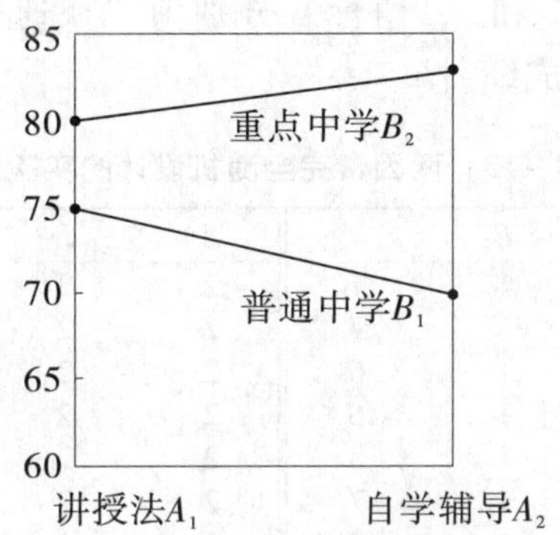

图 10－7　简单主效应和交互效应示意图

4. 效应量和检验力

对于两个或多个因素的方差分析，效应量除了 η^2，还有偏 η^2（partial eta squared）。η^2 是效应平方和与总平方和的比值。例如，对于因素 A，$\eta^2 = SS_A/SS_T$；对于交互作用 AB，$\eta^2 = SS_{AB}/SS_T$。而偏 η^2 中的分母不是总平方和，而是效应平方和加上误差平方和。例如，对于因素 A，偏 $\eta^2 = SS_A/(SS_A + SS_E)$；对于交互作用 AB，偏 $\eta^2 = SS_{AB}/(SS_{AB} + SS_E)$。SPSS 有选项计算偏 η^2。如果要报告 η^2，需要用有关的平方和手工计算。

对每个效应检验，都有相应的检验力。SPSS 有选项计算观测的检验力。

5. 有交互效应两因素方差分析 SPSS 例解

【例 10.3】 一个实验探讨小学生“对文章内容的不同预期对阅读理解的影响”，除了因素 A——不同类型标题提示（正确标题提示、中性标题提示、误导标题提示）外，还考虑了因素 B——阅读速度，有两个水平：快速和常速。共有 72 位五年级被试随机安排到 6 个实验处理中，即每个处理做 12 次重复实验，实验结果见表 10－13（在 SPSS 中每个变量占一列，这里为了节省篇幅，将数据分两栏列出）。共有 3 个变量，Y 是阅读理解测验成绩。留意有重复实验的数据输入规律，多于两个因素的情形也是一样的。

虽然有交互效应的模型比无交互效应的模型要复杂，但 SPSS 操作中，两者几乎相同，而且前者还略微简单一些，因为 SPSS 默认的模型是有交互效应的，因而不用改变〈**Model**〉中的默认项。

（1）在〈**SPSS Data Editor**〉中输入表 10－13 的数据，有 3 列数据，第 1 列变量名为 A，标签为“标题提示”，取值 1～3，代表 3 种不同的标题提示类型，值标签依次为“正确、中性、误导”。第 2 列变量名为 B，标签为“阅读速度”，取值1和2，值标签分别为“快速”和“常速”。第3列变量名为Y，标签为“成绩”。

表10－13　两因素完全随机设计的实验结果

A	B	Y	A	B	Y
1	1	7	2	2	8
1	1	7	2	2	8
1	1	6	2	2	6
1	1	6	2	2	8
1	1	8	2	2	7
1	1	7	2	2	9
1	1	7	2	2	10
1	1	9	2	2	6
1	1	9	2	2	10
1	1	6	2	2	6
1	1	5	2	2	10
1	1	6	2	2	9
1	2	6	3	1	3
1	2	8	3	1	3
1	2	5	3	1	5
1	2	10	3	1	6
1	2	5	3	1	7
1	2	7	3	1	5
1	2	8	3	1	5
1	2	9	3	1	4
1	2	10	3	1	2
1	2	4	3	1	6
1	2	7	3	1	6
1	2	8	3	1	5
2	1	5	3	2	6
2	1	3	3	2	5
2	1	8	3	2	7
2	1	4	3	2	9
2	1	6	3	2	8
2	1	6	3	2	6
2	1	4	3	2	7
2	1	6	3	2	7
2	1	4	3	2	9
2	1	8	3	2	5
2	1	5	3	2	9
2	1	7	3	2	6

（2）击选〈**Analyze**〉的〈**General Linear Modes**〉下的〈**Univariate**〉命令。

（3）在〈**Univariate**〉对话框中，将〈**Y**〉指定为〈**Dependent**〉，将〈**A**〉和

〈**B**〉指定为〈**Fixed Factor(s)**〉。

(4) 单击〈**Post Hoc**〉按钮，在〈**Univariate: Post Hoc Multiple Comparisons for Observed Means**〉对话框中，将〈**A**〉指定为〈**Post Hoc Tests for:**〉下的变量（对 *A* 做多重比较），击选〈**S - N - K**〉（做 *q* 检验，见图 10 - 9)。单击〈**Continue**〉按钮。

(5) 单击〈**Plots**〉按钮，在〈**Univariate: Profile Plots**〉对话框中，将〈**A**〉指定为〈**Horizontal Axis**〉，将〈**B**〉指定为〈**Separate Lines**〉，单击〈**Continue**〉按钮。(显示交互效应，见图 10 - 10)

(6) 单击〈**Options**〉按钮，在〈**Univariate: Options**〉对话框中，击选〈**Estimates of effect size**〉（计算效应量)、〈**Observed power**〉（计算检验力）和〈**Homogrnerity tests**〉（方差齐性检验)，单击〈**Continue**〉按钮。

(7) 单击〈OK〉按钮。结果见图 10 - 8 和图 10 - 9。

表 10 - 14　方差分析表

来源	平方和	自由度	均方	*F* 值	*P* 值	偏 η^2	检验力
A（标题提示）	19.083	2	9.542	3.856	0.026	0.105	0.679
B（阅读速度）	53.389	1	53.389	21.573	0.000	0.246	0.996
AB（交互效应）	17.694	2	8.847	3.575	0.034	0.098	0.644
误差	163.333	66	2.475				
总和	253.500	71					

说明：

(1) 图 10 - 8 中 Corrected Model 平方和（90.167）是 *A* 的平方和（19.083)、*B* 的平方和（53.389）以及 *AB* 的平方和（17.694）之和，对它的检验是从线性模型的角度进行的。如果将一个处理作为一组（共 6 组)，则 Corrected Model 平方和就是组间平方和（即处理间平方和)，误差平方和就是组内平方和。

(2) 通常将图 10 - 8 中的数据编成表 10 - 14 那样的方差分析表。由显著性概率 *P* 值可以看出，“标题提示”的效应显著（$F = 3.856$，$P = .026$)，偏 $\eta^2 = 0.105$。由图 10 - 9 的多重比较结果可知，“正确标题提示”与“中性标题提示”的阅读理解成绩差异不显著，其他水平之间差异显著。注意到“误导标题提示”的成绩（平均 5.88）最低，说明“误导标题提示”显

Tests of Between-Subjects Effects

Dependent Variable: 成绩

Source	Type III Sum of Squares	df	Mean Square	F	Sig.	Partial Eta Squared	Noncent. Parameter	Observed Power[b]
Corrected Model	90.167[a]	5	18.033	7.287	.000	.356	36.435	.998
Intercept	3120.500	1	3120.500	1260.937	.000	.950	1260.937	1.000
A	19.083	2	9.542	3.856	.026	.105	7.711	.679
B	53.389	1	53.389	21.573	.000	.246	21.573	.996
A * B	17.694	2	8.847	3.575	.034	.098	7.150	.644
Error	163.333	66	2.475					
Total	3374.000	72						
Corrected Total	253.500	71						

a. R Squared = .356 (Adjusted R Squared = .307)

图 10－8 方差分析

成绩

Student-Newman-Keuls[a,b]

标题提示	N	Subset 1	Subset 2
误导	24	5.88	
中性	24		6.79
正确	24		7.08
Sig.		1.000	.523

Means for groups in homogeneous subsets are displayed.
Based on Type III Sum of Squares
The error term is Mean Square(Error) = 2.475.

a. Uses Harmonic Mean Sample Size = 24.000.

b. Alpha = .05.

图 10－9 “标题提示”的多重比较结果

著地降低了阅读理解成绩。“阅读速度”的效应非常显著（$F=21.573$，$P=.000$），偏 $\eta^2=0.246$。显然，“常速阅读”的成绩（平均7.44）远高于“快速阅读”的成绩（平均5.72）。

（3）交互效应显著（$F=3.575$，$P=0.034$），偏 $\eta^2=0.098$。进一步分析表明（见图10－10），对正常速度阅读，三种标题提示的阅读理解成绩没有显著差异，这是因为有足够的时间阅读文章内容，标题的影响不大。而在快速阅读时，由于没有时间仔细阅读全文，标题的作用比较大。所以“标题提示”对阅读理解的影响与“阅读速度”有关，统计上的表现就是交互效应显著。

（4）对于结果是显著的检验，除了做多重事后比较外，应当报告效应量。如果结果不显著，还应当报告检验力。

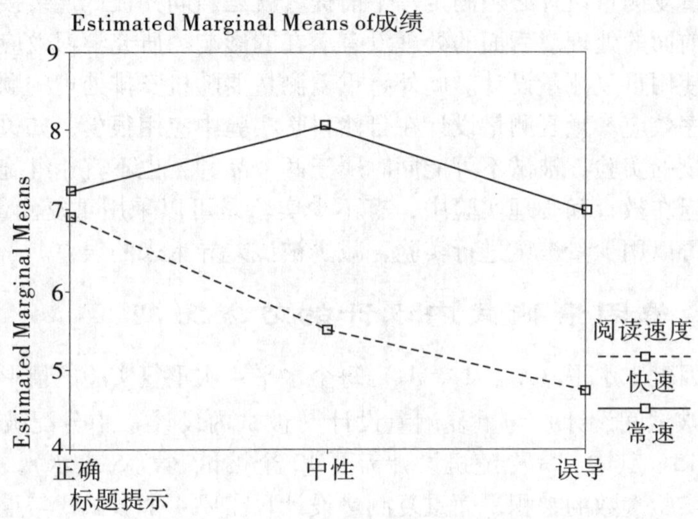

图 10－10　不同“阅读速度”的“标题提示”各水平比较

掌握了两因素方差分析的操作方法，也就掌握了多因素方差分析的操作方法。值得一提的是，两因素随机区组设计要做三因素方差分析，其中区组是第三个因素。

第三节　重复测量实验设计的方差分析

前面介绍的实验设计，无论是完全随机设计还是随机区组设计，有一个共同点，就是对一个因素而言，所有被试只接受其中一个水平的处理，这些设计中的因素都属于被试间（between subjects）因素。本节要介绍的重复测量实验设计，其中至少有一个因素是被试内（within subjects）因素，即每个被试接受该因素所有水平的处理。这种实验设计的目的是所有被试自己做控制，使被试的各方面特点在该因素所有水平上保持恒定，以最大限度地控制由被试的个体差异带来的变异。注意不要将重复测量与重复实验相混淆，重复实验是指多于一个被试接受同一个处理。当一个实验设计中的所有因素都是被试内因素时，称为被试内设计。当一个实验设计中既有被试内因素，又有被试间因素时，称为混合设计。

使用重复测量设计必须满足一个前提，就是当同一被试连续接受若干个处理时，前面的处理对后面的处理没有潜在的影响。研究学习效应、记忆效应，不能使用重复测量设计。此外，重复测量要随机安排处理的顺序，避免处理的顺序效应。重复测量设计在自然科学实验中应用很少，如关于水稻品种和施肥量的实验，被试不可能同时属于两个品种，也不宜相继施与不同量的肥料。但在教育和心理实验中，有不少实验是可以采用重复测量设计的，其优点是可以用少量被试进行实验，减少被试差异带来的误差。

一、单因素被试内设计的方差分析

在单因素3水平（A_1、A_2、A_3）每个水平4次重复实验的情形，完全随机设计（被试间设计）与重复测量设计（被试内设计）中分配被试的比较见表10-15。其中，完全随机设计需要12个被试（以S表示），等于水平数与重复实验次数的乘积，而重复测量设计只需要4个被试，与重复实验次数相同。显然，重复测量实验设计需要的被试大大减少。

表10-15　单因素完全随机与重复测量设计分配被试的比较

单因素完全随机设计			单因素重复测量设计		
A_1	A_2	A_3	A_1	A_2	A_3
S_1	S_2	S_3	S_1	S_1	S_1
S_4	S_5	S_6	S_2	S_2	S_2
S_7	S_8	S_9	S_3	S_3	S_3
S_{10}	S_{11}	S_{12}	S_4	S_4	S_4

一般地说，重复测量设计实验数据的平方和分解与非重复测量设计的有所不同。不过，对于单因素重复测量设计，可以看作一种特殊的随机区组设计，即每个被试看作一个区组，使用单因素随机区组设计的方差分析检验的结果与使用单因素重复测量设计的方差分析检验的结果完全一致。所以，这里不拟讨论单因素重复测量设计的方差分析。

两组比较是多组比较的特例，t检验可以用方差分析代替，结果完全一致。独立样本的t检验可以用单因素完全随机设计的方差分析，配对样本的t检验可以用单因素重复测量设计的方差分析。例如，被试的前测与后测分数构成配对样本，比较被试前测与后测的差异时用配对样本的t检验。显然，前测和后测设计正是单因素重复测量的特例。

二、两因素被试内设计的方差分析

设有两个实验因素，因素 A 有 3 水平（A_1、A_2、A_3），因素 B 有 2 个水平（B_1、B_2），共有 6 个实验处理。如果每个处理做 4 次重复实验，两因素被试间设计需要 24 个被试，两因素被试内设计只需要 4 个被试。两种设计方法分配被试的比较见表 10－16。

表 10－16　两因素完全随机与被试内设计分配被试的比较

两因素完全随机设计					
A_1B_1	A_1B_2	A_2B_1	A_2B_2	A_3B_1	A_3B_2
S_1	S_2	S_3	S_4	S_5	S_6
S_7	S_8	S_9	S_{10}	S_{11}	S_{12}
S_{13}	S_{14}	S_{15}	S_{16}	S_{17}	S_{18}
S_{19}	S_{20}	S_{21}	S_{22}	S_{23}	S_{24}
两因素被试内设计					
A_1B_1	A_1B_2	A_2B_1	A_2B_2	A_3B_1	A_3B_2
S_1	S_1	S_1	S_1	S_1	S_1
S_2	S_2	S_2	S_2	S_2	S_2
S_3	S_3	S_3	S_3	S_3	S_3
S_4	S_4	S_4	S_4	S_4	S_4

一般地，设 A 有 a 个水平，B 有 b 个水平，做了 r 次重复实验，则两因素被试内设计需要 r 个被试。平方和分解如下

$$SS_T = SS_S + SS_A + SS_{AS} + SS_B + SS_{BS} + SS_{AB} + SS_{ABS} \qquad (10.17)$$

其中，SS_T 是总平方和，自由度为 $df_T = abr-1$；SS_S 是被试间的平方和，自由度为 $df_S = r-1$；SS_A 是 A 的效应平方和，自由度为 $df_A = a-1$；SS_{AS}形式上是 A 与 S 的交互效应平方和，自由度为 $df_{AS} = (a-1)(r-1)$，SS_{AS}类似于单因素 A 的重复测量实验的误差［记为 E（A）］平方和，其均方用于检验 A 的效应显著性；SS_B 是 B 的效应平方和，自由度为 $df_B = b-1$；SS_{BS}形式上是 B 与 S 的交互效应平方和，自由度为 $df_{BS} = (b-1)(r-1)$，SS_{BS}类似于单因素 B 的重复测量实验的误差［记为 E（B）］平方和，其均方用于检验 B 的效应显著性；SS_{AB}是 A 与 B 的交互效应平方和，自由度为 $df_{AB} = (a-1)\cdot(b-1)$；$SS_{ABS}$形式上是 A、B 及 S 的交互效应平方和，自由度为 $df_{ABS} = (a-1)(b-1)(r-1)$，$SS_{ABS}$也是一种误差［记为 E（AB）］平方和，其均方用

于检验 A 与 B 交互效应的显著性。方差分析见表 10－17。

表 10－17　两因素被试内设计的方差分析表

来源	平方和	自由度	均方	F 值	P 值
A	SS_A	$(a-1)$	MS_A	$\frac{MS_A}{MS_{AS}}$	
E (A)	SS_{AS}	$(a-1)(r-1)$	MS_{AS}		
B	SS_B	$(b-1)$	MS_B	$\frac{MS_B}{MS_{BS}}$	
E (B)	SS_{BS}	$(b-1)(r-1)$	MS_{BS}		
AB	SS_{AB}	$(a-)(b-1)$	MS_{AB}	$\frac{MS_{AB}}{MS_{ABS}}$	
E (AB)	SS_{ABS}	$(a-1)(b-1)(r-1)$	MS_{ABS}		
S	SS_S	$(r-1)$			
总和	SS_T	$abr-1$			

【例 10.4】“学生对文章内容的不同预期、阅读速度对阅读理解的影响”的两因素实验，做 12 次重复实验，采用被试内设计，用于 SPSS 做被试内设计的方差分析的实验结果见表 10－18。

表 10－18　两因素被试内设计的实验结果

	A_1B_1	A_1B_2	A_2B_1	A_2B_2	A_3B_1	A_3B_2
S_1	7	6	5	8	3	6
S_2	7	8	3	8	3	5
S_3	6	5	8	6	5	7
S_4	6	10	4	8	6	9
S_5	8	5	6	7	7	8
S_6	7	7	6	9	5	6
S_7	7	8	4	10	5	7
S_8	9	9	6	6	4	7
S_9	9	10	4	10	2	9
S_{10}	6	4	8	6	6	5
S_{11}	5	7	5	10	6	9
S_{12}	6	8	7	9	5	6

(1) 在〈**SPSS Data Editor**〉中输入表 10－18 的数据，有 6 列数据，变量名与表 10－18 中的相同，即第 1 列变量名为 A_1B_1，第 2 列变量名为 A_1B_2，…，第 6 列变量名为 A_3B_2。

(2) 击选〈**Analyze**〉的〈**General Linear Modes**〉下的〈**Repeated Measures**〉命令。

（3）在〈**Repeated Measures Define Factor(s)**〉对话框中，在〈**Within-Subject Factor Name**〉右侧输入被试内因素“A”，在〈**Number of Levels**〉右侧输入 A 的水平“3”，单击〈**Add**〉按钮；在〈**Within-Subject Factor Name**〉右侧输入被试内因素“B”，在〈**Number of Levels**〉右侧输入 B 的水平“2”，单击〈**Add**〉按钮。

（4）单击〈**Define**〉按钮，在〈**Repeated Measures**〉对话框中，将〈$\mathbf{A_1B_1}$-$\mathbf{A_3B_2}$〉指定为〈**Within Subjects Variables(a,b)**〉[要注意顺序，如 A_1B_2 与其后的（1，2）一致]。

（5）单击〈**Options**〉按钮，在〈**Repeated Measures: Options**〉对话框中，将〈**A**〉指定为〈**Display Means for**〉，击选〈**Compare main effects**〉（对 A 各水平的均值进行比较，见图 10－13）。单击按钮〈**Continue**〉。

（6）单击〈**OK**〉按钮。方差分析结果见图 10－11 至图 10－13。

Tests of Within-Subjects Effects

Measure: MEASURE_1

Source		Type III Sum of Squares	df	Mean Square	F	Sig.
A	Sphericity Assumed	19.083	2	9.542	3.645	.043
	Greenhouse-Geisser	19.083	1.671	11.420	3.645	.053
	Huynh-Feldt	19.083	1.935	9.862	3.645	.045
	Lower-bound	19.083	1.000	19.083	3.645	.083
Error(A)	Sphericity Assumed	57.583	22	2.617		
	Greenhouse-Geisser	57.583	18.381	3.133		
	Huynh-Feldt	57.583	21.285	2.705		
	Lower-bound	57.583	11.000	5.235		
B	Sphericity Assumed	53.389	1	53.389	10.253	.008
	Greenhouse-Geisser	53.389	1.000	53.389	10.253	.008
	Huynh-Feldt	53.389	1.000	53.389	10.253	.008
	Lower-bound	53.389	1.000	53.389	10.253	.008
Error(B)	Sphericity Assumed	57.278	11	5.207		
	Greenhouse-Geisser	57.278	11.000	5.207		
	Huynh-Feldt	57.278	11.000	5.207		
	Lower-bound	57.278	11.000	5.207		
A * B	Sphericity Assumed	17.694	2	8.847	7.042	.004
	Greenhouse-Geisser	17.694	1.970	8.983	7.042	.005
	Huynh-Feldt	17.694	2.000	8.847	7.042	.004
	Lower-bound	17.694	1.000	17.694	7.042	.022
Error(A*B)	Sphericity Assumed	27.639	22	1.256		
	Greenhouse-Geisser	27.639	21.667	1.276		
	Huynh-Feldt	27.639	22.000	1.256		
	Lower-bound	27.639	11.000	2.513		

图 10－11　被试内因素的方差分析

说明：

（1）在 SPSS 输出结果的方差分析中（见图 10－11），有 4 行结果，需要看被试内因素的 Mauchly 球形（Sphericity）检验结果（见图 10－12）来

Mauchly's Test of Sphericity[b]

Measure: MEASURE_1

Within Subjects Effect	Mauchly's W	Approx. Chi-Square	df	Sig.	Epsilon[a] Greenhouse-Geisser	Huynh-Feldt	Lower-bound
A	.803	2.193	2	.334	.835	.968	.500
B	1.000	.000	0	.	1.000	1.000	1.000
A * B	.985	.155	2	.925	.985	1.000	.500

Tests the null hypothesis that the error covariance matrix of the orthonormalized transformed dependent variables is proportional to an identity matrix.

a. May be used to adjust the degrees of freedom for the averaged tests of significance. Corrected tests are displayed in the Tests of Within-Subjects Effects table.

b. Design: Intercept
Within Subjects Design: A+B+A*B

图 10－12　检验被试内因素的球形假设

Tests of Between-Subjects Effects

Measure: MEASURE_1
Transformed Variable: Average

Source	Type III Sum of Squares	df	Mean Square	F	Sig.
Intercept	3120.500	1	3120.500	1647.624	.000
Error	20.833	11	1.894		

图 10－13　被试间因素的方差分析

决定看哪一行的结果。球形假设包含了假设不同次测量的方差相等、不同次测量的相关系数也相等的假设。如果结果是不拒绝球形假设（显著性概率大于 0.1 或 0.05），则看方差分析中第一行的结果，否则要看其他三种校正的结果。三种校正方法中，Huynh-Feldt 的校正结果往往较好。

（2）本例中，由于球形假设可以接受（见图 10－12，如因素 A 对应的显著性概率 $P=0.334$），故图 10－11 中只看“Sphericity Assumed”结果，列成表 10－19 那样的方差分析表，其中被试间的数据见图 10－13 中的误差（error）一行（被试间平方和其实是一种误差平方和，由被试间的差异引起）。

（3）由表 10－19 知，“标题提示”的主效应显著（$P=0.043$），“阅读速度”的主效应以及两个因素间的交互效应都非常显著（$P<0.01$）。

（4）由图 10－14 的多重比较结果可知，“标题提示”的第 1、2 水平之间（不带“＊”）差异不显著，其余水平之间差异显著。

（5）有关多重比较结果的解释和交互效应的解释，参见例 10.3 的说明。

表 10－19 方差分析表

来源	平方和	自由度	均方	*F* 值	*P* 值
A（标题提示）	19.083	2	9.542	3.645	0.043
E（*A*）	57.583	22	2.617		
B（阅读速度）	53.389	1	53.389	10.253	0.008
E（*B*）	57.278	11	5.207		
AB（交互效应）	17.694	2	8.847	7.042	0.004
E（*AB*）	27.639	22	1.256		
S（被试间）	20.833	11	1.894		
总和	253.499	71			

Pairwise Comparisons

Measure: MEASURE_1

(I) A	(J) A	Mean Difference (I-J)	Std. Error	Sig.[a]	95% Confidence Interval for Difference[a]	
					Lower Bound	Upper Bound
1	2	.292	.494	.567	-.796	1.379
	3	1.208*	.535	.045	.032	2.385
2	1	-.292	.494	.567	-1.379	.796
	3	.917*	.353	.025	.140	1.693
3	1	-1.208*	.535	.045	-2.385	-.032
	2	-.917*	.353	.025	-1.693	-.140

Based on estimated marginal means

*. The mean difference is significant at the .05 level.

a. Adjustment for multiple comparisons: Least Significant Difference (equivalent to no adjustments).

图 10－14 因素 *A* 的多重比较

三、两因素混合设计的方差分析

设有两个实验因素，因素 *A* 有 3 个水平（A_1、A_2、A_3），因素 *B* 有 2 个水平（B_1、B_2），共有 6 个实验处理。如果每个处理做 4 次重复实验，两因素被试内设计需要 4 个被试。如果因素 *A* 是被试内因素，因素 *B* 是被试间因素，就变成了两因素混合设计，共需要 8 个被试。两因素混合设计和两因素被试内设计分配被试的比较见表 10－20。

表 10－20　两因素混合设计与被试内设计分配被试的比较

两因素混合设计					
A_1B_1	A_1B_2	A_2B_1	A_2B_2	A_3B_1	A_3B_2
S_1	S_5	S_1	S_5	S_1	S_5
S_2	S_6	S_2	S_6	S_2	S_6
S_3	S_7	S_3	S_7	S_3	S_7
S_4	S_8	S_4	S_8	S_4	S_8
两因素被试内设计					
A_1B_1	A_1B_2	A_2B_1	A_2B_2	A_3B_1	A_3B_2
S_1	S_1	S_1	S_1	S_1	S_1
S_2	S_2	S_2	S_2	S_2	S_2
S_3	S_3	S_3	S_3	S_3	S_3
S_4	S_4	S_4	S_4	S_4	S_4

一般地，设被试内因素 A 有 a 个水平，被试间因素 B 有 b 个水平，每个处理做了 r 次重复实验，此时需要的被试个数等于 br。两因素混合设计的平方和分解如下

$$SS_T = SS_B + SS_{E(B)} + SS_A + SS_{AB} + SS_{E(A)} \tag{10.18}$$

其中，SS_T 是总平方和，自由度为 $df_T = abr - 1$；SS_B 是被试间因素 B 的效应平方和，自由度为 $df_B = b - 1$；$SS_{E(B)}$ 类似于单因素 B 的完全随机实验中的误差平方和，自由度为 $df_{E(B)} = b\ (r - 1)$，其均方用于检验被试间因素 B 的效应显著性；SS_A 是被试内因素 A 的效应平方和，自由度为 $df_A = a - 1$；SS_{AB} 是 A 与 B 的交互效应平方和，自由度为 $df_{AB} = (a - 1)\ (b - 1)$；$SS_{E(A)}$ 类似于单因素 A 的重复测量实验的误差平方和，自由度为 $df_{E(A)} = b\ (a - 1)\ (r - 1)$，其均方用于检验被试内因素 A 的效应、被试内与被试间交互效应显著性。方差分析见表 10－21。

表 10－21　两因素混合设计的方差分析表

来源	平方和	自由度	均方	F 值	P 值
A	SS_A	$(a-1)$	MS_A	$\frac{MS_A}{MS_{E(A)}}$	
AB	SS_{AB}	$(a-1)\ (b-1)$	MS_{AB}	$\frac{MS_{AB}}{MS_{E(A)}}$	
$E(A)$	$SS_{E(A)}$	$b\ (a-1)\ (r-1)$	$MS_{E(A)}$		
B	SS_B	$(b-1)$	MS_B	$\frac{MS_B}{MS_{E(B)}}$	
$E(B)$	$SS_{E(B)}$	$b\ (r-1)$	$MS_{E(B)}$		
总和	SS_T	$abr-1$			

【例 10.5】“学生对文章内容的不同预期和阅读速度对阅读理解的影响”的两因素实验，做了 12 次重复实验，采用混合设计，“不同预期”为被试内因素，“阅读速度”为被试间因素。用于 SPSS 做混合设计的方差分析的实验结果见表 10－22。

表 10－22　两因素混合设计的实验结果

B	A_1	A_2	A_3
1	7	5	3
1	7	3	3
1	6	8	5
1	6	4	6
1	8	6	7
1	7	6	5
1	7	4	5
1	9	6	4
1	9	4	2
1	6	8	6
1	5	5	6
1	6	7	5
2	6	8	6
2	8	8	5
2	5	6	7
2	10	8	9
2	5	7	8
2	7	9	6
2	8	10	7
2	9	6	7
2	10	10	9
2	4	6	5
2	7	10	9
2	8	9	6

（1）在〈**SPSS Data Editor**〉中输入表 10－22 的数据，有 4 列数据，变量名与表 10－22 中的相同，即第 1 列变量名 B，第 2 列至第 4 列变量名依次为 A_1 ~ A_3。

（2）击选〈**Analyze**〉菜单〈**General Linear Modes**〉下的〈**Repeated Measures**〉命令。

（3）在〈**Repeated Measures Define Factor(s)**〉对话框中，在〈**Within-Subject Factor Name**〉右侧输入被试内因素“A”，在〈**Number of Levels**〉右侧输入 A 的水平“3”，单击〈**Add**〉按钮（定义被试内因素）。

（4）单击〈**Define**〉按钮，在〈**Repeated Measures**〉对话框中，将〈$\mathbf{A_1}$—$\mathbf{A_3}$〉指定为〈**Within- Subjects(a)**〉，将〈**B**〉指定为〈**Between-Subjects Factor(s)**〉(定义被试间变量)。

（5）单击〈**Options**〉按钮，在〈**Repeated Measures: Options**〉对话框中，将〈**A**〉指定为〈**Display Means for**〉，击选〈**Compare main effects**〉(对 A 各水平的均值进行比较)。单击〈**Continue**〉按钮。（如果需要做被试间因素的多重比较，单击〈**Post Hoc**〉后设置选项。）

（6）单击〈**OK**〉按钮。方差分析结果见图 10－15 和图 10－16。

Tests of Within-Subjects Effects

Measure: MEASURE_1

Source		Type III Sum of Squares	df	Mean Square	F	Sig.
A	Sphericity Assumed	19.083	2	9.542	4.926	.012
	Greenhouse-Geisser	19.083	1.870	10.204	4.926	.014
	Huynh-Feldt	19.083	2.000	9.542	4.926	.012
	Lower-bound	19.083	1.000	19.083	4.926	.037
A * B	Sphericity Assumed	17.694	2	8.847	4.568	.016
	Greenhouse-Geisser	17.694	1.870	9.462	4.568	.018
	Huynh-Feldt	17.694	2.000	8.847	4.568	.016
	Lower-bound	17.694	1.000	17.694	4.568	.044
Error(A)	Sphericity Assumed	85.222	44	1.937		
	Greenhouse-Geisser	85.222	41.143	2.071		
	Huynh-Feldt	85.222	44.000	1.937		
	Lower-bound	85.222	22.000	3.874		

图 10－15　被试内因素的方差分析

说明：

（1）由于因素 A 的球形假设可以接受（$\chi^2=1.511$，$P=0.470$），被试内因素的主效应和交互效应的检验只看图 10－15 中“Sphericity Assumed”结果。

（2）图 10－16 是被试间因素的主效应检验结果。

（3）结合图 10－15 和图 10－16 可列出如表 10－23 那样的方差分析表。从中可以看出，“标题提示”的主效应以及它与“阅读速度”的交互效应均显著（$P<0.05$），“阅读速度”的主效应非常显著（$P=0.001$）。

（4）由图 10－17 的多重比较结果可知，“标题提示”的第 1、2 水平之间（不带“＊”）差异不显著，其余水平之间差异显著。

（5）有关多重比较结果的解释和交互效应的解释，参见例 10.3 的说明。

Tests of Between-Subjects Effects

Measure: MEASURE_1
Transformed Variable: Average

Source	Type III Sum of Squares	df	Mean Square	F	Sig.
Intercept	3120.500	1	3120.500	878.889	.000
B	53.389	1	53.389	15.037	.001
Error	78.111	22	3.551		

图 10－16　被试间因素的方差分析

表 10－23　方差分析表

来源	平方和	自由度	均方	F 值	P 值
A（标题提示）	19.083	2	9.542	4.926	0.012
AB（交互效应）	17.694	2	8.847	4.568	0.016
E（A）	85.222	44	1.937		
B（阅读速度）	53.389	1	53.389	15.037	0.001
E（B）	78.111	22	3.551		
总和	253.499	71			

Pairwise Comparisons

Measure: MEASURE_1

(I) A	(J) A	Mean Difference (I-J)	Std. Error	Sig.[a]	95% Confidence Interval for Difference[a]	
					Lower Bound	Upper Bound
1	2	.292	.419	.493	-.577	1.160
	3	1.208*	.435	.011	.306	2.110
2	1	-.292	.419	.493	-1.160	.577
	3	.917*	.346	.015	.199	1.634
3	1	-1.208*	.435	.011	-2.110	-.306
	2	-.917*	.346	.015	-1.634	-.199

Based on estimated marginal means

*. The mean difference is significant at the .05 level.

a. Adjustment for multiple comparisons: Least Significant Difference (equivalent to no adjustments).

图 10－17　因素 A 的多重比较

第四节 基于项目的方差分析

在通常的实验中，被试是从研究总体（例如男生总体、女生总体）中抽取的，实验中的被试是研究总体的代表，方差分析的目的是将实验结果推论到研究总体。在心理学研究中，经常涉及实验材料或实验项目，如研究被试对高频词和低频词的反应时间，单词或者词语就是所谓的项目，而项目是从（项目）研究总体（例如高频词总体、低频词总体）中抽取的，实验中的项目是项目研究总体的代表。基于项目的方差分析（analysis of variance by items）的目的是将实验结果推论到项目研究总体。

把通常方差分析中对被试的理解迁移到项目上，就容易知道如何做基于项目的方差分析。首先，研究者心目中有一个项目总体，实验中的项目是项目总体的代表；然后，从项目总体中随机抽取（例如通过标注词频的字典随机抽取高频词和低频词）项目进行实验；最后，将项目作为实验单位，对数据结果按项目进行整理，做基于项目的方差分析。

【例 10.6】要研究词频对单词命名反应时间的影响，实验因素词频有两个水平：高频和低频，因变量是反应时间（秒）。随机抽取 16 个单词（其中 8 个高频词和 8 个低频词）作为实验项目，有 18 个被试对所有 16 个单词做命名反应。得到表 10－24 那样的实验数据。对于这套实验数据，可以做两种类型的方差分析：基于被试的方差分析（analysis of variance by subjects）和基于项目的方差分析。

表 10－24 18 个被试对 8 个高频词和 8 个低频词的命名反应时间

被试	高频组								
	词 1	词 2	词 3	词 4	词 5	词 6	词 7	词 8	被试均值
1	3	5	4	4	5	5	5	4	4.38
2	5	6	6	5	6	5	5	4	5.25
3	5	4	5	4	5	6	5	4	4.75
4	3	4	5	5	5	4	4	4	4.25
5	4	4	5	6	4	5	5	5	4.75

续上表

被试	高频组 词 1	词 2	词 3	词 4	词 5	词 6	词 7	词 8	被试均值
6	5	5	5	5	4	6	4	5	4. 88
7	6	6	6	5	5	5	6	4	5. 38
8	6	5	6	5	6	5	4	6	5. 38
9	6	5	6	6	6	7	7	6	6. 13
10	4	3	3	2	4	4	3	2	3. 13
11	2	2	3	3	2	4	3	3	2. 75
12	3	4	3	4	5	5	6	5	4. 38
13	4	5	6	5	4	5	3	5	4. 63
14	6	4	4	4	5	5	4	4	4. 50
15	4	5	3	2	4	4	3	2	3. 38
16	4	4	4	4	5	5	6	5	4. 63
17	5	4	6	5	4	5	7	5	5. 13
18	4	5	4	5	5	6	4	4	4. 63
项目均值	4. 39	4. 44	4. 67	4. 39	4. 67	5. 06	4. 67	4. 28	4. 57

被试	低频组 词 9	词 10	词 11	词 12	词 13	词 14	词 15	词 16	被试均值
1	6	5	5	6	7	5	5	4	5. 38
2	7	7	6	7	6	6	6	7	6. 50
3	5	4	5	5	6	6	5	6	5. 25
4	5	4	3	5	5	7	6	4	4. 88
5	7	8	6	8	7	8	6	5	6. 88
6	6	6	7	8	8	7	7	8	7. 13
7	6	7	6	8	6	7	7	7	6. 75
8	8	8	6	9	7	8	8	9	7. 88
9	6	9	7	8	6	6	8	7	7. 13
10	5	4	4	5	4	4	5	5	4. 50
11	4	5	4	6	5	5	5	5	4. 88
12	5	7	6	5	6	7	6	7	6. 13
13	5	7	6	6	5	5	4	5	5. 38

续上表

被试	低频组								
	词 9	词 10	词 11	词 12	词 13	词 14	词 15	词 16	被试均值
14	6	6	5	6	6	5	5	6	5.63
15	5	5	5	6	4	5	3	4	4.63
16	5	5	5	6	4	5	5	5	5.00
17	5	7	6	7	6	7	6	7	6.38
18	5	5	6	7	5	5	4	5	5.25
项目均值	5.61	6.06	5.44	6.56	5.72	6.00	5.61	5.89	5.86

一、基于被试的方差分析和 F 检验

通常所做的方差分析就是基于被试的方差分析，其中被试作为实验单位和统计分析单位。就表 10－24 的数据，需要做如下处理：分别计算每个被试对 8 个高频词和 8 个低频词的平均反应时间（见表 10－24“被试均值”所在的列），可以得到表 10－25 数据，其中每个被试有两个数值，一个是高频组的平均反应时间，另一个是低频组的平均反应时间。

显然，高频组和低频组平均反应时间属于被试内设计的数据（这里只有两组，属于配对样本），做被试内设计的方差分析和 F 检验（只有两组的情形就是配对样本的 t 检验）。高频组均值 $M_{高}=4.57$，标准差 $SD=0.83$；低频组均值 $M_{低}=5.86$，$SD=1.01$。$F(1, 17)=74.35$，$P<0.001$［或者 $t(17)=-8.62$，$P<0.001$］。检验结果是，对高频词的反应时间显著少于对低频词的反应时间。就是说，对高频词的命名反应显著快于对低频词的命名反应，就样本而言，平均快了 1.29 秒。

表 10－25　18 个被试对高频词和低频词的平均命名反应时间

被试	高频组	低频组
1	4.38	5.38
2	5.25	6.50
3	4.75	5.25
4	4.25	4.88
5	4.75	6.88

续上表

被试	高频组	低频组
6	4.88	7.13
7	5.38	6.75
8	5.38	7.88
9	6.13	7.13
10	3.13	4.50
11	2.75	4.88
12	4.38	6.13
13	4.63	5.38
14	4.50	5.63
15	3.38	4.63
16	4.63	5.00
17	5.13	6.38
18	4.63	5.25
均　值	4.57	5.86
标准差	0.83	1.01

二、基于项目的方差分析和 F 检验

在基于项目的方差分析中，项目作为实验单位和统计分析单位。就表 10－24 的数据，需要做如下处理：对每个词，分别计算全部 18 个被试的平均反应时间（见表 10－24 项目均值所在的两行），可以得到表 10－26 数据，其中每个词只有一个平均反应时间。

此时，高频组和低频组平均反应时间属于项目间设计的数据（相当于被试间设计，这里是两个独立样本）。用通常的方法做“被试间”设计的方差分析和 F 检验（只有两组的情形就是独立样本的 t 检验）。高频组 $M_{高}=4.57$，标准差 $SD=0.23$；低频组 $M_{低}=5.86$，$SD=0.33$。$F(1,14)=71.28$，$P<0.001$ [或者 $t(14)=-8.44$，$P<0.001$]。检验结果仍然是，对高频词的命名反应显著快于对低频词的命名反应，就样本而言，平均快了 1.29 秒。

表 10-26　16 个词的平均命名反应时间

高频组		低频组	
项目	平均反应时间	项目	平均反应时间
词 1	4.39	词 9	5.61
词 2	4.44	词 10	6.06
词 3	4.67	词 11	5.44
词 4	4.39	词 12	6.56
词 5	4.67	词 13	5.72
词 6	5.06	词 14	6.00
词 7	4.67	词 15	5.61
词 8	4.28	词 16	5.89
均 值	4.57	均 值	5.86
标准差	0.23	标准差	0.33

三、两种方差分析的联系和区别

上面两种方差分析得到的高频组平均反应时间相同，低频组平均反应时间也相同。这不是巧合，对于每个实验处理，两种方差分析得到的平均值理论上完全相同。但由于舍入误差，结果可能会有少许出入。两种方差分析得到的标准差可能会相差很大，基于被试的标准差反映了被试间的差异，基于项目的标准差反映了项目间的差异。一般情况下，被试间的差异往往比项目间的差异大（参见表 10-25 和表 10-26 的标准差）。

两种方差分析对应的实验设计类型可能是不相同的。在例 10.6 中，每个被试有两个均值（一个高频组均值和一个低频组均值），因而基于被试的方差分析属于被试内设计。但每个项目只有一个均值，高频组和低频组是独立的两组词，因而基于项目的方差分析属于项目间设计（相当于通常的被试间设计）。因而两种方差分析不是一回事。

一个实验，如果被试来自被试总体，项目来自项目总体，最好是同时做两种方差分析进行 F 检验。为了区别，通常将基于被试的方差分析得到的 F 值记为 F_s 或 F_1，基于项目的方差分析得到的 F 值记为 F_i 或 F_2。理想的结果是检验结果一致，即感兴趣的效应在两种 F 检验中都显著或者都不显著。只要其中一个检验结果是显著的，就可以认为效应显著，但最好重复类似的实验加以确认。

习　题

1. 两组均值的比较通常做 t 检验，是否可以做 F 检验？如果可以，需要做多重比较吗？

2. 对于单因素方差分析，证明：

$$SS_T = \sum_{i=1}^{a}\sum_{j=1}^{r}(y_{ij} - \bar{y}_{..})^2 = \sum_{i=1}^{a}\sum_{j=1}^{r}y_{ij}^2 - (ar)\bar{y}_{..}^2$$

$$SS_A = \sum_{i=1}^{a}\sum_{j=1}^{r}(\bar{y}_{i.} - \bar{y}_{..})^2 = r\sum_{i=1}^{a}\bar{y}_{i.}^2 - (ar)\bar{y}_{..}^2$$

$$SS_E = \sum_{i=1}^{a}\sum_{j=1}^{r}(y_{ij} - \bar{y}_{i.})^2 = SS_T - SS_A$$

3. 利用上面公式和公式（10.7）～（10.9），手工计算表 10－27 中数据的方差分析。

表 10－27

水平	观测					
	1	2	3	4	5	$\bar{y}_{i.}$
A_1	7	8	10	9	6	8
A_2	6	4	7	5	8	6
A_3	4	6	4	3	3	4

4. 使用 SPSS 对上题进行方差分析，检验零假设 H_0：$\mu_1 = \mu_2 = \mu_3$。如果拒绝零假设，做多重比较检验。

5. 写在生词本上的生词，排在前面的几个和排在最后的几个似乎比较容易记住。表 10－28 是对 8 个人的实验结果。每个人都记 30 个生词（随机排序），分成三组：首 10 个生词、中间 10 个生词和最后 10 个生词。因变量是一定时间后各组生词的正确回忆个数。

表 10－28

首 10 个词	中间 10 个词	末 10 个词
8	6	7
9	9	7
10	7	9
7	4	8
6	5	7

续上表

首 10 个词	中间 10 个词	末 10 个词
9	3	4
8	5	6
7	6	5

（1）这个实验的因素是什么？

（2）这个实验是被试内设计还是被试间设计？

（3）计算各组的均值和标准差。

（4）画图直观比较各组均值。

（5）写出零假设进行方差分析和 F 检验。

（6）生词的位置对记忆的效应显著吗？

（7）做出检验结论并解释。

6. 表 10－29 是一个两因素被试间设计的实验结果。

表 10－29

	B_1	B_2	B_3
	6	0	3
	12	4	2
A_1	14	2	6
	8	3	1
	5	4	4
	7	12	10
	8	14	11
A_2	2	15	9
	1	9	8
	4	12	6

（1）计算每个处理的均值。例如 A_1B_2 的均值为 2.6。

（2）计算每个水平的均值。例如 B_3 的均值为 6.0。

（3）从上面得到的各水平的均值和各处理的均值，猜测交互效应是否显著，因素 A 的主效应是否显著，因素 B 的主效应是否显著。

（4）做方差分析，检验主效应和交互效应。

（5）对分析结果做出解释。

7. 学生打字的正确率会受到外界的干扰。做一个两因素实验，一个因素是被试的自信，有2个水平：高自信和低自信；另一个因素是干扰，也有2个水平：单独和有观众。表10－30是被试在3分钟内打100个字的错误个数。

表10－30

	单独	有观众
高自信	6	10
	12	14
	14	12
	8	7
	5	9
	7	6
低自信	7	12
	8	14
	12	18
	11	20
	9	15
	6	18

（1）如果单独和有观众安排的是不同的被试，共需要24个被试。检验主效应和交互效应，解释结果。

（2）如果单独和有观众安排的是相同的被试，共需要12个被试。检验主效应和交互效应，解释结果。

（3）分析干扰的简单主效应。

（4）能否将两个因素都设计为被试内因素？为什么？

8. 用表格的方式对方差分析做一个小结，区分单因素和双因素，完全随机设计和随机区组设计，被试间设计、被试内设计和混合设计。内容包括平方和分解公式，在SPSS中数据排放方式，SPSS窗口操作的前两步菜单。

第十一章 Logistic 回归

回归分析和方差分析都要求因变量是连续变量，但在心理、教育和其他社会科学研究领域，碰到的因变量可能是分类变量而非连续变量。例如，要研究高中毕业生能否上大学受到哪些因素的影响，此时因变量的取值只有两个：上大学（编码为1）和不能上大学（编码为0）。在这种情况下，不管自变量如何变化，因变量只能取值0或1。此时，通常的回归分析和方差分析就不适用了，应该使用 Logistic 回归。

Logistic 回归是处理因变量为分类变量的一种统计方法。其处理的因变量既可以是二分类的，也可以是多分类的。本章只讨论常用的二分类 Logistic 回归（binary logistic），即因变量只取两个值。

第一节 一元 Logistic 回归模型

一、模型概述

因变量只取两个值，表示一种结果的两种可能性。例如，一个高中毕业生能否上大学，受到学业成绩、家庭经济状况等多种因素的影响，但最终的可能性只有两个，要么上大学，要么没有上大学。不妨把事件发生（如上大学）的情况定义为 $Y=1$，事件不发生（如没有上大学）的情况定义为 $Y=0$。此时，事件发生的概率为 $p=P(Y=1)$，事件不发生的概率为 $1-p=P(Y=0)$。

虽然 Y 不是连续变量，但 p 是连续变量。因而可以想到以 p 为因变量对

自变量 X 建立回归模型：

$$p = \beta_0 + B_1X + \varepsilon \tag{11.1}$$

然而，理论和经验都告诉我们，p 受 X 的影响往往不是线性的，在 $p=0$ 或 $p=1$ 附近，影响很不敏感。例如，高中毕业生能上大学的概率受到学生学业成绩的影响：在低分端，能上大学的概率几乎是零，随着成绩的提高，概率开始缓慢提高，随着成绩的逐步增加，概率上升很快；但当成绩增加到一定程度，概率上升的速度放慢，在高分端几乎不再上升。画出以 p 为纵轴，以 X 为横轴的线形图，会得到图 11－1 那样的“S”形曲线。

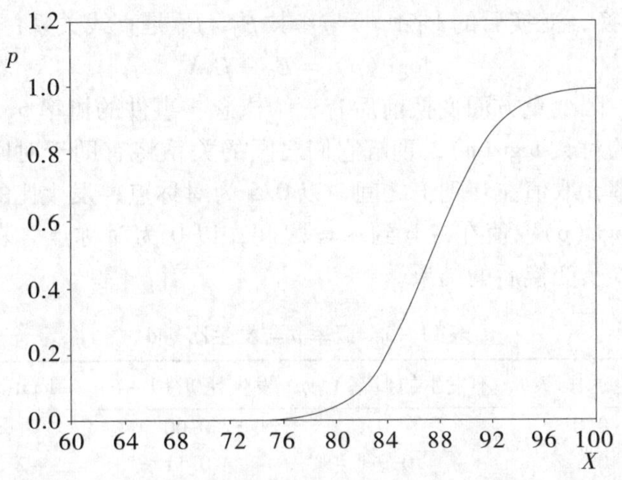

图 11－1　上大学的概率 p 受成绩 X 影响的“S”形曲线

又如，家庭拥有汽车这一事件受到家庭收入的影响。对低收入家庭，提高一点收入，几乎谈不上提高拥有汽车的可能性，只有收入达到一定水平，这种可能性才明显随收入上升。但对于有能力购买汽车的高收入家庭，再增加一些收入，对购买汽车的欲望影响很小。因而也可以画出图 11－1 那样的“S”形曲线，来反映家庭拥有汽车的概率受家庭收入的影响。

上述“S”形曲线有如下函数形式：

$$p = \frac{e^{\beta_0+\beta_1X}}{1+e^{\beta_0+\beta_1X}} \text{或写成} p = \frac{1}{1+e^{-(\beta_0+\beta_1X)}} \tag{11.2}$$

其中 e 是自然对数的底（常数），β_0，β_1 是模型参数。

Logistic 回归中一个很重要的概念是发生比（odd），定义为事件发生的概率 p 与事件不发生的概率 $1-p$ 之比，也称为成败比。由（11.2）容易

推出

$$\text{odd} = \frac{p}{1-p} = e^{\beta_0+\beta_1 X} \tag{11.3}$$

因而

$$\ln(\text{odd}) = \ln\left(\frac{p}{1-p}\right) = \beta_0 + \beta_1 X \tag{11.4}$$

记

$$\text{logit}(p) = \ln\left(\frac{p}{1-p}\right)$$

称为 Logit 变换，变换后的 logit(p)与参数 β_0，β_1 是直线关系：

$$\text{logit}(p) = \beta_0 + \beta_1 X \tag{11.5}$$

这样，在因变量方面变换前后有三个概念：事件的概率 p，发生比 odd，以及发生比的对数 logit(p)，理解它们之间的关系将有助于对回归分析结果的解释。概率 p 取值在 0 到 1 之间，以 0.5 为对称点；发生比的取值范围是 0 到∞；而 logit(p)取值在 $-\infty$ 到 $+\infty$ 之间，以 0 为对称点。表 11－1 给出了若干 p 值以及变换后的结果。

表 11－1　概率 p 与发生比 odd

发生的概率 p	不发生的概率 $1-p$	发生比 $p/(1-p)$	logit(p)
0.0	1.0	0.00	$-\infty$
0.1	0.9	0.11	−2.20
0.2	0.8	0.25	−1.39
0.25	0.75	0.33	−1.10
0.3	0.7	0.43	−0.85
0.4	0.6	0.67	−0.41
0.5	0.5	1.00	0.00
0.6	0.4	1.50	0.41
0.7	0.3	2.33	0.85
0.75	0.25	3.00	1.10
0.8	0.2	4.00	1.39
0.9	0.1	9.00	2.20
1.0	0.0	∞	∞

前面说过，在 $p=0$ 或 $p=1$ 附近，p 随 X 的变化很缓慢。但 logit(p)在 $p=0$ 和 $p=1$ 的附近变化幅度很大，而且当 p 从 0 变化到 1 时，logit(p)从 $-\infty$ 变到 $+\infty$。因而不管自变量的取值如何变化，得到的 logit(p)预测值均

有意义。这样，引入 p 的 logit 变换解决了分类因变量的回归中所面临的两个问题：①因变量的取值区间限制；②变量间的曲线关联。

二、模型估计

变换后的模型（11.5）表面上与通常的一元回归模型没有差别，但是 Logistic 回归和线性回归有一些本质区别。①线性回归的因变量和自变量是线性关系；而 Logistic 回归中的因变量 p 和自变量之间的关系是非线性的，只是通过 logit 变换而转换为线性关系，即自变量与 logit(p)之间为线性关系。②线性回归中通常假设因变量 Y 服从正态分布；但在 Logistic 回归中，原始的因变量 Y 服从二项分布。③线性回归模型中通常假设误差服从正态分布；在 Logistic 回归中的原始误差服从二项分布。

由于 Logistic 回归模型与通常的回归模型两者误差的产生方式和分布不同，所以 Logistic 回归不用最小二乘估计，而用极大似然估计（maximum likelihood estimation，MLE）。

似然函数（likelihood）是极大似然估计中涉及的一个重要概念，它是在假设的拟合模型为真的情况下能观测到目前的特定样本数据的概率。为便于数学处理，对似然函数取自然对数得到对数似然函数（log-likelihood）。对数似然函数含有模型的未知参数，希望求出的参数使得对数似然函数达到最大值。这种通过最大化对数似然函数来估计参数的方法，就是极大似然估计法，得到的估计称为极大似然估计。极大似然估计法既可以用于线性模型，也可以用于非线性模型。说明一下，在通常的回归模型中，如果误差是正态分布，则最小二乘估计其实也是极大似然估计。

和线性回归一样，也可以计算参数估计的标准误（但 Logistic 回归计算的是渐近标准误）和参数的置信区间，其含义也和线性回归中的相同，这里从略。

三、回归系数的解释

Logistic 回归系数的解释没有线性回归系数的解释那么直观。虽然 Logistic 回归系数也是对应于自变量一个单位的变化所导致的因变量的变化，但是 Logistic 回归模型中的因变量是 logit(p)，而不是我们感兴趣的 p。就是说，回归系数 β_1 表示 X 改变一个单位时，连续变量 logit(p)的改变量①。而

① 实际上是平均改变量，以下不再说明。

β_0 则是 X 等于零时，logit(p)的值。

虽然这种解释简单，但是logit(p)含义不容易理解，所以这并没有解释我们所研究的实际问题。不过，发生比 odd $=\frac{p}{1-p}$意义比较明显，它表示事件发生的概率与不发生的概率的比值。所以可以把 logit(p) 转化为odd后来解释。

由（11.4）得到

$$\text{odd}=\frac{p}{1-p}=e^{\beta_0+\beta_1 X}$$

实际上odd是 X 的函数，即 $\text{odd}(X)=e^{\beta_0+\beta_1 X}$，从而

$$\frac{\text{odd}(X+1)}{\text{odd}(X)}=e^{\beta_1} \tag{11.6}$$

称 e^{β_1}为发生比率（odd ratio）或成败比率。这样，将回归系数 β_1 转化为发生比率 e^{β_1}后，统计意义就很直观了。自变量增加一个单位时，发生比 odd 增加到原来的 e^{β_1}倍。例如，当 $\beta_1=0.4$ 时，发生比是原来的 $e^{0.4}=1.49$ 倍，即增长了49%。特别地，当 $X=0$ 变到 $X=1$ 时，发生比增长了49%。简单地说，$e^{\beta_1}-1$ 就是自变量增加一个单位时发生比的增长率。

发生比率等于1时（此时 $\beta_1=0$），说明 X 变化时，发生比没有变化。发生比率大于1时（此时 $\beta_1>0$），发生比随 X 的增加而增加。发生比率小于1时（此时 $\beta_1<0$），发生比随 X 的增加而降低。

四、模型检验

似然函数是一种概率，取值范围在0至1之间，因而对数似然函数为负数，取值范围是 $-\infty$ 至0之间。通常将其乘以2后取负号，即 -2log-likelihood（缩写为 -2LL），变成一个正数，它近似服从 χ^2 分布。

SPSS中Logistic回归结果会报告这个统计量。如果模型与观测数据拟合程度较高，则似然函数值较大，即能观测到目前的特定样本数据的概率较大，因而对数似然函数值较接近零，即 -2LL是一个较小正数。反之，如果模型与观测数据拟合程度较低，则似然函数值较小，即能观测到目前的特定样本数据的概率较小，因而对数似然函数值是一个远离零的负数，即 -2LL是一个较大的正数。就是说，较小的 -2LL说明模型拟合较好。不过，如果没有参照，难以说明多小的 -2LL就是一个好模型，通常将 -2LL用以模型比较，而不是作为检验模型好坏的一个绝对标准。

例如，如果模型中只有常数项，可以得到一个 -2LL 值，记为χ^2_{M0}。将一个自变量加入模型，又可以得到一个 -2LL 值，记为χ^2_{M1}。此时由于模型拟合得好一些，所以χ^2_{M1}比χ^2_{M0}小。两者之差$\chi^2_{M0}-\chi^2_{M1}$近似服从自由度是 1 的χ^2分布。由χ^2检验可以确定自变量的显著性。

可以用同一批数据拟合不同的模型，然后比较拟合优度统计量 -2LL 的大小，有较小 -2LL 的模型较佳。但是，需要注意的是，比较的前提是各个自变量不存在缺失值。因为当自变量中存在缺失值的时候，一般的统计软件在计算和估计时会剔除缺失值，不同的模型最后选用的自变量可能是不同的，这就容易造成不同模型所用的数据不同，其结果自然不可比。

五、回归系数的检验

通常使用 Wald 统计量对 Logistic 回归系数进行显著性检验，称为 Wald 检验。Wald 统计量的计算公式为：

$$\text{Wald} = \left(\frac{b_1}{se(b_1)}\right)^2 \tag{11.7}$$

其中，b_1 是回归系数β_1 的估计，$se(b_1)$ 是其标准误。即 Wald 统计量是回归系数的估计与其标准误之比的平方，近似服从χ^2分布。与线性回归方程参数显著性的 t 检验类似，Wald 统计量用于检验自变量是否显著。Wald 统计量越大，说明自变量的作用越显著。可以检视 Wald 统计量的显著性概率，如果小于 α（如 0.05），则回归系数显著。

Wald 统计量有一个不好的性质，即当回归系数的绝对值较大时，会因为标准误大反而导致 Wald 统计量很小，从而不拒绝原假设 H_0，增加犯第二类错误的概率。所以在实际研究中，如果发现回归系数的值很大，就不要用 Wald 统计值来检验。此时推荐使用上面介绍的对$\chi^2_{M0}-\chi^2_{M1}$做χ^2检验。

六、伪测定系数

Logistic 回归模型中的伪测定系数是从对数似然值出发计算出来的，它与线性回归模型的测定系数（R^2）相似，反映了因变量总的变异中被模型中的自变量解释了的比例。伪测定系数是评价模型好坏的一个方便而容易理解的指标。SPSS 在 Logistic 回归估计结果中给出的是 Cox & Snell R Square 和 Nagelkerke R Square。前者是在似然函数值基础上模仿线性回归模型的 R^2 来评价 Logistic 回归模型，但它的最大值往往小于 1，解释时有困难。后者对之做了调整，使得取值范围在 0 和 1 之间，比较容易解释。

七、分类表

根据建构的 Logistic 回归模型对因变量取值的预测情况也可以反映模型的效果。分类表就是将观测样本分为事件发生（1）或者不发生（0），列出频数表，并计算 Logistic 回归模型的预测正确率。在进行预测时，通常是将 0.5 作为概率分界点，如果一个样品对应的预测概率值大于或等于 0.5，则将该样品归为事件发生（取值为 1），反之则归为事件不发生（取值为 0）。SPSS 会在结果输出中给出预测分类结果与原始数据分类结果的列联表。预测正确率可以作为评价模型好坏的一个指标。

八、一元 Logistic 回归的 SPSS 操作例解

【例 11.1】某校希望了解学生的性别（女生编码为 0，男生编码为 1）、学生所在班级类型（实验班编码为 1，其他班编码为 0）和学生高考前模拟考试综合成绩与能否升入大学（升学编码为 1，不能升学编码为 0）的关系。数据见表 11－2。这里先考虑成绩与升学的关系。

表 11－2　性别、班别、成绩和升学结果

性别	班别	成绩	升学	人数	性别	班别	成绩	升学	人数
0	0	70	0	1	1	1	84	0	3
0	0	72	0	2	1	1	85	0	3
0	0	73	0	4	1	1	87	0	1
0	0	74	0	2	1	1	88	0	2
0	0	75	0	5	0	0	80	1	1
0	0	76	0	7	0	0	82	1	2
0	0	77	0	8	0	0	83	1	2
0	0	78	0	5	0	0	84	1	1
0	0	79	0	10	0	0	85	1	5
0	0	80	0	22	0	0	86	1	4
0	0	81	0	13	0	0	87	1	2
0	0	82	0	21	0	0	88	1	8
0	0	83	0	8	0	0	89	1	2
0	0	84	0	8	0	0	90	1	1
0	0	85	0	11	0	0	91	1	1
0	0	86	0	10	0	0	95	1	1

续上表

性别	班别	成绩	升学	人数	性别	班别	成绩	升学	人数
0	0	87	0	8	0	1	76	1	1
0	0	88	0	4	0	1	78	1	1
0	0	89	0	1	0	1	82	1	1
0	1	78	0	1	0	1	83	1	1
0	1	79	0	1	0	1	86	1	1
0	1	82	0	3	0	1	90	1	1
0	1	83	0	2	0	1	92	1	1
0	1	84	0	1	1	0	80	1	3
0	1	85	0	2	1	0	81	1	2
0	1	86	0	2	1	0	82	1	1
0	1	87	0	2	1	0	83	1	5
1	0	74	0	1	1	0	84	1	5
1	0	76	0	3	1	0	85	1	8
1	0	78	0	8	1	0	86	1	12
1	0	79	0	4	1	0	87	1	12
1	0	80	0	9	1	0	88	1	11
1	0	81	0	19	1	0	89	1	12
1	0	82	0	17	1	0	90	1	6
1	0	83	0	19	1	0	91	1	7
1	0	84	0	29	1	0	92	1	4
1	0	85	0	13	1	0	93	1	4
1	0	86	0	13	1	0	94	1	2
1	0	87	0	6	1	0	95	1	1
1	0	88	0	4	1	0	96	1	2
1	0	89	0	1	1	1	79	1	1
1	0	90	0	3	1	1	81	1	1
1	0	91	0	1	1	1	84	1	3
1	0	92	0	1	1	1	85	1	4
1	1	74	0	1	1	1	86	1	4
1	1	76	0	1	1	1	87	1	3
1	1	77	0	1	1	1	88	1	3
1	1	79	0	1	1	1	89	1	3
1	1	80	0	2	1	1	90	1	5
1	1	81	0	2	1	1	93	1	1
1	1	82	0	3	1	1	94	1	1
1	1	83	0	3	1	1	95	1	1

因为表 11－2 中的数据不是原始数据，要以人数为权重对数据进行加权处理。为了考察升学概率与成绩的关系是否为“S”形曲线，可将成绩重新编码为成绩等级，并画出升学的频率（相当于事件发生的概率）与成绩等级的线形图（参见第二章）。因为线形图（见图 11－2）近似一条“S”形曲线，所以接下来是做 Logistic 回归。

（一）输入数据并对数据做加权处理

（1）在〈**SPSS Data Editor**〉中输入表 11－2 的数据，先输入左栏的 5 列数据，接着输入右栏的 5 列数据。有 5 个变量，第 1 列变量名为 gender，标签为“性别”。第 2 列变量名为 class，标签为“班别”。第 3 列变量名为 score，标签为“成绩”。第 4 列变量名为 uni，标签为“升学”。第 5 列变量名为 f，标签为“人数”。数据文件取名为“ch11-1. sav”。

（2）击选〈**Data**〉菜单中的〈**Weight Cases**〉命令。在打开的〈**Weight Cases**〉对话框中，将〈**人数**〉指定为〈**Frequency Variable**〉，单击〈**OK**〉按钮。（将人数作为权重对数据加权处理）

（二）将“成绩”重新编码为“成绩等级”

（1）击选〈**Transform**〉菜单〈**Recode**〉下的〈**Into Different Variables**〉命令。

（2）在打开的〈**Recode into Different Variables**〉对话框中，将〈**成绩**〉指定为〈**Input Variable**〉。在〈**Output Variable**〉框中的〈**Name**〉下输入“s_grade”作为重新编码后的成绩等级的变量名。在〈**Label**〉下输入“成绩等级”作为“s_grade”的标签。然后单击〈**Change**〉按钮。

（3）单击〈**Old and New Values**〉按钮。在打开的〈**Recode into Different Variables：Old and New Values**〉对话框中，击选〈**Old Values**〉下的第一个〈**Range**〉，并在〈**through**〉左边输入“69. 5”，右边输入“73. 5”。在〈**New Values**〉下的〈**Value**〉右边输入“1”，然后单击〈**Add**〉。这样就完成了将第 1 组“69. 5—73. 5”重新编码为“1”的操作。此时将会在〈**Old→New**〉下看见〈69. 5 **thru** 73. 5→1〉。

（4）重复同样的操作，将“73. 5—77. 5”重新编码为“2”，将“77. 5—81. 5”重新编码为“3”，将“81. 5—85. 5”重新编码为“4”，将“85. 5—89. 5”重新编码为“5”，将“89. 5—93. 5”重新编码为“6”，将“93. 5—97. 5”重新编码为“7”。

（三）画升学频率与成绩等级的线形图

（1）击选〈**Graphs**〉下的〈**Line**〉命令。

（2）在打开的〈**Line Chart**〉对话框中，画默认简单线形图〈**Simple**〉，单击〈**Define**〉按钮。

（3）在打开的〈**Define Simple Line**：**Summaries for Groups of Cases**〉对话框中，将〈**成绩等级**〉指定为〈**Category Axis**〉。击选〈**Other summary Function**〉，将〈**升学**〉指定为其下面的〈**Variable**〉。

（4）单击〈**Change Summary**〉按钮，在打开的〈**Summary Function**〉对话框中，击选〈**Percentage above**〉，然后在〈**Value**〉右侧输入“0.5”。单击〈**Continue**〉按钮回到〈**Define Simple Line**：**Summaries for Groups of Cases**〉对话框，单击〈**OK**〉按钮。得到图 11－2 的线形图。

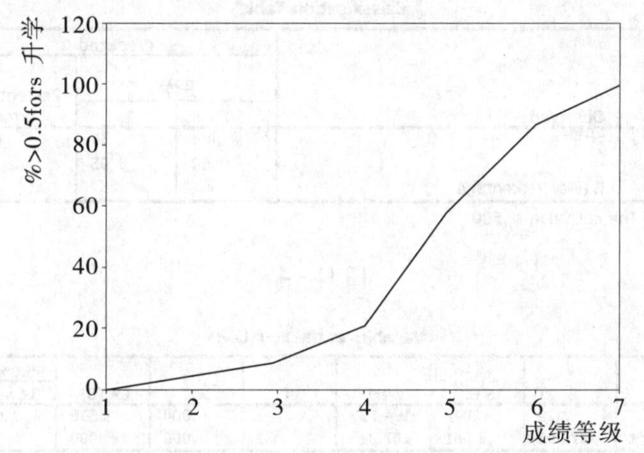

图 11－2　升学频率与成绩等级的线形图

（四）一元 Logistic 回归

（1）击选〈**Analyze**〉菜单〈**Regression**〉下的〈**Binary Logistic**〉命令。

（2）在打开的〈**Logistic Regression**〉对话框中将〈**升学**〉指定为〈**Dependent**〉，将〈**成绩**〉指定为〈**Covariates**〉。

（3）单击〈**Options**〉按钮，在打开的〈**Logistic Regression**：**Options**〉对话框中，击选〈**CI for exp（B）**：〉（输出发生比率的置信区间）。单击〈**Continue**〉按钮，回到〈**Logistic Regression**〉对话框。

（4）单击〈**OK**〉按钮。结果见图 11－3 至图 11－5。

Omnibus Tests of Model Coefficients

		Chi-square	df	Sig.
Step 1	Step	188.311	1	.000
	Block	188.311	1	.000
	Model	188.311	1	.000

Model Summary

Step	-2 Log likelihood	Cox & Snell R Square	Nagelkerke R Square
1	446.028	.313	.436

图 11－3

Classification Table[a]

Observed			Predicted 升学 0	Predicted 升学 1	Percentage Correct
Step 1	升学	0	304	34	89.9
		1	69	95	57.9
	Overall Percentage				79.5

a. The cut value is .500

图 11－4

Variables in the Equation

		B	S.E.	Wald	df	Sig.	Exp(B)	95.0% C.I.for EXP(B) Lower	95.0% C.I.for EXP(B) Upper
Step 1[a]	SCORE	.429	.042	104.532	1	.000	1.536	1.415	1.668
	Constant	-37.095	3.581	107.325	1	.000	.000		

a. Variable(s) entered on step 1: SCORE.

图 11－5

说明：

（1）Logistic 回归输出结果的前面部分（Block 0 的结果）是模型只包含常数项的结果。

（2）由图 11－3 可知，－2LL＝446.028，Nagelkerke 的 $R^2=0.436$。“Omnibus Tests”下的“Chi-square”188.311 就是模型包含自变量“成绩”后与只含常数项的模型相比，－2LL 减少量（就是前面介绍过的$\chi^2_{M0}-\chi^2_{M1}$），即成绩对升学的效应显著。

（3）图 11－4 是分类表，对没有升学的 338 人，预测正确的有 304 人，正确率为89.9%。对于升学的164人，预测正确的有95人，正确率为57.9%。合计有304+95=399人预测正确，总的预测正确率为399/502=79.5%。

（4）图11-5是回归参数的估计和检验结果。“成绩”的回归系数估计是$b_1=0.429$，Wald检验结果是显著（Wald=104.532，$P=0.000$），说明成绩对升学的效应显著。

（5）发生比率是Exp(B)=1.536，说明成绩每增加1分，发生比(odd)增长53.6%。由置信区间中的数据可知，平均而言，有95%的把握说，成绩每增加1分，发生比增长41.5%至66.8%。

（6）最后，可以写出如下Logistic回归方程：

$$\text{logit}(p) = -37.1 + 0.429 * \text{score}$$

或者

$$P(Y=1) = \frac{\exp(-37 + 0.429 * \text{score})}{1 + \exp(-37 + 0.429 * \text{score})}$$

第二节　多元Logistic回归模型

一、模型概述

在多个自变量的情形，与（11.2）相应的模型可以写成

$$p = \frac{e^{\beta_0+\beta_1 X_1+\beta_2 X_2+\cdots+\beta_k X_k}}{1+e^{\beta_0+\beta_1 X_1+\beta_2 X_2+\cdots+\beta_k X_k}} \tag{11.8}$$

而与（11.5）相应的模型可以写成

$$\text{logit}(p) = \beta_0 + \beta_1 X_1 + \beta_2 X_2 + \cdots + \beta_k X_k + \varepsilon \tag{11.9}$$

回归系数的解释和一元的情形相似，回归系数β_i表示其他自变量保持不变的情况下，X_i改变一个单位时，logit(p)的改变量。而e^{β_i}表示其他自变量保持不变的情况下，X_i改变一个单位时，发生比odd增加到原来的e^{β_i}倍。简单地说，$e^{\beta_i}-1$是其他自变量保持不变的情况下，X_i改变一个单位时，发生比的增长率。

二、似然比检验

在多个自变量情形，除了可以像一个自变量情形做模型检验和回归系数检验外，还可以用似然比检验（likelihood ratio test）来比较模型。

如果模型 M1 包含有自变量 X_1，…，X_r，模型 M2 包含有自变量 X_1，…，X_r，X_{r+1}，…，X_k，即 M2 包含了 M1 中的所有自变量，称模型 M1 嵌套于 M2。记两个模型的 -2LL 分别为 χ^2_{M1} 和 χ^2_{M2}，则 $\chi^2_{M1}-\chi^2_{M2}$ 近似服从自由度为（$k-r$）的 χ^2 分布。注意到除了一个常数外，$\chi^2_{M1}-\chi^2_{M2}$ 是两个对数似然函数之差，也就是两个似然函数比值的对数，所以对 $\chi^2_{M1}-\chi^2_{M2}$ 的 χ^2 检验称为似然比检验。

似然比检验可以用来判断在模型中已有 X_1，…，X_r 的情况下，加入自变量 X_{r+1}，…，X_k 对因变量变异的解释是否有显著作用。如果不显著，说明这些自变量都是没有必要的。特别地，似然比检验可以用来检验单个自变量的回归系数是否显著。

在多个自变量的情形下，也可以用 Wald 统计量检验每个回归系数的显著性。

三、拟合优度检验

模型的拟合优度（goodness of fit）是反映模型预测值与实际观测值之间的差异程度。如果二者差异程度小，说明模型较好地拟合了数据。虽然有多种拟合优度检验方法，但 SPSS 中采用的是 Hosmer-Lemeshow 拟合优度检验。

Hosmer-Lemeshow 的拟合优度检验通常把样本数据根据预测概率分为 10 组，然后根据观测频数和期望频数构造 χ^2 统计量，最后根据自由度为组数减 2（$10-2=8$）的 χ^2 分布计算其显著性概率 P，进行检验。如果 P 值小于给定的显著性水平 α（如 $\alpha=0.05$），表明模型的预测值与观测值存在显著差异，模型对数据拟合不好。如果 P 值大于 α，表明模型对数据的拟合可以接受。在 SPSS 中通过主对话框中的〈**Options**〉可以选择输出 Hosmer-Lemeshow 拟合优度检验的结果。

四、自变量的选择

同线性回归模型一样，建立 Logistic 回归模型也有一个自变量的选择问题。就是说，建立的 Logistic 回归模型应该包含对因变量有显著影响的自变量，而将没有影响或者影响较小的变量排除在模型之外。

选择自变量可以参考线性回归模型变量选择的有关讨论，考虑是验证性回归还是探索性回归。

SPSS 中提供了 7 种筛选自变量的方法：1 种是强迫进入法，3 种属于向前选择法（类似于线性回归中的逐步回归法），另有 3 种属于向后剔除法

（类似于线性回归中的向后剔除法）。

（1）Enter，强迫进入法。所有被选择的自变量强制进入 Logistic 回归方程。

（2）Forward：Conditional，基于条件参数的向前逐步回归法。选入变量是基于比分检验（score test）结果，剔除变量是基于条件参数估计似然比检验结果。

（3）Forward：LR，基于极大似然估计的向前逐步回归法。选入变量是基于比分检验结果，剔除变量是基于极大偏似然估计的似然比检验结果。

（4）Forward：Wald，基于 Wald 统计量的向前逐步回归法。选入变量是基于比分检验结果，剔除变量是基于 Wald 检验结果。

（5）Backward：Conditional，基于条件参数的向后剔除法。剔除变量是基于条件参数估计似然比检验结果。

（6）Backward：LR，基于极大似然估计的向后剔除法。剔除变量是基于极大偏似然估计的似然比检验结果。

（7）Backward：Wald，基于 Wald 统计量的向后剔除法。剔除变量是基于 Wald 检验结果。

上述方法中，基于条件参数估计和极大似然估计的方法比较可靠，尤其是后者。而基于 Wald 检验的方法因为它没有考虑各因素的综合作用，当有多重共线性问题存在时，结果往往不可靠，故要慎用。

五、多元 Logistic 回归的 SPSS 操作例解

【例 11.1（续）】以例 11.1 的“升学”为因变量，“性别”、“班别”和“成绩”为自变量，进行多元 Logistic 回归。

（1）打开数据文件“ch11-1. sav”。

（2）击选〈**Analyze**〉菜单〈**Regression**〉下的〈**Binary Logistic**〉命令。

（3）在打开的〈**Logistic Regression**〉对话框中将〈**升学**〉指定为〈**Dependent**〉，将〈**性别**〉、〈**班别**〉和〈**成绩**〉指定为〈**Covariates**〉。

（4）在〈**Methods**〉右侧选择〈**Forward：Conditional**〉。

（5）单击〈**Options**〉按钮，在打开的〈**Logistic Regression：Options**〉对话框中，击选〈**CI for exp（B）：**〉（输出发生比率的置信区间）。击选〈**Hosmer-Lemeshow goodness-of-fit**〉（输出 Hosmer-Lemeshow 拟合优度检验结果）。单击〈**Continue**〉按钮，回到〈**Logistic Regression**〉对话框。

（6）单击〈**OK**〉按钮。结果见图 11－6 至图 11－10。

Variables not in the Equation

			Score	df	Sig.
Step 0	Variables	GENDER	30.996	1	.000
		CLASS	11.851	1	.001
		SCORE	152.054	1	.000
	Overall Statistics		160.243	3	.000

图 11－6

说明：

（1）图 11－6 是第 0 步（此时的模型只有常数项，记为 M_0）的比分检验结果，检验的原假设是，如果将对应变量加入模型，其回归系数等于零。有最大比分的变量（此处是“成绩”）最先被选入模型。

（2）图 11－7 中的检验其实就是似然比检验。由图 11－7 可知，第 1 步中的模型（记为 M_1）只有 1 个自变量“成绩”，Chi-square＝188. 311 是 M_1 相对于 M_0 的似然比，即模型包含自变量“成绩”后与只包含常数项的模型相比，－2LL 的减少量。显著性概率 Sig. ＝0. 000 说明“成绩”对“升学”的影响显著。

Omnibus Tests of Model Coefficients

		Chi-square	df	Sig
Step 1	Step	188.311	1	.000
	Block	188.311	1	.000
	Model	188.311	1	.000
Step 2	Step	7.420	1	.006
	Block	195.731	2	.000
	Model	195.731	2	.000
Step 3	Step	5.884	1	.015
	Block	201.615	3	.000
	Model	201.615	3	.000

图 11－7

第 2 步中的模型（记为 M_2）有 2 个自变量，它们是“成绩”和“班别”。“Step”右侧的 Chi-square＝7. 420 是 M_2 相对于 M_1 的似然比，即增加自变量“班别”后，－2LL 的减少量。显著性概率 Sig. ＝0. 006 说明在模型中已有自变量“成绩”后，“班别”对“升学”的影响显著。“Model”右侧的 Chi-square＝195. 731 是 M_2 相对于 M_0 的似然比，即模型同时包含自变量“班别”和“成绩”后与只包含常数项的模型相比，－2LL 的减少量，自由度是 2。

第 3 步中的模型（记为 M_3）包含了全部 3 个自变量。“Step” 右侧的 Chi-square = 5.884 是 M_3 相对于 M_2 的似然比，即增加 “性别” 后，-2LL 的减少量。显著性概率 Sig. = 0.015 说明在模型中已有自变量 “成绩” 和 “班别” 后，“性别” 对 “升学” 的影响显著。“Model” 右侧的 Chi-square = 201.615 是 M_3 相对于 M_0 的似然比，即模型同时包含 3 个自变量后与只包含常数项的模型相比，-2LL 的减少量，自由度是 3。

（3）图 11-8 中有每一步模型的 -2LL、伪测定系数，以及 Hosmer-Lemeshow 拟合优度检验结果。以 Nagelkerke R^2 来说，“成绩” 解释了 “升学” 变异的 43.6%，增加 “班别” 作为自变量后，解释了 45.0%，全部 3 个自变量解释了 46.1%。可见 “班别” 和 “性别” 分别额外解释了因变量变异的 1.5% 左右。Hosmer-Lemeshow 拟合优度检验结果是 3 个模型拟合都可以接受，以第 2 步得到的模型略好。

Model Summary

Step	-2 Log likelihood	Cox & Snell R Square	Nagelkerke R Square
1	446.028	.313	.436
2	438.608	.323	.450
3	432.724	.331	.461

Hosmer and Lemeshow Test

Step	Chi-square	df	Sig.
1	7.488	8	.485
2	6.543	8	.587
3	7.776	8	.456

图 11-8

（4）图 11-9 是每一步模型对应的分类表。总的预测正确率，M_3（81.5%）比 M_2（79.9%）高出 1.6%，比 M_1（79.5%）高出 2%。模型 2 对于升学人群的预测正确率最高，但对于未升学人群的预测率最低。

（5）图 11-10 是每个模型的回归参数的估计和检验结果。以 M_3 为例，可以写出如下方程：

$$\text{logit}(p) = -36.842 + 0.619 * \text{gender} + 0.823 * \text{class} + 0.420 * \text{score}$$

$$P(Y=1) = \frac{\exp(-36.842 + 0.619 * \text{gender} + 0.823 * \text{class} + 0.420 * \text{score})}{1 + \exp(-36.842 + 0.619 * \text{gender} + 0.823 * \text{class} + 0.420 * \text{score})}$$

Classification Table[a]

Observed			Predicted 升学 0	1	Percentage Correct
Step 1	升学	0	304	34	89.9
		1	69	95	57.9
	Overall Percentage				79.5
Step 2	升学	0	297	41	87.9
		1	60	104	63.4
	Overall Percentage				79.9
Step 3	升学	0	307	31	90.8
		1	62	102	62.2
	Overall Percentage				81.5

a. The cut value is .500

图 11－9

Variables in the Equation

		B	S.E.	Wald	df	Sig.	Exp(B)	95.0% C.I.for EXP(B) Lower	Upper
Step 1[a]	SCORE	.429	.042	104.532	1	.000	1.536	1.415	1.668
	Constant	-37.095	3.581	107.325	1	.000	.000		
Step 2[b]	CLASS	.860	.316	7.405	1	.007	2.363	1.272	4.389
	SCORE	.430	.042	102.622	1	.000	1.537	1.414	1.670
	Constant	-37.279	3.623	105.904	1	.000	.000		
Step 3[c]	GENDER	.619	.258	5.756	1	.016	1.857	1.120	3.078
	CLASS	.823	.319	6.672	1	.010	2.277	1.220	4.251
	SCORE	.420	.043	94.544	1	.000	1.522	1.398	1.656
	Constant	-36.842	3.683	100.037	1	.000	.000		

a. Variable(s) entered on step 1: SCORE.

b. Variable(s) entered on step 2: CLASS.

c. Variable(s) entered on step 3: GENDER.

图 11－10

全部回归系数为显著的正数（参见 Wald 检验结果）说明，“成绩”、“班别”和“性别”都有显著的正效应。成绩好的学生有更高的机会上大学，重点班的学生有更高的机会上大学，男生有更高的机会上大学。

“成绩”对应的发生比率是 1.522，如果其他自变量保持不变，成绩每增加 1 分，发生比增长 52.2%。“班别”对应的发生比率是 2.277，如果其他自变量保持不变，重点班的发生比是其他班的 2.277 倍。“性别”对应的发生比率是 1.857，如果其他自变量保持不变，男生的发生比是女生的 1.857 倍。

（6）对于二分类自变量，用 0—1 编码后，可以当作连续变量对待。如果有自变量是多分类的类别变量，在〈**Logistic Regression**〉对话框中，点击〈**Categorical**〉按钮，在打开的〈**Logistic Regression：Define Categorical**

Variables〉对话框中，将多分类变量指定为〈**Categorical Covariates**〉，系统将为每个多分类变量产生若干0—1伪变量（dummy variable），伪变量个数为分类数减去1。例如，设变量U取4个值（4分类），将第4类作为参照，则三个伪变量（U_1，U_2，U_3）取值（1，0，0）表示第1类，（0，1，0）表示第2类，（0，0，1）表示第3类，（0，0，0）表示第4类。

习　题

1. 已知事件A的发生比是0.25，事件B的概率比事件A的概率大0.3，求事件B的发生比。

2. 解释下面Logistic回归方程的自变量gender（性别）和error（错误个数）的系数含义。

$$\text{logit}(p) = -6.84 + 1.25^{*}\text{gender} - 0.42^{*}\text{error}$$

3. 表11-3是36个大学生英语课程考试成绩和毕业时英语六级考试结果。使用SPSS做Logistic回归分析，并对结果进行解释。

表11-3

课程成绩	六级考试	课程成绩	六级考试
83	合格	69	不合格
78	合格	69	不合格
77	不合格	68	合格
77	合格	67	不合格
76	合格	67	不合格
76	合格	67	不合格
74	不合格	67	不合格
74	合格	66	合格
73	合格	65	不合格
73	不合格	65	不合格
73	不合格	64	不合格
73	合格	63	不合格
73	合格	62	不合格
72	不合格	62	不合格
72	不合格	61	不合格
70	不合格	60	不合格
69	合格	55	不合格
69	不合格	52	不合格

第十二章
因子分析

一个研究可能涉及许多变量，有些变量之间相关性高，而有些变量之间相关性低。求出变量之间的相关系数就可以了解变量之间的相关情况。因子分析（factor analysis）是根据相关性大小把变量分组，使得同组内变量之间的相关性较高，不同组之间的相关性较低。变量分组后，问题得到简化，可以从不同的角度来分析和解释变量组。

每组变量对应于一个所谓的因子（factor）。在因子分析中，因子被认为是造成该组变量变化的共同原因。从量表的角度看，因子是一组题目测量到的潜在特质。

例如，假设我们调查了某校高中新生的情况，包括身高、体重、语文入学成绩、数学入学成绩、英语入学成绩、家庭人均年收入、家庭月均支出。这七个变量中，身高与体重相关较高，三科入学成绩之间相关较高，家庭人均年收入与家庭月均支出相关较高，而其余的变量之间（如身高与语文成绩）的相关较低。这样，可以将七个变量分成三组。身高、体重为一组，反映了学生的身形；三科入学成绩为一组，反映了学生的学习成绩；家庭人均年收入、家庭月均支出为一组，反映了学生的家庭经济状况。学生的身形、学习成绩、家庭经济状况就是因子，它们是各组变量的共同特征。就是说，身高和体重测量了学生的身形，语文入学成绩、数学入学成绩、英语入学成绩测量了学生的学习成绩，家庭人均年收入和家庭月均支出测量了学生的家庭经济状况。

心理学对智力的研究，开始了因子分析的近代发展。斯皮尔曼（Spearman）对学生的多门课程考试分数进行分析，结论是学生的每门课程的分数都可以表示成一个公共因子（与智力相一致）与一个特殊因子之和。如果以 X_i 表示第 i 门课程的分数，则可以写成 $X_i = a_iF + \varepsilon_i$，其中 F 是公共因子，ε_i 是 X_i 所特有的因子。这是最早最简单的因子模型，后来发展到一般的因子模型，公共因子可以不止一个，用于反映多元智力结构。

本章主要介绍因子分析模型及主要概念，因子分析的过程，因子的命名和解释，等等。

第一节　因子分析原理

一、因子分析模型

设有 p 个标准化变量 $Z_1, Z_2, \cdots, Z_p$（比如可以理解为一份智力测验 p 个题目的标准分），它们受 m 个公共因子 $F_1, F_2, \cdots, F_m$（智力因素或智力结构）的影响，因子分析的数学模型可表示成如下形式：

$$
\begin{aligned}
Z_1 &= a_{11}F_1 + a_{12}F_2 + \cdots + a_{1m}F_m + \varepsilon_1 \\
Z_2 &= a_{21}F_1 + a_{22}F_2 + \cdots + a_{2m}F_m + \varepsilon_2 \\
&\cdots\cdots \\
Z_p &= a_{p1}F_1 + a_{p2}F_2 + \cdots + a_{pm}F_m + \varepsilon_p
\end{aligned}
\tag{12.1}
$$

其中 $F_1, \cdots, F_m$ 是公共因子（以下在不会引起混淆时简称因子），ε_i 是只和 Z_i 有关的特殊因子（也称为误差项），系数 a_{ij} 称为第 i 个变量 Z_i 在第 j 个因子 F_j 上的负荷（loading），矩阵

$$
\boldsymbol{A} = \begin{pmatrix} a_{11} & a_{12} & \cdots & a_{1m} \\ a_{21} & a_{22} & \cdots & a_{2m} \\ \vdots & \vdots & & \vdots \\ a_{p1} & a_{p2} & \cdots & a_{pm} \end{pmatrix}
$$

称为因子负荷矩阵。

对于模型（12.1），我们做如下假设：

（1）公共因子都是均值为0，方差为1的变量。特殊因子的均值为0。

（2）各公共因子之间、特殊因子与公共因子之间、特殊因子与特殊因子之间均为零相关，即它们之间的协方差（或相关系数）等于零。特别地，当它们之间相互独立时满足这一要求。

这样的模型称为正交因子模型。

二、因子负荷及其平方和的统计意义

1. 因子负荷的统计意义

在上述假定下，容易证明，因子负荷 a_{ij} 等于变量 Z_i 与因子 F_j 的相关系数 $r_{Z_iF_j}$，它既反映了 Z_i 依赖于 F_j 的程度，也反映了 Z_i 在因子 F_j 上的相对重要性。

2. 因子负荷矩阵 A 中各行元素平方和的统计意义

记因子负荷矩阵 A 第 i 行元素的平方和为

$$h_i^2 = \sum_{j=1}^{m} a_{ij}^2,\ i = 1,2,\cdots,p \tag{12.2}$$

称为变量 Z_i 的共同度（communality），也称为公共因子方差。

由于 F_1，…，F_m，ε_1，…，ε_p 之间相互独立，我们有

$$\mathrm{var}(Z_i) = a_{i1}^2\mathrm{var}(F_1) + \cdots + a_{im}^2\mathrm{var}(F_m) + \mathrm{var}(\varepsilon_i)$$

记 $\sigma_i^2 = \mathrm{var}(\varepsilon_i)$，注意到 $\mathrm{var}(Z_i) = \mathrm{var}(F_1) = \cdots = \mathrm{var}(F_m) = 1$，则有

$$1 = \mathrm{var}(Z_i) = h_i^2 + \sigma_i^2$$

这说明变量 Z_i 的方差由两部分组成，第一部分就是共同度 h_i^2，它度量了全部 m 个公共因子对变量 Z_i 方差的贡献，反映了变量 Z_i 对公共因子的依赖程度。第二部分是特殊因子的方差，称为特殊方差。

3. 因子负荷矩阵 A 中各列元素平方和的统计意义

在因子负荷矩阵 A 中，第 j 列元素的平方和记为 g_j^2：

$$g_j^2 = \sum_{i=1}^{p} a_{ij}^2,\ j = 1,2,\cdots,m \tag{12.3}$$

g_j^2 表示第 j 个公共因子 F_j 对所有变量 Z_1，Z_2，…，Z_p 的总影响或方差贡献，它是 F_j 在全部公共因子中相对重要的一个度量。

三、因子分析结果的解释

【例 12.1】对 145 名初中生 8 门课程的成绩做因子分析得出 3 个公共因子，因子负荷、共同度和方差贡献率见表 12－1，可以从中看出各门课程与学生知识能力的关系。

从表 12－1 可以看出，8 门课程成绩反映了学生三方面的能力。英语和化学在因子 F_1 上的负荷较大，其次是地理，这些课程反映的共同能力是识记能力，可以将该因子解释为识记方面的能力。代数和几何在因子 F_2 上的负荷很大，物理也有较大的负荷，这些课程反映的共同能力是逻辑推理和运

算能力，可以将因子 F_2 解释为逻辑推理和运算能力。在因子 F_3 上有大负荷的是语文，其次是历史，这些课程反映的共同能力是语言和文字表达能力，可以将因子 F_3 解释为语言和文字表达能力。

表 12－1　8 门课程成绩在三个因子上的负荷

变量	因子 F_1	因子 F_2	因子 F_3	共同度 h_i^2	特殊方差 σ_i^2
代数（Z_1）	0.187	0.933	0.053	0.908	0.092
几何（Z_2）	－0.103	0.884	0.282	0.872	0.128
物理（Z_3）	0.365	0.632	0.401	0.694	0.306
地理（Z_4）	0.683	0.403	0.156	0.653	0.347
英语（Z_5）	0.915	－0.048	0.151	0.863	0.137
语文（Z_6）	0.107	0.144	0.964	0.962	0.038
化学（Z_7）	0.815	0.187	0.240	0.758	0.242
历史（Z_8）	0.493	0.236	0.620	0.683	0.317
方差贡献 g_j^2	2.403	2.327	1.662	6.391	1.609
方差贡献率	30.03%	29.08%	20.78%	79.89%	20.11%

Z_1 与 F_1 的相关系数（即 Z_1 在 F_1 上的负荷）为 0.187，Z_1 与 F_2 的相关系数为 0.933，Z_1 与 F_3 的相关系数为 0.053，Z_1 的共同度

$$h_1^2 = (0.187)^2 + (0.933)^2 + (0.053)^2 = 0.908$$

Z_1 的特殊方差（即误差项方差）$\sigma_1^2 = 1 - 0.908 = 0.092$。这样，$Z_1$ 的方差中有 90.8% 可由 3 个公共因子解释，只有 9.2% 是由它的特殊因子解释。同理可以计算其余各门课程的共同度和特殊方差。

将第 1 列的负荷平方和累加便得到

$$g_1^2 = (0.187)^2 + (-0.103)^2 + \cdots + (0.493)^2 = 2.403$$

它度量了公共因子 F_1 对 8 门课程成绩的方差贡献。因为 8 门课程的总方差为 8，所以 F_1 的方差贡献率等于 2.403/8 = 30.03%，同理可以算出，公共因子 F_2 对 8 门课程成绩的方差贡献为 2.327，方差贡献率为 29.08%；公共因子 F_3 对 8 门课程成绩的方差贡献为 1.662，方差贡献率为 20.78%。三个公共因子的累积贡献率为 79.89%，说明 8 门学科成绩主要反映了学生的三种基本能力：识记能力，逻辑推理和运算能力，语言和文字表达能力。其中前两种能力相对比较重要，因为他们的方差贡献率较大。

第二节 因子分析过程

因子分析通常有如下步骤：①计算相关矩阵；②因子提取；③因子旋转；④计算因子得分；⑤对因子做出解释。其中前4步都可以由计算机软件完成。

一、计算相关矩阵

计算所有变量之间的相关系数，得到相关矩阵 $\boldsymbol{R}$。通过观察相关矩阵，可以大概知道对样本进行因子分析是否恰当。如果所有变量之间的相关系数都很小，它们共享因子的可能性也很小。只有当许多相关系数的绝对值较大时，进行因子分析才有意义。

二、因子提取

这一步要按某种规则确定所需要的因子数，用某种计算方法计算因子负荷矩阵。在 SPSS 中，因子负荷矩阵又称为因子模型矩阵（factor pattern matrix），变量与因子之间的相关矩阵称为因子结构矩阵（factor structure matrix），对于正交因子模型，由前面因子负荷的统计意义知，因子结构矩阵与因子模型矩阵相同，在 SPSS 中被标识为因子矩阵（factor matrix）。但主成分法例外，因子负荷矩阵被标识为成分矩阵（component matrix）。

1. 再生相关矩阵

对模型（12.1），不难求出 Z_i 与 Z_j 的相关系数为

$$r_{ij} = a_{i1}a_{j1} + a_{i2}a_{j2} + \cdots + a_{im}a_{jm}(i \neq j)$$

而 $r_{ii} = \text{var}(Z_i) = h_i^2 + \sigma_i^2$，所以由模型可以推出全部 p 个变量的相关系数矩阵为

$$\boldsymbol{AA}' + \boldsymbol{D} = \begin{pmatrix} h_1^2 + \sigma_1^2 & r_{12} & \cdots & r_{1p} \\ r_{21} & h_2^2 + \sigma_2^2 & \cdots & r_{2p} \\ \vdots & \vdots & & \vdots \\ r_{p1} & r_{p2} & \cdots & h_p^2 + \sigma_p^2 \end{pmatrix}$$

其中 $\boldsymbol{D}$ 是特殊因子方差矩阵，对角线元素为特殊方差，其余元素为0。称

AA'为再生相关矩阵（reproduced correlation matrix）。

显然，由模型推出的相关矩阵$AA'+D$和由样本计算的相关矩阵R是不同的，但如果模型正确，两者应当很接近。$R-AA'-D$称为残差矩阵，可以通过比较不同模型的残差矩阵看哪一个模型比较好。

2. 因子提取方法

建立因子模型时，首先碰到的是如何估计负荷矩阵A（当然也包括A的列数）和特殊因子方差矩阵D。目前已经有多种因子提取（extraction）方法，即模型估计方法，如主成分法（Principal Components）、极大似然法（Maximum Likelihood）、主轴因子法（Principal Axis Factors）、最小二乘法（Least Square）和广义最小二乘法（Generalized Least Square）等等。其中比较常用的是主成分法（也是 SPSS 默认的方法）。一个主成分其实是变量的一个线性组合。有多少个变量，就可以产生多少个彼此不相关的主成分。主成分的方差正是相关矩阵R的特征根（eigenvalue），有多少个变量其相关矩阵就有多少个特征根。主成分法是将方差较大的少数几个主成分标准化作为因子，因子与主成因有如下关系：

$$F_i = Y_i/\sqrt{\lambda_i},\ i = 1,2,\cdots,m \tag{12.4}$$

其中F_i是第i个因子，Y_i是第i个主成分，λ_i为R的第i大的特征根，m为因子个数。

3. 因子个数的确定

可以用如下方法确定因子个数 m：

（1）以R的特征根（eigenvalue）[①] 是否大于 1 为标准，特征根大于 1 的特征根个数为提取的因子数。

（2）参考R的特征根的碎石图（scree plot）。SPSS 中做因子分析时可以产生碎石图。横坐标是特征根由大到小排列的序号（特征根个数与变量个数相等），纵坐标是特征根。碎石图像一面山坡，一开始很陡峭，最后趋于平缓。处于山坡上的特征根的个数，可作为因子个数（详见例 12.2 的碎石图，即图 12-4）。

（3）使前m个因子的方差贡献达到一个适当的比例，比如 70% 以上。

（4）根据专业知识指定因子个数。

随着m的增大，共同度会增大。对于主成分解，增加新的因子时，原有因子的负荷不会改变，变化的是特殊因子。

---

① 有关矩阵特征根的定义和性质可参考高等代数或矩阵论方面的教科书。

三、因子旋转

设 $\boldsymbol{T}$ 为 m 阶正交矩阵①，$\boldsymbol{A}$ 为因子负荷矩阵，$\boldsymbol{B}=\boldsymbol{AT}$，则有

$$\boldsymbol{BB}' = (\boldsymbol{AT})(\boldsymbol{AT})' = \boldsymbol{ATT}'\boldsymbol{A}' = \boldsymbol{AA}'$$

这说明 $\boldsymbol{B}$ 和 $\boldsymbol{A}$ 一样，也可以再生成原来的相关矩阵，因而因子负荷矩阵不是唯一的。一个因子负荷矩阵做正交变换后仍然是一个负荷矩阵。一个正交变换对应于坐标系的一次正交旋转，所以因子负荷的正交变换和伴随的因子正交变换称为因子旋转（rotation）。

当初始负荷矩阵不易解释时，就可以做因子旋转，以便得到一个更简单的负荷结构。理想的负荷结构应当是，每个变量仅在一个因子上有较大的负荷，在其余因子上的负荷较小；各个因子的大负荷只出现在少数变量上，其余变量的负荷很小。常用的因子旋转方法是方差极大旋转（varimax），此外还有等方差极大旋转（equamax）、方差四次幂极大旋转（quartimax）等。

当对因子做正交旋转后，因子的意义仍不能得到满意的解释时，可考虑对因子做斜交旋转。这时，对应的变换矩阵不是正交矩阵，旋转后因子之间的相关系数可以不是零。

四、因子得分

对于因子模型（12.1），虽然我们感兴趣的主要是估计负荷矩阵并对因子做出解释，但有时要把因子表示成变量的线性组合，对每个样品计算它们的因子值，即因子得分（factor score）。因子得分可用于模型诊断，也可作为进一步分析（如回归分析、聚类分析等）的原始数据，即把因子得分作为潜变量（latent）② 的观测值。任意两个因子可组成一个因子偶对，因子偶对的因子得分的散点图对于检测异常观测值是有用的。

在（12.1）中，假设负荷已经估计了出来，只有因子是未知的，将特殊因子看作误差，（12.1）就可视为一个多元回归模型，因子得分就是回归

---

① 一个正交矩阵与它的转置矩阵的乘积是单位矩阵，可参考高等代数或矩阵论方面的教科书。

② 潜变量是指不能直接测量的变量，因子就是潜变量。各种心理特质实际上都是潜变量，所以潜变量在心理学研究中非常重要。虽然潜变量不能直接测量，但假定可以通过设计若干显变量去间接测量。例如，一个人的智力不能直接测量，但可以通过精心设计的若干题目（如智力量表）去间接测量。这种用于间接测量潜变量的显变量或题目称为指标（indicator）。简单地说，如果研究者先有变量，通过因子分析得到的是因子；如果研究者心中已经有潜变量，用于间接测量潜变量的是指标。

系数。由于特殊因子的方差不一定相等，可以有多种方法估计因子得分。在SPSS中，默认的是回归法，此外还有Anderson-Rubin方法和Bartlett方法。这些方法都产生均值为零的因子得分。不同方法估计的因子得分一般是不同的，可以用同一个因子上某两种方法得分的样本相关系数来度量这两种方法的一致性。不过，如果是用主成分法提取因子，所有上述三种方法产生相同的因子得分。

因子旋转相当于对因子负荷矩阵做了一个变换，此时由原始负荷矩阵计算的因子得分也要做相应的变换。如果做了因子旋转，SPSS给出的因子得分是变换以后的结果。

五、解释因子

解释因子是观察负荷矩阵，尤其是旋转后的负荷矩阵进行的。如果一个因子的大负荷只出现在一个变量（题目）上，因子就由这个变量来表征，用其内涵或潜质来解释因子。如果一个因子的大负荷出现在几个变量上，因子就由这几个变量来综合表征，用它们的公共内涵或共性来解释因子。

解释因子带有很强的专业性、经验性，也带有主观色彩。不同的研究者可能会有不同的做法。但只要解释合理，就认为是可以接受的。

六、用SPSS做因子分析的策略

（1）做默认的主成分法因子分析，看有多少个因子比较合适。

（2）指定因子个数再做一次主成分法分析，做方差极大旋转，计算因子得分。尝试解释因子。

（3）指定因子个数做极大似然法因子分析，做方差极大旋转。

（4）比较前两步得到的旋转后的负荷矩阵，看是否能将变量按同一种方式分组，即看因子能否用相同的变量来表征。

（5）另外指定一个因子个数，重复第2至第4步，考察添加或删减的因子对方差的贡献大小，比较一下是否能更好地对因子做出合理的解释。

（6）如果方差极大旋转后的因子仍然不好解释，尝试其他正交旋转乃至斜交旋转。

（7）如果数据较多，可将它们一分为二（随机划分或奇偶划分），对每一半数据做因子分析，比较从两组数据以及全部数据得到的因子分析结果，以考察结果的稳定性。

第三节　因子分析 SPSS 例解

为了表述简便起见，我们一开始就假设变量是标准化变量。对于一般的变量，理论上也可以用协方差矩阵直接进行因子分析。在 SPSS 中，无须进行变量的标准化变换，可以使用原始数据，只要使用相关系数进行分析（系统默认），与用标准化变换后的数据做因子分析的结果相同。如果使用协方差进行分析，许多结果就会不同。

【例 12.2】下面是 12 个问卷题目，用于调查小学生的欺负行为。让被试根据他（她）自己过去一年欺负同学的情况无记名回答。采用 6 级记分：1——从来没有，2——有时这样，3——一个月有一两次，4——一周一次左右，5——一周几次，6——几乎天天如此。

X_1：说同学坏话；

X_2：有同学走过来时故意撞上去；

X_3：让人传播某个同学的谣言；

X_4：说点难听的取笑同学；

X_5：向同学扔东西；

X_6：让人不要理某个同学；

X_7：给同学取不好的绰号；

X_8：推撞同学；

X_9：给某个同学脸色看；

X_{10}：嘲弄同学的长相；

X_{11}：挑起事端和人打架；

X_{12}：有意不让某个同学参加活动。

表 12－2 是 40 个小学生在 12 个题目上的得分。一个题目对应于一个变量，用 X_1 ~ X_{12} 给变量命名。

表 12－2　小学生欺负行为 12 个题目得分

No.	X_1	X_2	X_3	X_4	X_5	X_6	X_7	X_8	X_9	X_{10}	X_{11}	X_{12}
1	2	4	3	1	4	3	2	4	4	1	3	2
2	5	4	3	5	4	4	3	4	4	5	2	2

续上表

No.	X_1	X_2	X_3	X_4	X_5	X_6	X_7	X_8	X_9	X_{10}	X_{11}	X_{12}
3	4	1	6	3	4	6	4	3	6	2	3	6
4	2	2	4	4	2	4	3	2	4	5	2	1
5	1	2	2	2	3	2	2	5	2	1	3	2
6	4	1	2	4	1	4	3	1	3	3	1	3
7	6	4	4	5	5	4	5	5	5	5	3	3
8	4	4	4	3	6	4	5	4	3	3	3	4
9	2	2	2	5	2	2	2	2	2	5	1	2
10	2	1	3	3	1	3	1	1	3	3	2	1
11	6	4	3	6	4	4	6	3	5	6	2	2
12	6	4	4	5	4	2	5	5	4	5	4	2
13	5	4	3	6	2	5	6	3	5	4	2	2
14	2	2	3	3	1	2	2	1	3	3	2	2
15	3	4	5	4	4	2	3	3	5	3	3	4
16	4	4	4	4	3	3	3	1	2	5	2	3
17	5	4	5	4	5	5	3	5	4	5	4	3
18	4	4	4	4	4	4	5	4	4	5	3	4
19	4	4	2	4	5	2	3	5	2	5	5	2
20	5	2	2	5	3	3	5	3	4	6	2	1
21	3	2	5	5	1	5	3	1	6	4	1	5
22	3	1	1	3	1	1	4	1	1	2	1	1
23	5	1	6	2	1	6	3	1	6	5	1	3
24	5	4	3	5	2	3	4	3	4	5	4	3
25	3	1	6	4	1	4	3	1	6	3	1	5
26	4	4	4	5	4	3	3	5	5	4	3	2
27	4	1	2	5	1	1	2	1	1	3	1	1
28	1	3	6	1	3	4	1	1	2	1	2	4
29	1	1	6	1	1	4	1	1	5	2	1	5
30	3	3	2	4	4	3	3	3	5	4	3	2
31	2	2	2	1	3	1	2	4	1	3	2	2
32	4	2	1	4	3	2	3	2	1	3	3	2
33	3	2	2	5	2	2	3	4	1	4	3	1
34	2	2	2	5	1	2	2	1	2	2	1	1
35	5	5	3	5	4	3	5	4	5	5	4	3
36	1	3	4	1	2	6	2	5	6	2	4	5
37	4	5	4	5	4	3	4	5	5	5	3	2

续上表

No.	X_1	X_2	X_3	X_4	X_5	X_6	X_7	X_8	X_9	X_{10}	X_{11}	X_{12}
38	5	2	1	5	2	2	5	2	1	6	2	1
39	4	3	4	5	4	3	4	5	3	6	5	2
40	2	5	3	3	3	4	4	4	3	2	4	2

（1）在〈**SPSS Data Editor**〉中输入表12－2的数据。变量名依次取为$X_1 \sim X_{12}$。

（2）击选〈**Analyze**〉的〈**Dimension Reduction**〉下的〈**Factor**〉命令。

（3）在〈**Factor Analysis**〉对话框中，将全部变量〈**X1—X12**〉都指定为〈**Variables**〉。

（4）单击〈**Descriptives**〉按钮，在〈**Factor Analysis: Descriptives**〉对话框中，击选〈**Univariate descriptives**〉（输出每个变量的均值和标准差），击选〈**Coefficients**〉（输出相关系数矩阵），击选〈**Reproduced**〉（输出再生相关矩阵和残差矩阵），击选〈**KMO and Bartlett's test of Sphericity**〉（做Bartlett球形检验，用于检验变量的独立性）。单击〈**Continue**〉按钮。

（5）单击〈**Extraction**〉按钮，在〈**Factor Analysis: Extraction**〉对话框中，击选〈**Scree plot**〉（画出碎石图，见图12－4）。在此使用默认的主成分法，抽取特征根大于1的因子。可以在此对话框中改变抽取因子的方法和抽取因子的个数。单击〈**Continue**〉按钮。

（6）单击〈**Rotation**〉按钮，在〈**Factor Analysis: Rotation**〉对话框中，击选〈**Varimax**〉（做方差极大正交旋转）。单击〈**Continue**〉按钮。

（7）单击〈**Score**〉按钮，在〈**Factor Analysis: Score**〉对话框中，击选〈**Save as variable**〉（计算因子得分并在原始数据文件中作为变量观测值）。单击〈**Continue**〉按钮。

（8）单击〈**OK**〉按钮，主要结果见图12－1至图12－5及表12－3。

说明：

（1）图12－1是各变量的描述统计结果，从均值高低可以大致了解某种欺负方式的严重程度。量表是1～6计分，理论上的平均值是3.5，可以作为参照点。均值最高的两个题目是X_4（“说点难听的取笑同学”，均值3.85）和X_{10}（“嘲弄同学的长相”，均值3.78）；均值最低的两个题目是X_{11}（“挑起事端和人打架”，均值2.53）和X_{12}（“有意不让某个同学参加

Descriptive Statistics

	Mean	Std. Deviation	Analysis N
X1	3.50	1.468	40
X2	2.83	1.318	40
X3	3.38	1.462	40
X4	3.85	1.442	40
X5	2.85	1.424	40
X6	3.25	1.335	40
X7	3.30	1.324	40
X8	2.95	1.568	40
X9	3.58	1.647	40
X10	3.78	1.493	40
X11	2.53	1.154	40
X12	2.58	1.338	40

图 12－1　描述统计

KMO and Bartlett's Test

Kaiser-Meyer-Olkin Measure of Sampling Adequacy.		.774
Bartlett's Test of Sphericity	Approx. Chi-Square	311.400
	df	66
	Sig.	.000

图 12－2　Bartlett 球形检验

活动”，均值 2.58）。

（2）图 12－2 中的 Bartlett 球形检验结果（$\chi^2=311.4$，$P=0.000$）说明 12 个变量之间不是独立的，因而做因子分析有意义。如果 $P>0.01$，说明变量之间相关性很低，没有必要做因子分析。

（3）图 12－3 最右一列是共同度，最低的都有 0.730，说明每个变量的变异都可以由所提取的 3 个因子有效地解释。

（4）表 12－3 第 2 列是特征根，只有 3 个大于 1，所以只提取 3 个因子。图 12－4 的特征根碎石图有 3 个特征根在坡上，也支持 3 个因子。第 3 列是各个主成分的方差占总方差的百分比，也就是相应因子的方差贡献率，等于特征根除以 12。第 4 列是累积方差百分比。第 5～7 列是因子旋转前，提取的 3 个因子的方差贡献。第 8～10 列是因子旋转后，提取的 3 个因子的方差贡献。三个因子解释了总方差的 78.90%。

Communalities

	Initial	Extraction
X1	1.000	.835
X2	1.000	.730
X3	1.000	.804
X4	1.000	.798
X5	1.000	.807
X6	1.000	.781
X7	1.000	.744
X8	1.000	.845
X9	1.000	.790
X10	1.000	.745
X11	1.000	.810
X12	1.000	.779

Extraction Method: Principal Component Analysis.

图 12－3 变量的共同度

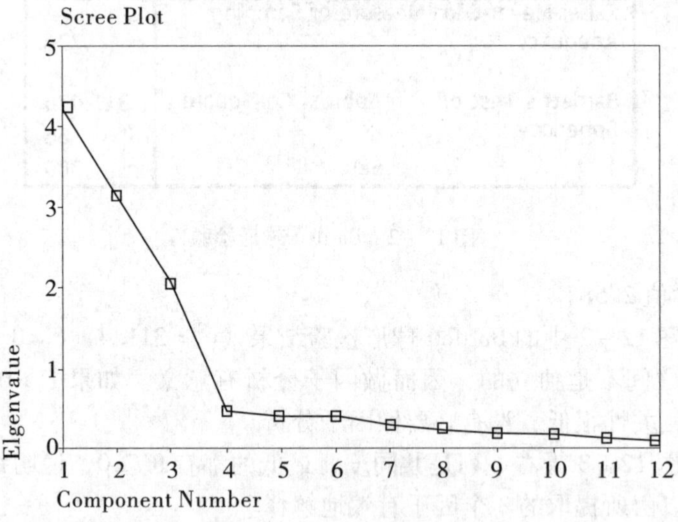

图 12－4 特征根碎石图

（5）图 12－5 是旋转前 3 个因子的负荷矩阵，负荷矩阵的 3 个列平方和（即 3 个因子对所有变量的方差贡献）见表 12－3 第 5 列（即前 3 个特征根）。各因子的方差贡献百分比和累积百分比见表 12－3 第 6、7 列。负荷矩阵的 12 个行平方和就是图 12－3 中的共同度。

Component Matrix[a]

	Component		
	1	2	3
X1	.757	-.160	.486
X2	.779	.074	-.342
X3	.029	.886	.139
X4	.566	-.431	.540
X5	.768	.124	-.450
X6	.172	.820	.281
X7	.780	-.109	.352
X8	.731	.055	-.556
X9	.316	.771	.311
X10	.670	-.262	.477
X11	.670	.074	-.596
X12	-.031	.881	.041

Extraction Method: Principal Component Analysis.
a. 3 components extracted.

图 12－5　主成分法的因子负荷矩阵

Rotated Component Matrix[a]

	Component		
	1	2	3
X1	.197	.889	.073
X2	.804	.279	.076
X3	.013	-.134	.887
X4	-.004	.872	-.195
X5	.875	.184	.093
X6	.012	.078	.880
X7	.310	.800	.088
X8	.913	.106	-.006
X9	.091	.210	.859
X10	.130	.853	-.038
X11	.899	.032	-.006
X12	.037	-.240	.849

Extraction Method: Principal Component Analysis.
Rotation Method: Varimax with Kaiser Normalization.
a. Rotation converged in 5 iterations.

图 12－6　因子旋转后的负荷矩阵

表 12－3　特征根和方差贡献

主成分序号	初始特征根及方差贡献			旋转前因子的方差贡献			旋转后因子的方差贡献		
	特征根	方差%	累积方差%	总和	方差%	累积方差%	总和	方差%	累积方差%
1	4.26	35.50	35.50	4.26	35.50	35.50	3.22	26.80	26.80
2	3.15	26.23	61.73	3.15	26.23	61.73	3.17	26.39	53.19
3	2.06	17.17	78.90	2.06	17.17	78.90	3.09	25.72	78.90
4	0.48	4.02	82.93						
5	0.44	3.67	86.59						
6	0.41	3.38	89.97						
7	0.31	2.58	92.56						
8	0.26	2.17	94.73						
9	0.19	1.62	96.35						
10	0.18	1.49	97.83						
11	0.15	1.25	99.08						
12	0.11	0.92	100.00						

（6）图 12－6 是旋转后 3 个因子的负荷矩阵，负荷矩阵的 3 个列平方和（即旋转后 3 个因子对所有变量的方差贡献）见表 12－3 第 8 列。旋转后各因子的方差贡献百分比和累积百分比见表 12－3 第 9、10 列。三个因子的累积方差贡献率在旋转前后是一样的。旋转后负荷矩阵的 12 个行平方和也是图 12－3 中的共同度，即正交因子旋转不改变各变量的共同度和三个因子的累积方差贡献率。

综合图 12－6、图 12－3 和表 12－3 的信息，可以表 12－4 用于报告因子分析结果。

表 12－4　12 个变量在 3 个因子上的负荷和共同度

变量	因子 F_1	因子 F_2	因子 F_3	共同度 h_i^2	特殊方差 σ_i^2
X_1	0.197	0.889	0.073	0.835	0.165
X_2	0.804	0.279	0.076	0.730	0.270
X_3	0.013	−0.134	0.887	0.804	0.196
X_4	−0.004	0.872	−0.195	0.798	0.202
X_5	0.875	0.184	0.093	0.807	0.193
X_6	0.012	0.078	0.880	0.781	0.219
X_7	0.310	0.800	0.088	0.744	0.256

续上表

变量	因子 F_1	因子 F_2	因子 F_3	共同度 h_i^2	特殊方差 σ_i^2
X_8	0. 913	0. 106	-0. 006	0. 845	0. 155
X_9	0. 091	0. 210	0. 859	0. 790	0. 210
X_{10}	0. 130	0. 853	-0. 038	0. 745	0. 255
X_{11}	0. 899	0. 032	-0. 006	0. 810	0. 190
X_{12}	0. 037	-0. 240	0. 849	0. 779	0. 221
方差贡献 g_j^2	3. 216	3. 167	3. 086	9. 469	2. 531
方差贡献率	26. 80%	26. 39%	25. 72%	78. 90%	21. 10%

图 12-7 是正交变换矩阵。正交变换使因子产生正交旋转。

Component Transformation Matrix

Component	1	2	3
1	.721	.681	.125
2	.099	-.280	.955
3	-.685	.676	.270

Extraction Method: Principal Component Analysis.
Rotation Method: Varimax with Kaiser Normalization.

图 12-7 正交变换

(7) 显然，旋转后的负荷矩阵比较容易解释因子。在因子 1 上有大负荷的是 X_2、X_5、X_8 和 X_{11}（见图 12-6 第 2 列），检视这些题目的内容发现，这些欺负行为的共同属性是直接攻击受害者的身体，可以将因子 1 命名为“身体攻击”。在因子 2 上有大负荷的是 X_1、X_4、X_7 和 X_{10}（见图 12-6 第 3 列），这些欺负行为的共同属性是用语言来伤害他人，可以将因子 2 命名为“语言伤害”。在因子 3 上有大负荷的是 X_3、X_6、X_9 和 X_{12}（见图 12-6 第 4 列），这些欺负行为的共同属性是在社会交往中排斥他人，可以将因子 3 命名为“社交排斥”。

因子旋转后的因子得分在原始数据右侧以变量的形式输出，前 10 个被试的因子得分见表 12-5。从被试的因子得分可以看出被试的欺负行为的程度。就表 12-5 前 10 个被试比较而言，“身体攻击”得分最高的（1. 26）是第 8 个被试，得分最低的（-1. 51）是第 6 个被试。

表 12－5　前 10 个被试的因子得分

No.	X_1	X_2	…	X_{11}	X_{12}	F_1	F_2	F_3
1	2	4	…	3	2	1.11	－1.75	－0.20
2	5	4	…	2	2	0.32	0.78	0.04
3	4	1	…	3	6	0.02	－0.38	2.27
4	2	2	…	2	1	－0.72	0.13	0.03
5	1	2	…	3	2	0.76	－1.88	－1.04
6	4	1	…	1	3	－1.51	0.18	－0.03
7	6	4	…	3	3	0.96	1.19	0.64
8	4	4	…	3	4	1.26	－0.16	0.52
9	2	2	…	1	2	－0.95	0.05	－0.97
10	2	1	…	2	1	－1.13	－0.84	－0.57

（8）在因子分析中我们一开始就假定了诸因子之间互不相关。正交旋转后的因子仍然互不相关。但实际上，因子之间可能相关。本例中让因子相关（即三种欺负行为相关）是合理的。通过斜交旋转，可以考察因子之间的相关情况。在〈**Factor Analysis：Rotation**〉对话框中，击选〈**Promax**〉。图12－8 是因子斜交旋转后的负荷矩阵。本例的斜交旋转的结果得到的变量分组和正交旋转的结果一致，因子的命名和解释也不变。三个因子的累积方差贡献率也保持不变。但斜交旋转后，每行负荷的平方和不等于共同度。图 12－9 是因子之间的相关系数。

斜交旋转后也可以得到各变量的因子得分，与前面正交旋转得到的因子得分不一样，但两者的大小相当一致。因子 1 两种因子得分的相关系数为 0.986，因子 2 两种因子得分的相关系数为 0.985，因子 3 两种因子得分的相关系数为 0.998。可见两种因子得分相当一致。

（9）报告因子分析结果时，应当报告如下信息：提取的因子个数，个数是如何确定的（篇幅许可的话可给出特征根的碎石图）；因子提取方法（即模型估计方法）；旋转方法；因子的方差贡献、累积方差贡献；每个因子主要用哪些变量表征（即哪些变量有大的负荷），归纳这些变量的共同属性，用于解释因子并给因子命名。如果变量不是很多、篇幅许可，最好列出变量的相关系数矩阵、负荷矩阵、变量的共同度以及因子的方差贡献（见表 12－1 和表 12－4）。如果要做斜交旋转，要考虑理论上是否合理。如果需要因子得分，使用最后确认的因子旋转后的因子得分。

Pattern Matrix[a]

	Component		
	1	2	3
X1	.038	.898	.088
X2	.786	.157	.034
X3	-.020	-.122	.887
X4	-.152	.907	-.169
X5	.877	.046	.043
X6	-.059	.099	.887
X7	.172	.786	.094
X8	.938	-.043	-.060
X9	.000	.224	.865
X10	-.018	.868	-.020
X11	.937	-.119	-.062
X12	.027	-.237	.844

Extraction Method: Principal Component Analysis.
Rotation Method: Promax with Kaiser Normalization.
a. Rotation converged in 5 iterations.

图 12－8　斜交旋转后的因子负荷矩阵

Component Correlation Matrix

Component	1	2	3
1	1.000	.324	.115
2	.324	1.000	-.021
3	.115	-.021	1.000

Extraction Method: Principal Component Analysis.
Rotation Method: Promax with Kaiser Normalization.

图 12－9　斜交旋转后因子之间的相关系数

第四节　主成分分析 SPSS 例解

虽然主成分分析一般只作为解决其他统计问题的手段，但有时它也作为目的。例如，用第一主成分作为课程综合成绩，往往比常用的平均成绩，能更好地对学生学业成绩进行综合评价。SPSS 没有专门计算主成分的命令，但可以使用公式（12.4），由因子得分计算对应的主成分得分。具体做法是，需要计算多少个主成分就在做因子分析时指定多少个因子，用主成分法提取因子，不做旋转。做完因子分析后，用（12.4）计算主成分，其中要用到的特征根是做因子分析时会得到的基本数据（见表 12－3 第 2 列，也见

图 12 - 10 第 2 列）。

【例 12. 3】表 12 - 6 是 20 名初中生 8 门课程的考试成绩，要计算每个学生的第一主成分得分。为此，指定因子个数为 1，用主成分法做因子分析，不做旋转，得到因子得分。然后，利用因子得分计算第一主成分得分，并按其大小将学生排序。

表 12 - 6　20 名学生 8 门课程的成绩

学生编号	代数 X_1	几何 X_2	物理 X_3	地理 X_4	英语 X_5	语文 X_6	化学 X_7	历史 X_8
1	68	85	75	40	60	72	63	75
2	67	67	72	62	65	62	62	75
3	55	56	70	80	80	60	75	80
4	70	84	65	60	60	62	55	73
5	88	82	78	68	65	80	50	82
6	40	60	75	62	70	75	60	70
7	75	65	85	60	80	82	72	82
8	88	86	90	85	82	82	90	80
9	72	86	70	70	75	90	70	85
10	65	60	60	50	65	62	60	80
11	96	86	75	70	82	65	88	82
12	94	83	78	80	70	50	65	80
13	85	76	93	71	88	86	82	87
14	73	69	72	60	75	45	60	75
15	66	75	73	63	65	72	55	75
16	73	75	80	65	70	60	52	75
17	90	81	72	68	76	63	80	77
18	64	66	75	73	75	60	64	78
19	52	55	65	40	80	40	55	70
20	50	45	68	60	80	60	65	80

1. 在〈**SPSS Data Editor**〉中输入表 12 - 6 的数据。变量名依次取为 **X1** ~ **X8**。

2. 击选〈**Analyze**〉的〈**Dimension Reduction**〉下的〈**Factor**〉命令。

3. 在〈**Factor Analysis**〉对话框中，将全部变量〈**X1—X12**〉都指定

为〈**Variables**〉。

4. 单击〈**Extraction**〉按钮，在〈**Factor Analysis**: **Extraction**〉对话框中，击选〈**Fixed number of factors**〉（固定抽取的因子个数）。在〈**Factors to extract**〉右侧输入"1"（指定因子个数为1）。单击〈**Continue**〉按钮。

5. 单击〈**Scores**〉按钮，在〈**Factor Analysis**: **Factor Scores**〉对话框中，击选〈**Save as variable**〉（计算因子得分并保存在原始数据文件中，自动命名为 fac1 -1）。单击〈**Continue**〉按钮。

6. 单击〈**OK**〉按钮。

7. 击选〈**Transform**〉下的〈**Compute**〉命令。在〈**Compute Variable**〉对话框中，在〈**Target**〉下输入"pc1"，在〈**Numeric Expression**〉下输入"SQRT（3.87） * fac1 -1"。单击〈**OK**〉按钮。（计算第一主成分，其中3.87是最大的特征根，也是第一主成分的方差。）

8. 击选〈**Data**〉下的〈**Sort Cases**〉命令。在〈**Sort Cases**〉对话框中，将〈**pc1**〉指定为〈**Sort by**〉变量，击选〈**Descending**〉（按第一主成分由大到小排序），单击〈**OK**〉按钮。结果见表12 -7。

说明：表12 -7最后一列是8科成绩总分，可以比较按总分的排序与按主成分的排序结果。两者顺序大致一样，但有出入。例如，按主成分排序第一和第二的学生，按总分排序分别为第二和第一。

Total Variance Explained

Component	Initial Eigenvalues			Extraction Sums of Squared Loadings		
	Total	% of Variance	Cumulative %	Total	% of Variance	Cumulative %
1	3.870	48.373	48.373	3.870	48.373	48.373
2	1.570	19.630	68.003			
3	.900	11.248	79.250			
4	.581	7.258	86.508			
5	.533	6.661	93.169			
6	.387	4.836	98.005			
7	.113	1.418	99.423			
8	.046	.577	100.000			

Extraction Method: Principal Component Analysis.

图12 -10　特征根和方差贡献

表 12-7　20 名学生按第一主成分排序的结果

No.	X_1	X_2	X_3	X_4	X_5	X_6	X_7	X_8	fac1-1	pc1	sum
13	85	76	93	71	88	86	82	87	1.94	3.81	668
8	88	86	90	85	82	82	90	80	1.91	3.76	683
11	96	86	75	70	82	65	88	82	1.26	2.48	644
9	72	86	70	70	75	90	70	85	0.83	1.64	618
7	75	65	85	60	80	82	72	82	0.73	1.43	601
12	94	83	78	80	70	50	65	80	0.56	1.10	600
17	90	81	72	68	76	63	80	77	0.53	1.05	607
5	88	82	78	68	65	80	50	82	0.38	0.74	593
3	55	56	70	80	80	60	75	80	0.03	0.06	556
18	64	66	75	73	75	60	64	78	-0.10	-0.19	555
16	73	75	80	65	70	60	52	75	-0.32	-0.62	550
15	66	75	73	63	65	72	55	75	-0.50	-0.99	544
14	73	69	72	60	75	45	60	75	-0.61	-1.20	529
2	67	67	72	62	65	62	62	75	-0.62	-1.22	532
1	68	85	75	40	60	72	63	75	-0.63	-1.23	538
20	50	45	68	60	80	60	65	80	-0.70	-1.38	508
4	70	84	65	60	60	62	55	73	-0.89	-1.74	529
6	40	60	75	62	70	75	60	70	-0.98	-1.93	512
10	65	60	60	50	65	62	60	80	-1.02	-2.01	502
19	52	55	65	40	80	40	55	70	-1.81	-3.55	457

习　题

1. 在中学生数学能力测量中，设计了五个分测试，它们是代数 1 (Z_1)、代数 2 (Z_2)、几何 (Z_3)、三角 (Z_4)、解析几何 (Z_5)。对 310 名学生测试的测试结果进行因子分析得出两个公共因子，正交旋转后的因子负荷、共同度和方差贡献率等见表 12-8。

表 12-8　五个测试得分的因子负荷、共同度

	因子 F_1	因子 F_2	共同度 h_i^2	特殊方差 σ_i^2
代数 1 (Z_1)	0.896	0.341	0.919	0.081
代数 2 (Z_2)	0.802	0.496	0.889	0.111

续上表

	因子 F_1	因子 F_2	共同度 h_i^2	特殊方差 σ_i^2
几何（Z_3）	0.516	0.855	0.997	0.003
三角（Z_4）	0.841	0.444	0.904	0.096
解析几何（Z_5）	0.833	0.434	0.882	0.118
g_j^2	3.113	1.479	4.592	0.409
方差贡献率	62.26%	29.58%	91.85%	

（1）写出几何在两个因子上的负荷；

（2）写出三角与两个因子的相关系数；

（3）写出解析几何的共同度和特殊方差；

（4）写出两个因子的方差贡献率和累积方差贡献率；

（5）根据负荷矩阵给因子命名，并解释因子。

2. 一份测量中学生学业自我概念的量表包含15个题目，用1（完全不同意）~6（完全同意）记分：

X_1：数学是我学得最好的科目之一。

X_2：在语文课上我学东西很快。

X_3：我觉得英语功课很容易。

X_4：我的数学成绩很糟糕。

X_5：我的语文成绩不好。

X_6：我讨厌英语课。

X_7：我的数学总是学得很好。

X_8：语文是我学得最好的科目之一。

X_9：我的英语成绩不好。

X_{10}：我不想再读数学了。

X_{11}：我讨厌语文课。

X_{12}：英语是我学得最好的科目之一。

X_{13}：在数学科，我常有好表现。

X_{14}：我觉得语文功课很容易。

X_{15}：在英语课上我学东西很快。

表12-9是40个高中生的得分（反向题目已经做了重编码）。一个题目对应于一个变量，依次用X_1—X_{15}给变量命名。

表 12－9　学业自我概念 15 个题目得分

No.	X_1	X_2	X_3	X_4	X_5	X_6	X_7	X_8	X_9	X_{10}	X_{11}	X_{12}	X_{13}	X_{14}	X_{15}
1	2	3	4	1	3	4	2	3	3	5	4	5	2	3	3
2	5	3	4	5	3	3	3	3	3	5	5	5	3	2	3
3	4	6	1	3	3	1	4	4	1	2	4	1	4	4	1
4	2	5	3	4	5	3	3	5	3	5	6	6	3	5	3
5	1	5	5	2	4	5	2	2	5	5	5	5	2	5	5
6	4	6	5	4	6	3	3	6	4	3	6	4	3	6	4
7	6	3	3	6	2	3	5	2	2	6	4	4	5	3	3
8	6	3	3	6	1	3	6	3	4	6	4	3	6	3	4
9	2	5	5	5	5	5	2	5	5	5	6	5	2	3	5
10	2	6	4	3	6	4	1	6	4	3	4	6	4	6	3
11	6	3	4	6	3	3	6	1	2	6	5	5	6	2	4
12	6	3	3	6	3	5	5	2	3	6	3	5	5	3	5
13	6	3	4	6	5	2	6	4	2	6	5	5	6	3	4
14	2	5	4	3	6	5	2	6	4	3	5	5	2	5	5
15	3	3	2	4	3	5	3	4	2	6	4	3	3	4	3
16	4	3	3	4	4	4	3	6	5	5	5	4	3	5	5
17	5	3	2	4	2	2	3	2	3	5	5	4	3	3	2
18	4	3	3	4	3	3	5	3	3	5	4	3	4	3	3
19	4	3	5	4	2	5	3	2	5	5	2	5	3	2	5
20	5	5	5	5	4	4	5	4	3	6	5	6	5	3	2
21	3	4	2	5	6	2	3	6	1	6	6	2	3	5	2
22	6	6	6	3	6	6	4	6	6	6	6	6	4	6	6
23	5	6	1	2	6	1	3	6	1	5	6	4	3	5	1
24	5	3	4	5	5	4	4	4	3	5	3	4	4	3	3
25	3	6	1	4	6	3	3	6	1	6	6	2	3	6	1
26	6	3	3	5	3	4	3	2	2	6	4	5	4	2	2
27	4	6	5	5	6	6	2	6	6	6	6	6	4	6	5
28	1	4	1	1	4	3	1	6	5	1	5	3	1	4	2
29	1	6	1	1	6	3	1	6	2	2	6	2	2	6	1
30	3	4	5	4	3	4	3	4	2	4	6	5	3	2	3
31	2	5	5	1	4	6	2	3	6	3	5	5	2	4	5
32	4	5	6	4	4	5	3	5	6	3	4	5	4	3	5
33	3	5	5	5	5	5	3	3	6	4	6	6	3	4	6

续上表

No.	X_1	X_2	X_3	X_4	X_5	X_6	X_7	X_8	X_9	X_{10}	X_{11}	X_{12}	X_{13}	X_{14}	X_{15}
34	2	5	5	5	6	5	2	6	5	6	6	6	2	5	5
35	5	2	4	5	3	4	5	3	2	5	3	4	5	4	2
36	5	4	3	5	5	1	5	2	1	6	3	2	5	4	1
37	4	2	3	5	3	4	4	2	2	5	5	5	5	2	5
38	5	3	6	5	5	5	5	6	6	6	6	6	4	6	6
39	4	4	3	5	3	4	4	2	4	6	5	6	5	3	4
40	6	2	4	6	1	3	6	1	2	6	2	5	4	2	3

用SPSS做主成分法因子分析，先做正交旋转，再试探斜交旋转是否更好。报告如下信息：

（1）提取的因子个数，个数是如何确定的，给出特征根的碎石图；

（2）旋转方法；旋转后因子之间的相关矩阵；

（3）列出表12－4那样的因子负荷表，包括各变量的共同度、因子的方差贡献（率）、累积方差贡献（率）；

（4）根据负荷矩阵给因子命名，并解释因子。

注：细心的读者会发现，15个题目从内容上很自然地分成3组，分别测量了数学、语文和英语自我概念。这里只用来练习因子分析，在实际应用中，有这么明显结构的量表，通常做所谓的验证性因子分析（Confirmatory Factor Analysis），看看实际测量的数据与量表的结构是否吻合。验证性因子模型是结构方程模型（Structural Equation Model）的特例，可以用分析结构方程模型的软件（如LISREL、AMOS和EQS等）做验证性因子分析。有兴趣的读者可参阅侯杰泰、温忠麟和成子娟合著的《结构方程模型及其应用》（教育科学出版社2004年出版）。

附录 A
SPSS for Windows 操作入门

本附录是为初学 SPSS for Windows 的读者介绍入门知识，这里以 SPSS 11.5 为例，但其他版本的操作即使不完全相同，出入也很小。为明确起见，行文中对于菜单中的命令、选项以及窗口中的变量名、标签等用〈 〉标识，需由用户输入的内容以及分析结果显示的内容用“ ”标识。阅读本附录的前提是假设读者懂得 Windows 的最基本操作，如保存文件等。

第一节　变量定义与数据文件的建立

SPSS 启动成功后，就会出现如图 A－1 所示的数据编辑窗口（SPSS Data Editor），用户在该窗口进行建立数据文件的一切工作。

SPSS 的数据编辑窗口包括以下几部分：标题栏、功能表、工具栏、主窗口、系统状态栏等。SPSS 主窗口包括两个子窗口：Data View 和 Variable View。前者默认为激活状态，是一个电子表格形式，用户可以在此窗口编辑数据，包括输入数据，对数据进行增删、剪贴和修改等。后者用于定义变量，包括给变量命名、设定变量类型和标签等。

一、定义变量（Define Variable）

定义变量是建立数据文件的一个重要内容，可以在输入数据前进行，也可以在输入数据后进行。定义变量包括：变量名、变量类型、变量宽度、变量小数位数、变量标签、数值标签、缺失值、变量栏宽度、数据对齐方式和变量的测量属性等。

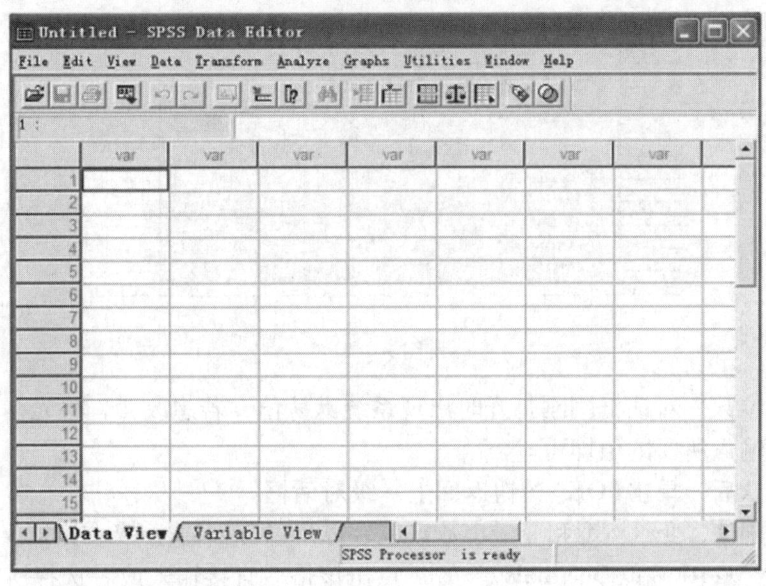

图 A－1

击选 SPSS 数据编辑窗口左下端的〈**Variable View**〉，即可进入变量定义区。以下分述各种变量属性的设置：

1. 变量名（Name）

在〈**Name**〉栏下直接输入变量名（不超过 8 个字符或 4 个汉字）即可。例如，该列变量是性别，取名为“sex”，则输入“sex”。变量名的字母不区分大小写。变量名一旦设定完毕，其他变量属性列即自动生成系统缺省设置，可分别对之进行重新定义或者修改。

2. 变量类型（Type）及其宽度（Width）

点击该变量和〈**Type**〉交叉的格子的右端，会打开〈**Variable Type**〉对话框，如图 A－2 所示。

（1）定义变量类型：对话框左边列有八种可供选择的变量类型，从上至下标明的变量类型为：Numeric（标准数值型，为默认类型）、Comma（带逗点的数值型）、Dot（逗点作小数点的数值型）、Scientific notation（科学记数法）、Date（日期型）、Dollar（带有美元符号的数值型）、Custom currency（自定义型）、String（字符型），选择其中某一项则该项前的圆圈内出现一个黑点，表明选中。

（2）定义变量宽度：对话框右边的〈**Width**〉显示总宽度，〈**Decimal**〉显

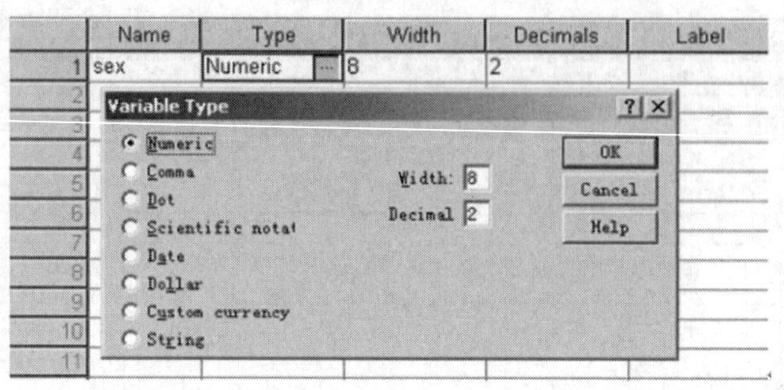

图 A－2

示小数位数。对话框刚刚打开时出现系统默认值，若想改变，将光标插入方框内，输入所要的值即可。

确认后，单击〈**OK**〉按钮返回上一级对话框。

特别地，变量宽度和变量小数点位数也可以分别通过〈**Variable View**〉窗口内的〈**Width**〉和〈**Decimals**〉设置。点击该格后直接输入或者选择所需数值即可。

3. 定义变量标签（Label）和数值标签（Values）

（1）定义变量标签：在〈**Label**〉框内直接输入描述变量的标签即可。例如对变量 sex ，在此输入“性别”，作为变量 sex 的标签。

（2）定义数值标签：点击〈**Values**〉按钮，出现如图 A－3 所示对话框。在第一个〈**Value**〉框内输入数值，第二个〈**Value**〉框内输入对应值的标签，按〈**Add**〉后在第三个框显示定义结果。如变量 sex，数值 1 表示男性，数值 2 表示女性，则在第一个小框内输入“1”，再在第二个小框内输入“男”，单击〈**Add**〉， 第三个框则会显示：1 = “男”。接下来继续输入其他值标签，定义完毕后，单击〈**OK**〉按钮返回上一级对话框。

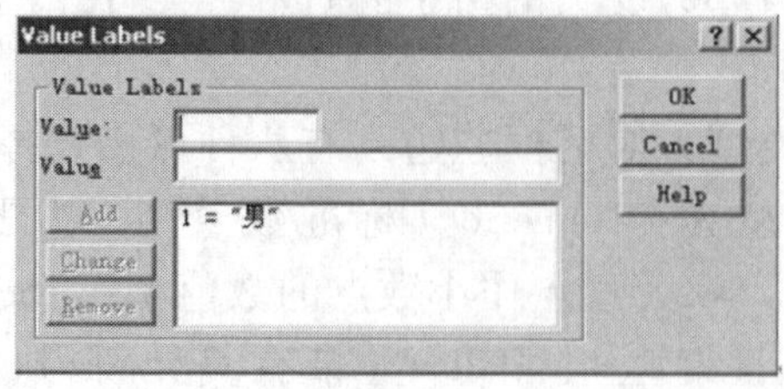

图 A－3

4. 定义缺失值（Missing Values）

如果变量在某些被试上没有观测值，可以给其一个容易与有效数据区分开的值，并定义为缺失值。系统默认的缺失值为一小圆点。在〈**Variable View**〉窗口中，单击〈**Missing**〉，打开如图 A－4 所示对话框，定义缺失值的方式有 3 种。

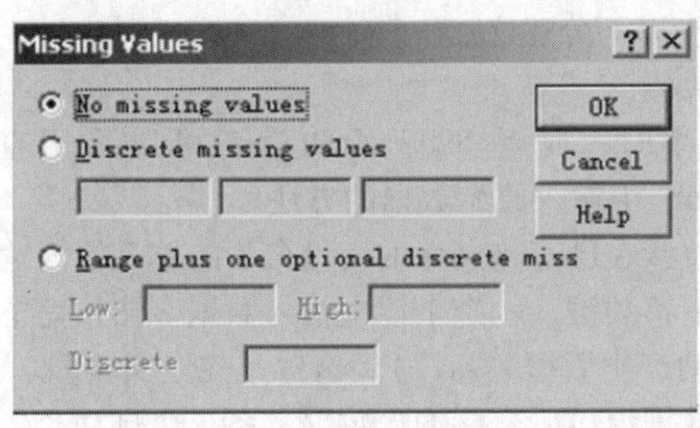

图 A－4

（1）〈**No missing Values**〉：无缺失值，即系统默认状态。

（2）〈**Discrete missing values**〉：离散缺失值，可以在后面三个矩形框内输入三个或三个以下可能出现的缺失值，如性别变量，认为 0、3、4 是非法值，就可将这三个值分别输入到三个矩形框内。

（3）〈**Range plus one optional discrete miss**〉：一个范围加上一个离散值作为缺失值，输入范围下限、范围上限和一个该范围包含不了的值。

确认定义缺失值表达正确，单击〈**OK**〉按钮返回上一级对话框。

5. 定义变量栏宽度（Columns）和数据对齐方式（Align）

在〈**Columns**〉框内可定义该变量栏所需的列宽度。点击〈**Columns**〉框后直接输入或者选择所要定义的宽度即可。

点击〈**Align**〉出现菜单，有三种数据的对齐方式可供选择：〈**Left**〉（左对齐），〈**Center**〉（居中），〈**Right**〉（右对齐）。〈**Right**〉是系统默认方式。

6. 定义变量的测量属性（Measure）

点击〈**Measure**〉框，有三种变量的测量属性供选择：Scale——定量变量（定距或定比变量）；Ordinal——定序变量；Nominal——定类变量。系统默认为 Scale。

二、数据输入

要使用SPSS统计软件分析数据，首先要做的工作就是把原始数据输入到SPSS能够识读的数据文件中。SPSS for Windows 除了直接在数据窗口〈**SPSS Data Editor**〉中输入原始数据外，也可以从其他类型的数据文件中调用（读取）数据，以下分述之。

1. 直接输入数据

数据文件较小时，或者 SPSS 的初学者可以采用直接在数据窗口〈**SPSS Data Editor**〉中输入原始数据的方法。

输入时可以直接在已经定义好的变量名下的单元格内输入，输完一个值后，按回车或上下移动键，一个个依次输入数据。输入完毕后给数据文件起一个文件名（自动产生后缀“sav”）。这样是先定义变量，后输入数据。当然，也可以打开数据窗口后直接输入数据，系统会自动产生默认变量，再按需要进行定义。

2. 从文本文件中读入数据

当数据非常大时，直接在数据窗口输入数据速度慢、工作量大。这时可以考虑使用传统的文字处理软件录入数据，再由 SPSS 直接读入。这样来输入数据的速度就会很快，而且简便易学。

（1）文本文件的建立。

建立文本文件的常用软件有记事本、写字板等。

使用文本文件格式建立数据文件时，使用固定格式比较方便。每个被试占一行（或多行），行与行之间不要留空行。在固定格式中，每个被试在每个变量上所占的字节数要求相同。例如，学科成绩取值范围为0～99分，需要两个字节。0分输入“00”，87分输入“87”。如果有100分的被试，需要三个字节，100分输入格式为“100”。又如，人格问卷采用5点或者7点量表，被试在各个题目上的作答数字是一位数，这时，每个变量只占一个字节。

以一份15个考生8门课程的成绩为例说明。如图A－5所示。

第1和2列是考生编号。第4列到第19列是考生8门课程的成绩（每门成绩占2列），分别为：代数、几何、物理、地理、英语、语文、化学、历史。数据较多时，可以5列或10列为一组，中间用空白列格开。输入完毕后，存盘并命名（如“t1. txt”）。

（2）文本文件的读入。

SPSS 可以通过编写程序来实现文本文件的数据读入，但需要学习程序

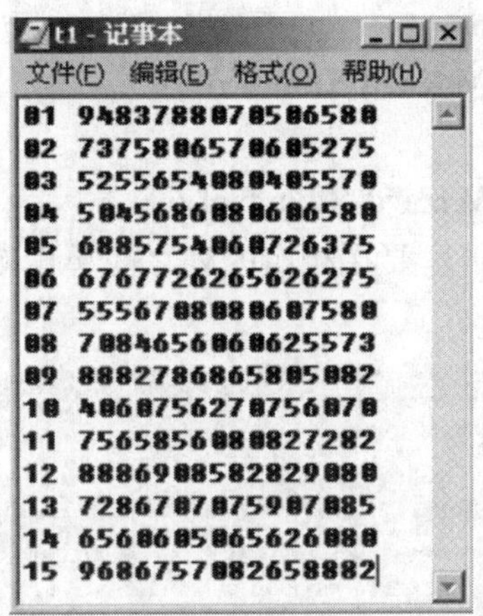

图 A－5

的编写，比较麻烦。方便的是通过窗口中的向导操作来读取文本文件的数据，介绍如下。

击选〈**File**〉下的〈**Read Text Date**〉命令，打开已经包含数据的文本文件"t1. txt"。如图 A－6 所示。

Open File
查找范围(I): D:\大学统计\data_SPSS
t1
文件名(N): t1
文件类型(T): Text (*.txt)
打开(O)
Paste
取消

图 A－6

文件打开后，即进入〈**Text Import Wizard**〉（文本读入向导）。该向导共六步。

在〈**Text Import Wizard-Step** 1 **of** 6 〉的窗口中，在〈**Does your text file match a predefined format**?〉下，选取〈**No**〉选项，点击〈**下一步**〉。

进入〈**Text Import Wizard-Step** 2 **of** 6〉，在〈**How are your variables arranged** ?〉下选择〈**Fixed width** 〉（固定宽度）；在〈**Are variable names**

included at the top of your files?〉下选择〈**No**〉，点击〈**下一步**〉。

进入〈**Text Import Wizard-Step** 3 **of** 6〉，各个提问均采用默认形式，再点击〈**下一步**〉。

进入〈**Text Import Wizard-Step** 4 **of** 6〉，因为在第二步中采用固定宽度的格式，所以在这一步里要在相应的列之间单击鼠标将数据按列分开。如图 A－7 所示：

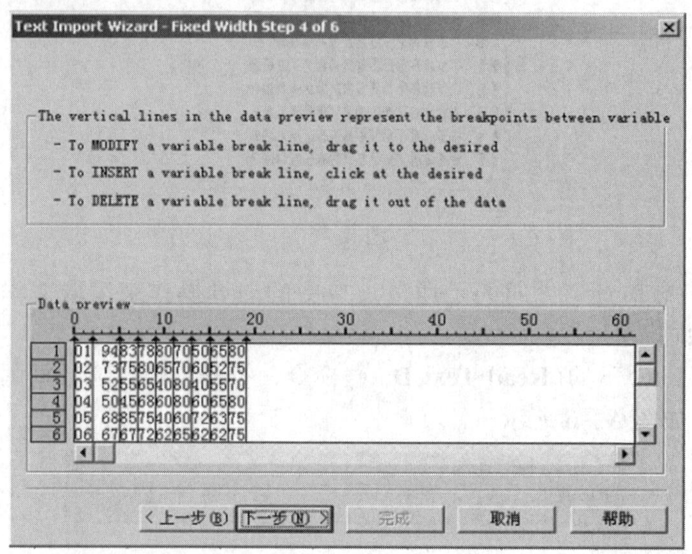

图 A－7

在此，每个变量数据列必须逐一分开，否则系统会把数据与其他变量数据混合在一列内，造成错误。点击〈**下一步**〉。

进入〈**Text Import Wizard-Step** 5 **of** 6〉后，再点击〈**下一步**〉。进入〈**Text Import Wizard-Step** 6 **of** 6〉，点击〈**完成**〉即可完成数据读入任务。如图 A－8 所示。接着可以对变量进行定义或者修改，完成后即可进行数据的统计分析。

3. 从其他数据文件中读入数据

击选〈**File**〉下的〈**Open Database**〉的〈**New Query**〉，进入〈**Data Wizard**〉对话框，其中包含了 dbase Files、Excel Files、Foxpro Files 等多种文件类型可供选择。例如调用 Excel 中的数据文件，选定〈**Excel Files**〉，单击〈**下一步**〉，出现一个新的对话框，提供了数据文件名、目录、驱动器号的查找，选定要调用的数据文件，单击〈**确定**〉按钮，又打开一个对话框，

	v1	v2	v3	v4	v5	v6	v7	v8	v9
1	1.00	94.00	83.00	78.00	80.00	70.00	50.00	65.00	80.00
2	2.00	73.00	75.00	80.00	65.00	70.00	60.00	52.00	75.00
3	3.00	52.00	55.00	65.00	40.00	80.00	40.00	55.00	70.00
4	4.00	50.00	45.00	68.00	60.00	80.00	60.00	65.00	80.00
5	5.00	68.00	85.00	75.00	40.00	60.00	72.00	63.00	75.00
6	6.00	67.00	67.00	72.00	62.00	65.00	62.00	62.00	75.00
7	7.00	55.00	56.00	70.00	80.00	80.00	60.00	75.00	80.00
8	8.00	70.00	84.00	65.00	60.00	60.00	62.00	55.00	73.00
9	9.00	88.00	82.00	78.00	68.00	65.00	80.00	50.00	82.00
10	10.00	40.00	60.00	75.00	62.00	70.00	75.00	60.00	70.00
11	11.00	75.00	65.00	85.00	60.00	80.00	82.00	72.00	82.00
12	12.00	88.00	86.00	90.00	85.00	82.00	82.00	90.00	80.00
13	13.00	72.00	86.00	70.00	70.00	75.00	90.00	70.00	85.00
14	14.00	65.00	60.00	60.00	50.00	65.00	62.00	60.00	80.00
15	15.00	96.00	86.00	75.00	70.00	82.00	65.00	88.00	82.00

图 A－8

左框中列出了 Excel 工作簿的工作表，将数据所在的工作表拖拉到右框中并单击〈**完成**〉按钮，Excel 文件中的数据就转换成了 SPSS 数据，调到了 SPSS 当前数据窗中。由于使用 Excel 输入和编辑数据比〈**SPSS Data Editor**〉更加方便，熟悉 Excel 的读者掌握如何调用 Excel 文件是很有益处的。

三、文件合并（Merge files）

将两个数据文件合并为一个文件有两种方式，一种是增加样品，例如将两个班的成绩合在一起。另一种是增加变量，例如将一个班的语文成绩和数学成绩合在一起。

1. 增加样品（Add cases）

将一个外部数据文件（以下简称外部文件）的数据接到当前数据文件（以下简称当前文件）的数据后面，也称为纵向合并。合并的两个数据文件应有相同的变量。操作步骤如下：

(1) 首先打开一个数据文件成为当前文件。例如文件名为“a1-1.sav”，数据见图 A－9 。

	性别	年龄	语文
1	2	16	91
2	1	15	85
3	1	17	89
4	1	16	87

图 A－9

（2）击选〈**Data**〉的〈**Merge Files**〉下的〈**Add Cases**〉命令，打开〈**Add Cases：Read File**〉对话框，选定要合并的外部文件并打开（例如文件名为“a1-2. sav”，数据见图 A－10）。打开〈**Add Cases from**〉对话框，如图 A－11 所示。其中〈**Variables in New Working Data File**〉中列出了两个文件中变量名相同且类型相同的变量（匹配变量）。未匹配的变量在〈**Unpaired Variables**〉中列出，标有“＊”的是存在于当前文件中的变量，标有“＋”的是外部文件中的变量。单击〈**OK**〉按钮，产生新数据文件，结果见图 A－12，另起名为“a1-3. sav”。

	性别	年龄	语文
1	2	16	78
2	1	17	76
3	1	15	83
4	1	15	75
5	2	15	78

图 A－10

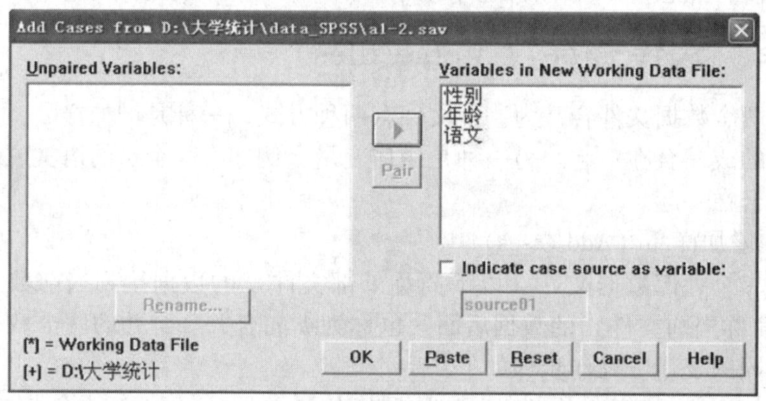

图 A－11

若当前文件中的一个变量 X 与外部文件中的变量 Y 不同名，但属于同一变量类型，在〈**Unpaired Variables**〉中选择这两个变量，单击〈**Pair**〉，在新文件中会产生名为“X&Y”的新变量，其数据宽度与当前文件中的变量 X 的宽度相同。如果不进行配对，则新文件中将不包含这两个变量。

对于只在一个数据文件中包含的变量，如果想在新数据文件中出现，在〈**Unpaired Variables**〉选定该变量，单击右箭头按钮，该变量将出现在〈**Variables in New Working Data File**〉中，另一文件相应的观测值为缺失值。

	性别	年龄	语文
1	2	16	91
2	1	15	85
3	1	17	89
4	1	16	87
5	2	16	78
6	1	17	76
7	1	15	83
8	1	15	75
9	2	15	78

图 A－12

如果要在合并的同时剔除变量，则在〈**Variables in New Working Data File**〉中选定要剔除的变量后单击左箭头即可。

如果要为变量改名，选中需要改名的变量，单击〈**Rename**〉，打开对话框，在〈**New name**〉中输入该变量的新名，单击〈**Continue**〉按钮返回。〈**Rename**〉功能只对〈**Unpaired Variables**〉中的变量有效。

击选〈**Indicate case source as variable**〉，将生成一个新的变量加入到新文件中，表明数据来源，其变量值“0”表示观测值来自当前文件，“1”表示来自外部文件。

2. 增加变量（Add Variables）

从一个指定的外部文件中取得一个或几个变量的数据增加到当前文件中，也称为横向合并。除非两个数据文件的样品和顺序都是一样的，否则要求两个数据文件必须有至少一个共同的关键变量，用于匹配样品。操作步骤如下：

（1）首先打开一个数据文件成为当前文件。例如文件名为“a2-1. sav”，数据见图 A－13 。

	no	性别	年龄	语文
1	1	2	16	91
2	2	1	15	85
3	3	1	17	89
4	4	1	16	87

图 A－13

（2）击选〈**Data**〉的〈**Merge Files**〉下的〈**Add Variables**〉命令，打开一个对话框，选定要合并的外部文件并打开（例如文件名为 a2-2. sav，数据见图 A－14）。打开〈**Add Variables from**〉对话框，如图 A－15 所示。其中

〈**New Working Data File**〉中列出了可以在新数据文件中存在的变量，其中标有“＊”的是当前文件中的变量，标有“＋”的是外部文件中的变量。〈**Excluded Variables**〉中列出了两个文件中重复的同名变量。

	no	性别	年龄	数学
1	1	2	16	89
2	2	1	15	79
3	3	1	17	82
4	4	1	16	82
5	5	2	16	90

图 A－14

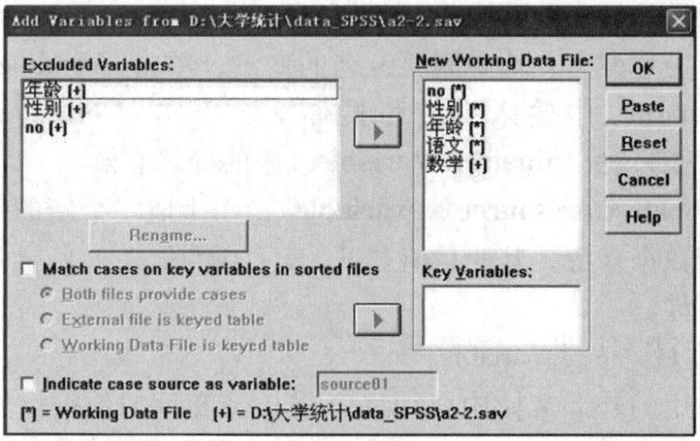

Add Variables from D:\大学统计\data_SPSS\a2-2.sav

Excluded Variables:
年龄 (+)
性别 (+)
no (+)

New Working Data File:
no (*)
性别 (*)
年龄 (*)
语文 (*)
数学 (+)

OK
Paste
Reset
Cancel
Help

Rename...

Match cases on key variables in sorted files
Both files provide cases
External file is keyed table
Working Data File is keyed table

Key Variables:

Indicate case source as variable: source01

(*) = Working Data File (+) = D:\大学统计\data_SPSS\a2-2.sav

图 A－15

（3）击选〈**Match cases on key variables in sorted files**〉，将〈**Excluded Variables**〉中的变量〈**no**(＋)〉作为关键变量，通过单击下面一个右箭头按钮转移到〈**Key Variables**〉。单击〈**OK**〉按钮，出现一个对话框（确定两个文件的样品是否按关键变量升序排列，关于变量排序在下一节中介绍），单击〈**确定**〉按钮，产生新数据文件，结果见图 A－16，另起名为“a2-3. sav”。

	no	性别	年龄	语文	数学
1	1	2	16	91	89
2	2	1	15	85	79
3	3	1	17	89	82
4	4	1	16	87	82
5	.				90

图 A－16

如果两个数据文件中含有相等样品且一一对应，此时无须指定关键变量。如果两个文件虽有共同的关键变量但其样品数不等（上面例子就是这种情况）或没有一一对应，则在合并前要将样品按关键变量的升序排序，并要击选〈**Match cases on key variables in sorted files**〉。在该选项下面还有三个选项：

〈**Both files provide cases**〉（系统默认）说明样品由两个数据文件提供，如果有一个文件缺少样品，在新文件中对应的成为缺失值。

〈**External file is keyed table**〉是保持当前文件中的样品，只有外部文件中与当前文件中的关键变量值相等的那些样品合并到新文件中。

〈**Working data file is keyed table**〉是保持外部文件中的观测值，只有当前文件中与外部文件中的关键变量值相等的那些样品合并到新文件中。

指定关键变量的操作是将〈**Excluded Variables**〉中的变量通过单击下面一个右箭头按钮转移到〈**Key Variables**〉中。

如果要为变量改名，击选〈**Rename**〉。当外部文件与当前文件有同名变量，但却带有不同的数据时，或者想选择的关键变量在两个文件中的名称不同时，都需要将其中一个改名。

击选〈**Indicate case source as variable**〉，将生成一个新的变量加入到新文件中，表明数据来源，其变量值“0”表示观测值来自当前文件，“1”表示来自外部文件。

第二节　数据的初步处理

一、排序（Sort Cases）

有时需要按某个变量值的大小重新排列样品在数据文件中出现的顺序，在建立或打开一个数据文件后（例如 a1-1），排序的操作步骤如下：

（1）击选〈**Data**〉下的〈**Sort Cases**〉命令，打开如图 A－17 所示的〈**Sort Cases**〉对话框。

（2）选定用于排序的变量（例如年龄），单击右箭头按钮，将〈**年龄**〉转移到〈**Sort by**〉下面的矩形框中（以后简称这一步操作为将〈**年龄**〉指定为〈**Sort by**〉）。单击〈**OK**〉按钮，结果见图 A－18。

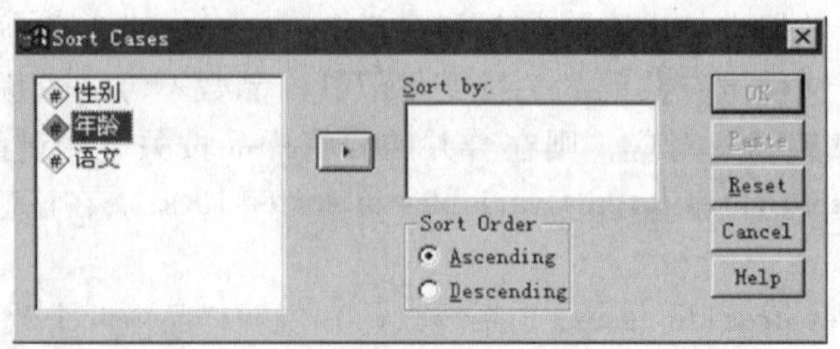

图 A－17

	性别	年龄	语文
1	1	15	85
2	2	16	91
3	1	16	87
4	1	17	89

图 A－18

决定升序还是降序在〈**Sort Order**〉中选择，默认是〈**Ascending**〉（升序排列），如果要按降序排列，击选〈**Descending**〉。用于排序的变量可以不止一个，每一个都可以指定为升序或降序，样品将按第一个指定的变量排序，第一个变量值相同时，按第二个变量排序，等等。

二、选择样品（Select Cases）

对于一个数据文件，可以选择其中部分样品做成新的文件或进行数据分析。选择样品时可以根据指定的条件选择，也可以随机选择。

1. 条件选择

（1）在当前文件 a3. sav 中（数据见图 A－19），击选〈**Data**〉下的〈**Select Cases**〉命令，打开〈**Select Cases**〉对话框（图 A－20）。

（2）击选〈**If condition is satisfied**〉，并单击它下方的〈**If**〉按钮，打开〈**Select Cases：If**〉对话框，在右上方空白框中输入选择条件“性别＝1”（见图 A－21）。（可以通过指定变量、指定函数以及点击数字、运算符号完成条件的输入）单击〈**Continue**〉返回。单击〈**OK**〉按钮（结果见图 A－22）。

数据窗口中新增加了一个变量“filter-＄”，被选上的样品其值为 1，否则为 0。图 A－22 中左侧画有斜线的样品是不满足条件的样品（被过滤掉的样品），数据分析时它们就像不存在一样。如果要恢复它们，可以再次使用

	性别	年龄	语文	数学
1	2	16	91	89
2	1	15	85	79
3	1	17	89	82
4	1	16	87	82
5	2	16	78	90
6	1	17	76	95
7	1	15	83	56
8	1	15	75	34
9	2	15	78	62
10	2	16	81	78

图 A－19

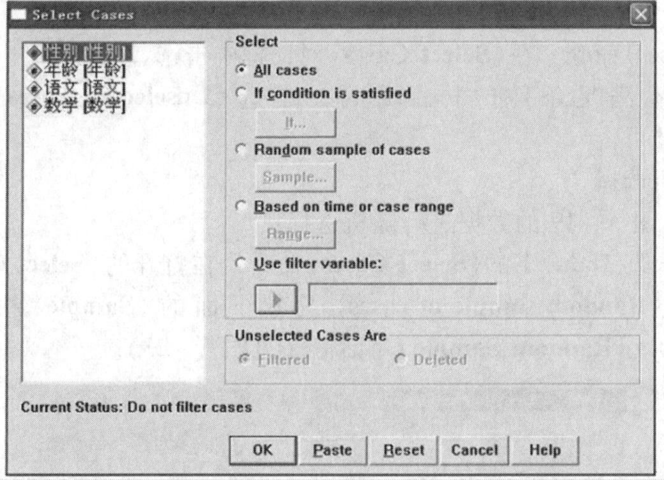

图 A－20

图 A－21

	性别	年龄	语文	数学	filter_$
1	2	16	91	89	0
2	1	15	85	79	1
3	1	17	89	82	1
4	1	16	87	82	1
5	2	16	78	90	0
6	1	17	76	95	1
7	1	15	83	56	1
8	1	15	75	34	1
9	2	15	78	62	0
10	2	16	81	78	0

图 A－22

〈**Select Cases**〉命令，在〈**Select Cases**〉对话框中击选〈**All cases**〉（默认项）。如果要将不满足条件的样品删除，击选〈**Unselected Cases Are**〉下的〈**Deleted**〉便可。

2. 随机选择

下面就图 A－19 的数据进行随机选择：

（1）击选〈**Data**〉下的〈**Select Cases**〉命令，在打开的〈**Select Cases**〉对话框中击选〈**Random sample of cases**〉及其下面的〈**Sample**〉按钮，打开〈**Select Cases：Random Sample**〉对话框（见图 A－23）。

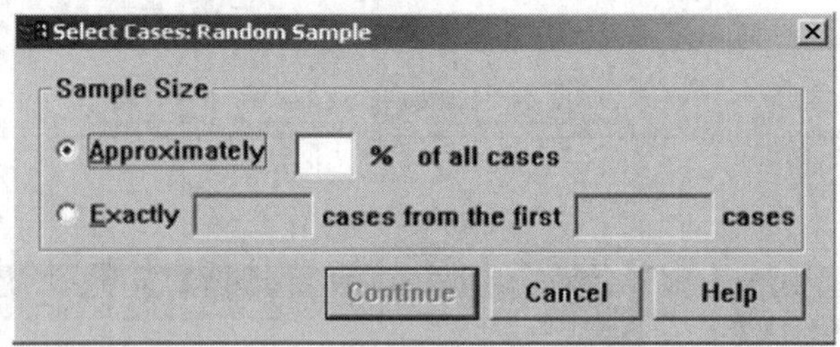

图 A－23

（2）在百分号% 前面输入“50”（表示随机选择 50% 左右的样品）。单击〈**Continue**〉返回。单击〈**OK**〉按钮，结果见图 A－24。

如果是指定随机选择若干个样品，例如在前面 8 个样品中随机选择 5 个，在〈**Select Cases：Random Sample**〉对话框中击选第二行，并输入“5”和“8”：〈**Exactly** 5 **cases from the first** 8 **cases**〉。

	性别	年龄	语文	数学	filter_$
1	2	16	91	89	1
2	1	15	85	79	1
3	1	17	89	82	0
4	1	16	87	82	1
5	2	16	78	90	0
6	1	17	76	95	0
7	1	15	83	56	0
8	1	15	75	34	1
9	2	15	78	62	0
10	2	16	81	78	1

图 A－24

3. 其他选择

通过指定样品范围选择样品：在〈**Select Cases**〉对话框中击选〈**Based on time or case range**〉，并单击〈**Range**〉按钮，打开〈**Select Cases：Range**〉对话框（见图 A－25）。在〈**First**〉下面输入第一个样品序号，在〈**Last Case**〉下面输入最后一个样品序号。

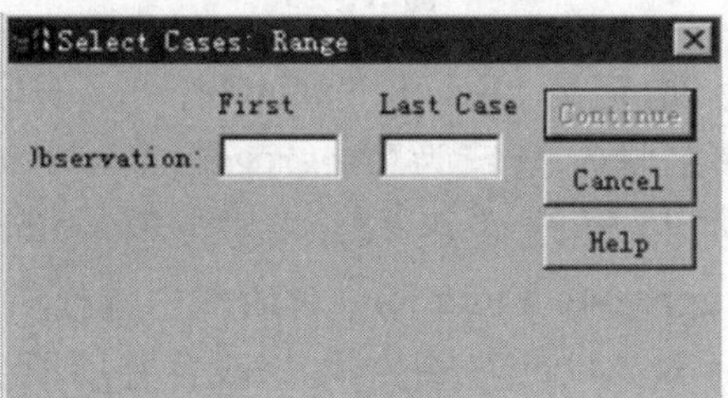

图 A－25

使用过滤器变量选择样品：在〈**Select Cases**〉对话框中击选〈**Use filter variable**〉并输入过滤器变量名，选择结果是过滤器变量不等于 0 的那些样品。

三、分组合并（Aggregate）

有时需要将数据按某个变量值分组，并求各变量在每一组的一个统计量值。例如，一个数据文件包含了全级 8 个班全体学生的语文、数学、英语期末考试成绩，班别、语文、数学、英语都是变量。要产生一个新的数据文件，列出各班的语文、数学、英语平均分，新文件只有8个样品（8个班），就需要使用Aggregate命令来实现。

下面以文件a3. sav的数据为例介绍操作步骤。

（1）在当前文件a3. sav中（数据见图A－19），击选〈**Data**〉下的〈**Aggregate**〉命令，打开〈**Aggregate Data**〉对话框（图A－26）。

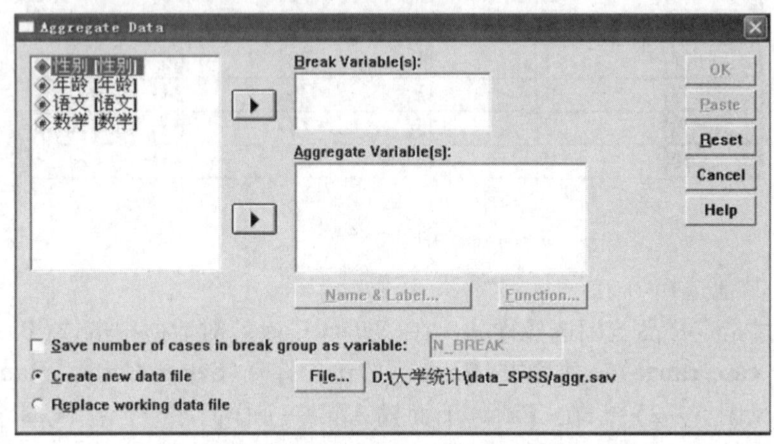

图A－26

（2）将〈**性别**〉指定为〈**Break Variable(s)**〉（即将性别作为分组变量），将〈**语文**〉、〈**数学**〉指定为〈**Aggregate Variable(s)**〉（默认为求语文、数学的均值。如果要改变函数，单击〈**Function**〉按钮，在打开的〈**Aggregate Data：Aggregate Function**〉对话框中选择所需的函数）。

（3）单击〈**Name & Label**〉按钮，可修改合并后所生成的新变量的名称及标签（见图A－27所示，系统默认值为原变量名后加下划线和数字1）。

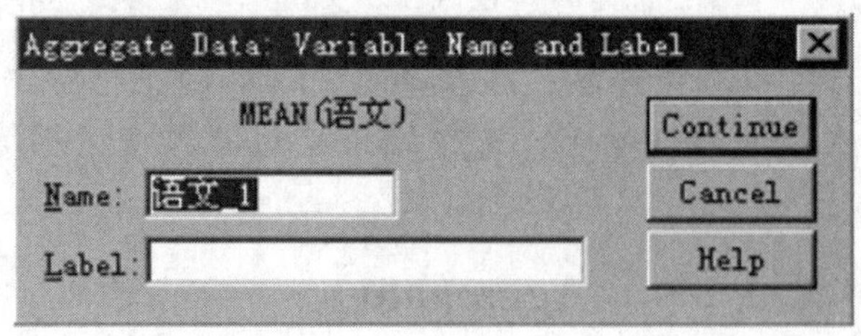

图A－27

（4）击选〈**Save number of cases in break group as variable**〉（各组样品数目作为一个新的变量保存在新的数据文件中，默认变量名为“N_

BREAK”，可以改名）。

（5）击选〈**Replace working data file**〉（新数据文件取代当前文件，默认是〈**Create new data file**〉产生新文件）。

（6）单击〈**OK**〉按钮。结果见图 A－28。

	性别	语文_1	数学_1	n_break
1	1	82.50	71.33	6
2	2	82.00	79.75	4

图 A－28

在〈**Aggregate Data：Aggregate Function**〉对话框（图 A－29）中，包含了分组合并时可以选用的函数（分组计算的统计量），系统默认的函数为组平均数。

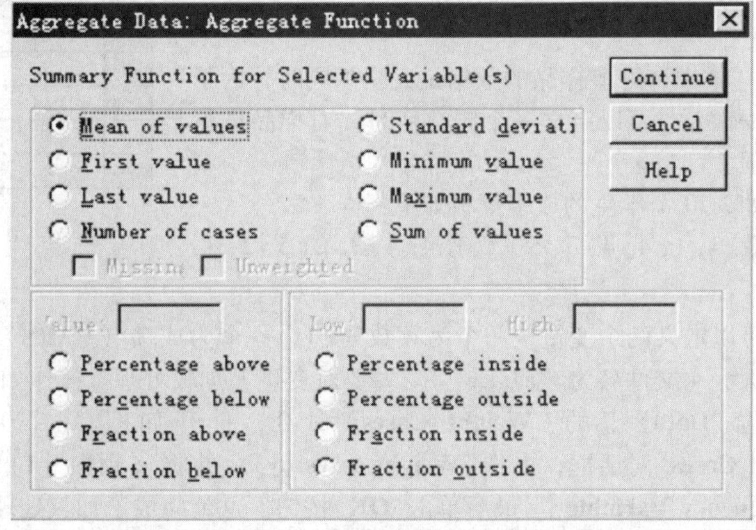

图 A－29

上部框内的函数为不带参数的函数，这些函数都是分组计算，它们是：

Mean of values（算术平均数）；First Value（第一个样品观测值）；Last value（最后一个样品观测值）；Number of cases（样品个数）；Standard deviation（标准差）；Minimum value（最小值）；Maximum value（最大值）；Sum of values（总和）。

左下框内的函数为带一个参数的函数，当选定其中一个后，会激活

〈**Value**〉，在其后输入一个参数值：

Percentage above（大于参数值的样品数占该组总数的百分比）；

Percentage below（小于参数值的样品数占该组总数的百分比）；

Fraction above（大于参数值的样品数占该组总数的比）；

Fraction below（小于参数值的样品数占该组总数的比）。

右下框内的函数为带两个参数的函数，当选定其中一个后，会激活〈**Low**〉和〈**High**〉，各输入一个参数值，由这两个参数值可以形成一个区间：

Percentage inside（在两个参数值之间的样品数占该组总数的百分比）；

Percentage outside（在两个参数值之外的样品数占该组总数的百分比）；

Fraction inside（在两个参数值之间的样品数占该组总数的比）；

Fraction outside（在两个参数值之外的样品数占该组总数的比）。

四、加权（Weight Cases）

当样本中有许多样品的数据是完全相同时，为了减少数据输入，可以定义一个频数变量，对样品进行加权处理。

	f	mark
1	1	1
2	5	2
3	7	3
4	5	4
5	2	5

图 A－30

例如，20 个学生的成绩等级如下：

2，3，3，1，4，4，3，5，2，3，4，4，3，2，5，2，3，2，3，4。

则可以定义两个变量，一个为频数（F），一个为成绩（MARK）。如图 A－30 所示（文件名为“a4. sav”）。并要对变量 F 加权处理。操作如下：

击选〈**Data**〉下的〈**Weight Cases**〉命令，打开如图 A－31 所示〈**Weight Cases**〉对话框，击选〈**Weight cases by**〉，并将〈**频数［f］**〉指定为〈**Frequency Variable**〉。最后单击〈**OK**〉按钮。这就完成了加权处理。

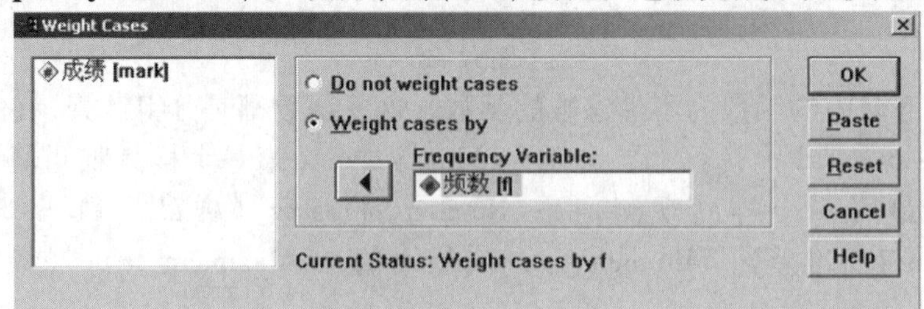

图 A－31

如果要取消加权，则在〈**Weight Cases**〉对话框中击选〈**Do not weight cases**〉便可。对于一般的非重复数据，也可以定义一个权重变量，对样品进行加权处理。

第三节　数据变换

为了统计的需要，有时要根据已经存在的变量建立新变量。常用的有计算、重编码、排名次、置换缺失值等。

一、计算（Compute）

看一个通过计算产生新变量的例子。

（1）在当前文件 a5. sav（数据见图 A－32）中，击选〈**Transform**〉下的〈**Compute**〉命令，打开〈**Compute Variable**〉对话框。

	性别	年龄	语文	数学
1	2	16	91	89
2	1	15	85	79
3	1	17	89	82
4	1	16	87	82
5	2	16	78	90

图 A－32

（2）在目标变量〈**Target**〉下输入将建立的新变量“平均分”，在数值表达式〈**Numeric Expression**〉下输入“mean（语文，数学）”（可以通过击选源变量表、函数表以及计算板完成输入）（图 A－33）。

（3）单击〈**OK**〉按钮。结果见图 A－34。

当需要定义新变量的类型及标签时，击选〈**Compute Variable**〉对话框中的〈**Type & Label**〉，打开如图 A－35 所示的对话框，在其中定义标签和变量类型。

如果只有满足一定条件的样品才给新变量赋值，击选〈**Compute Variable**〉对话框中的〈**If**〉，打开如图 A－36 所示的对话框，在其中定义条件。

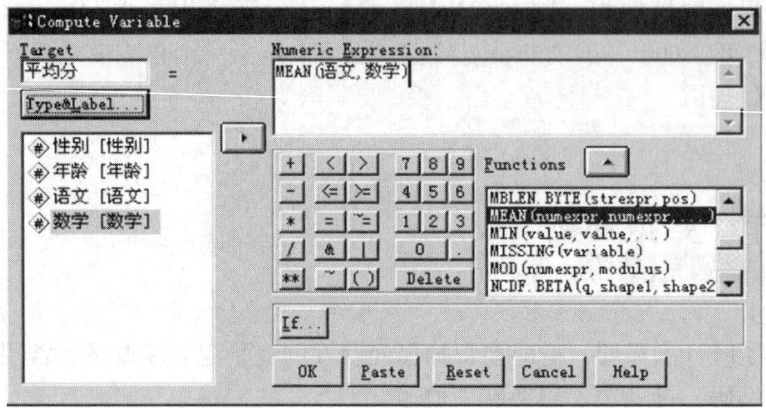

图 A－33

	性别	年龄	语文	数学	平均分
1	2	16	91	89	90.00
2	1	15	85	79	82.00
3	1	17	89	82	85.50
4	1	16	87	82	84.50
5	2	16	78	90	84.00

图 A－34

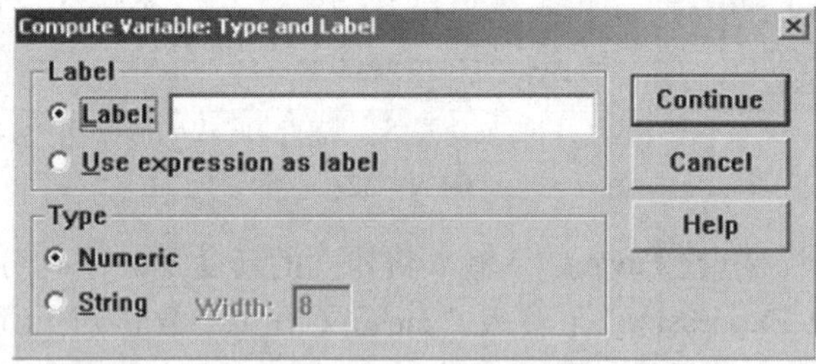

图 A－35

二、重编码（Recode）

有时候需要改变变量的数值，即数据的重编码，下面以图 A－32 的数据为例，要将年龄重编码：15 为 1，16 为 2，17 为 3；将语文、数学重编码：60 以下为 1，60 至 69 为 2，70 至 79 为 3，80 至 89 为 4，90 及 90 以上

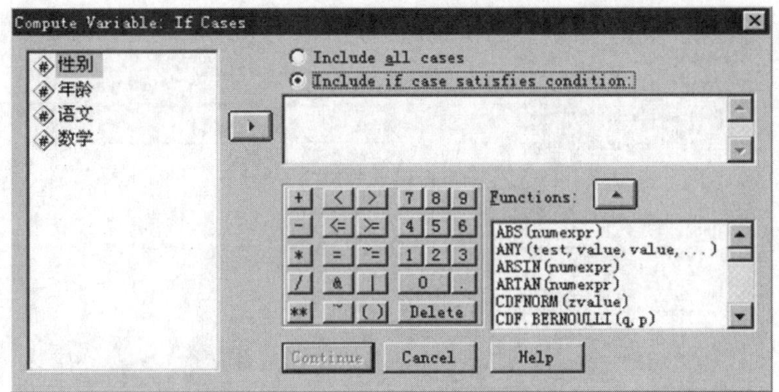

图 A－36

为 5。

（1）在当前文件 a5. sav 中，击选〈**Transform**〉下的〈**Recode**〉命令，它包含〈**Into Same Variables**〉（重编码后仍用原来的变量名）和〈**Into Different Variables**〉（重编码后不用原来的变量名）两个选项。选择〈**Into Same Variables**〉，出现如图 A－37 所示对话框。

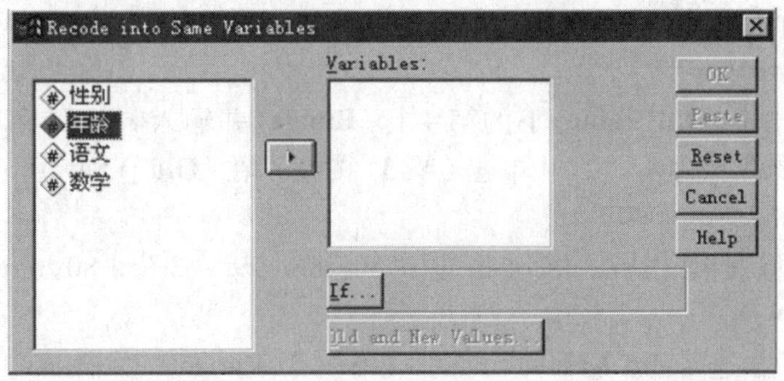

图 A－37

（2）在〈**Recode into Same Variables**〉对话框中，将〈**年龄**〉指定为〈**Variables**〉，单击〈**Old and New Values**〉按钮，出现〈**Recode into Same Variables: Old and New Values**〉对话框，如图 A－38 所示。

（3）在〈**Old Value**〉下的〈**Value**〉右侧输入“15”，在〈**New Value**〉下输入“1”，单击〈**Add**〉按钮，在〈**Old→New**〉下显示“15→1”。重复以上操作，指定“16→2”，“17→3”为〈**Old→New**〉。单击〈**Continue**〉返回

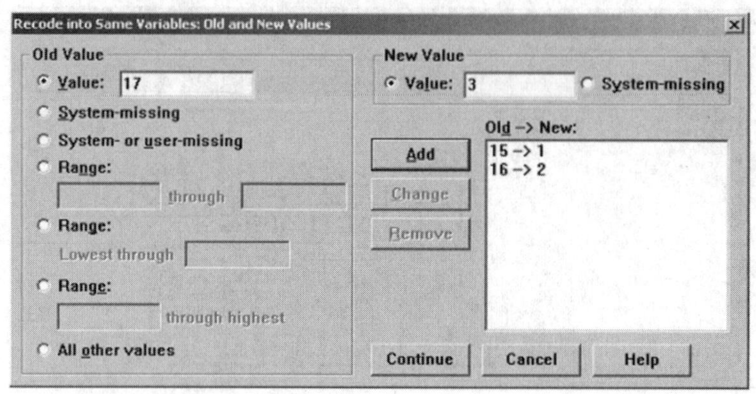

图 A－38

〈**Recode into Same Variables**〉对话框。单击〈**OK**〉按钮。这时只对“年龄”进行了重编码。

（4）重复操作 1，在〈**Recode into Same Variables**〉对话框中，将〈**语文**〉和〈**数学**〉指定为〈**Variables**〉，单击〈**Old and New Values**〉按钮。

（5）击选〈**Old Value**〉下的第 5 行〈**Range**〉并输入“59”，在〈**New Value**〉下输入“1”。单击〈**Add**〉按钮，在〈**Old→New**〉下显示“Lowest thru 59→1”。

（6）击选〈**Old Value**〉下的第 4 行〈**Range**〉并输入“60”和“69”，在〈**New Value**〉下输入“2”。单击〈**Add**〉按钮，在〈**Old→New**〉下显示“60 thru 69→2”。

（7）重复操作 6，依次指定“70 thru 79→3”，“80 thru 89→4”为〈**Old→New**〉。

（8）击选〈**Old Value**〉下的第 6 行〈**Range**〉并输入“90”，在〈**New Value**〉下输入“5”。单击〈**Add**〉按钮，在〈**Old→New**〉下显示“90 thru Highest→5”。（见图 A－39）

（9）单击〈**Continue**〉按钮返回〈**Recode into Same Variables**〉对话框。单击〈**OK**〉按钮。这时同时对“语文”和“数学”进行了重编码。结果见图A－40。

如果重编码的变量改用新变量名，在主菜单中击选〈**Transform**〉的〈**Recode**〉下的〈**Into Different Values**〉。重编码的过程与前面的相同，但要输入新变量名（和标签）。

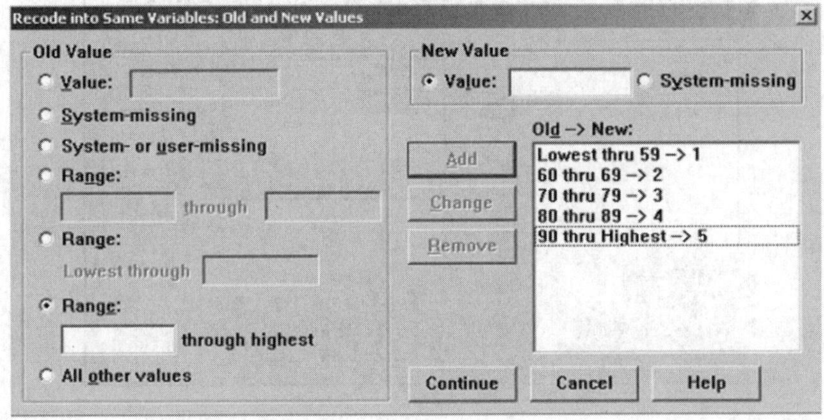

图 A－39

	性别	年龄	语文	数学
1	2	2	5	4
2	1	1	4	3
3	1	3	4	4
4	1	2	4	4
5	2	2	3	5

图 A－40

三、排名次（Rank Cases）

如果要按某些变量对样品排名次（或等级），用 Rank Cases 命令。仍以图 A－32 的数据为例。

（1）在当前文件 a5. sav 中，击选〈**Transform**〉下的〈**Rank Cases**〉命令。

（2）在打开的〈**Rank Cases**〉对话框中，将“语文”、“数学”指定为〈**Variable(s)**〉，击选〈**Assign Rank 1 to**〉下的〈**Largest value**〉（最大值为第一名）。如图 A－41 所示。

（3）单击〈**Rank Types**〉按钮，在打开的〈**Rank Cases: Types**〉的对话框中（图 A－42），击选〈**Rank**〉（默认选项）和〈**Fractional rank as %**〉（百分等级），单击〈**Continue**〉按钮返回，单击〈**OK**〉按钮。结果见图 A－43。

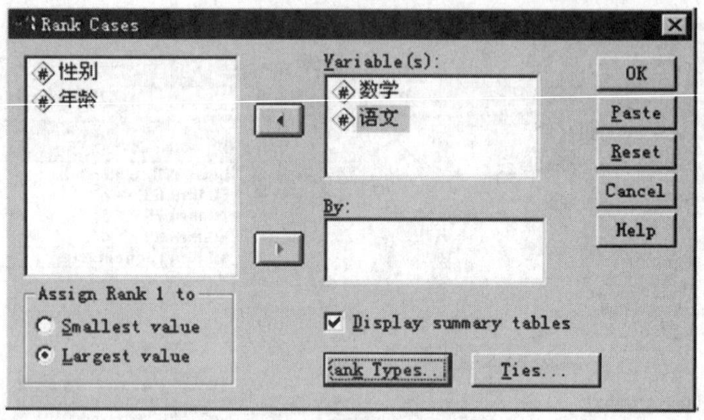

图 A－41

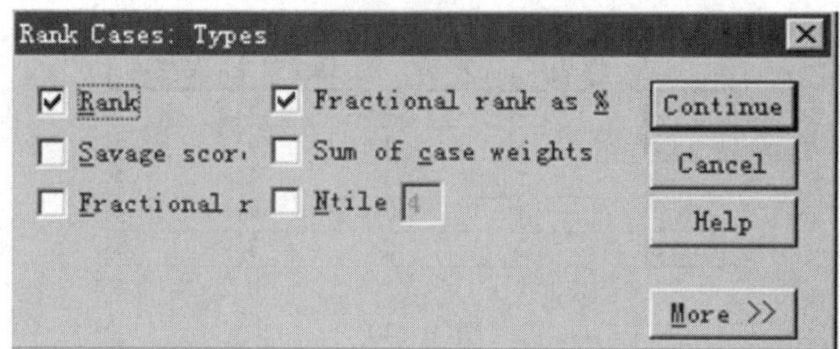

图 A－42

	性别	年龄	语文	数学	r语文	r数学	p语文	p数学
1	2	16	91	89	1.000	2.000	20.00	40.00
2	1	15	85	79	4.000	5.000	80.00	100.00
3	1	17	89	82	2.000	3.500	40.00	70.00
4	1	16	87	82	3.000	3.500	60.00	70.00
5	2	16	78	90	5.000	1.000	100.00	20.00

图 A－43

四、置换缺失值（Replace Missing Values）

下面以图 A－16 中的数据说明如何置换缺失值。

（1）在当前文件 a2-3. sav 中，击选〈**Transform**〉下的〈**Replace Missing Values**〉命令。

（2）在打开的〈**Replace Missing Values**〉对话框中（图 A－44），将

"语文"指定为〈**New Variable(s)**〉，单击〈**OK**〉按钮。在新变量"语文_1"中，"语文"的缺失值被均值代替（图 A－45）。

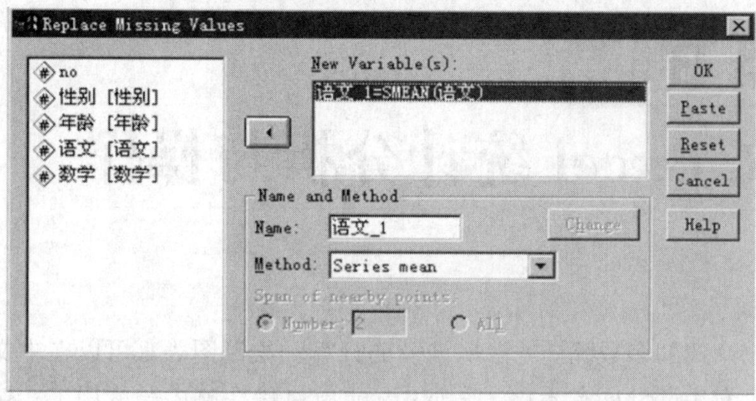

图 A－44

	no	性别	年龄	语文	数学	语文_1
1	1	2	16	91	89	91.0
2	2	1	15	85	79	85.0
3	3	1	17	89	82	89.0
4	4	1	16	87	82	87.0
5	5	.	.	.	90	88.0

图 A－45

附录 B 中文 Excel 统计分析与操作

本书介绍的多数统计方法所涉及的计算和绘制图表都可以在中文 Excel 中完成。对于部分读者来说，掌握 Excel 窗口操作就已经够用了。Excel 是 Microsoft Office 办公系列家族中的一员，看看书店的计算机软件教科书就知道，中文 Excel 几乎与中文 Word 一样流行，使用起来非常方便。它的部分统计功能如下：

1. 统计量计算

简单的如计算平均数、总和、标准差、名次等；复杂的如计算列联表的 χ^2 值及显著性概率。

2. 分类汇总和多维汇总（透视表）

3. 描述统计

一个命令可求出各变量的均值、标准差、方差、最大值、最小值、全距等。

4. 直方图和频数分析

一个命令可求出频数、累积频率、直方图等。

5. 相关系数

一个命令可求出所有变量间的相关系数。

6. 假设检验

包括双样本方差齐性检验、成对（相关）样本的 t 检验、独立样本等方差的 t 检验、独立样本异方差的 t 检验。

7. 方差分析

包括单因素方差分析、无重复双因素方差分析、可重复双因素方差分析。

8. 回归分析

可以做多个自变量的线性回归分析。

9. χ^2 检验

包括拟合检验和独立性检验。

不过，一般的中文 Excel 教科书很少介绍如何做统计分析。而且，在中文 Excel 的帮助信息中，有些关于统计分析工具和统计量的（翻译）解释含混不清甚至错误。如果读者发现本书对某个分析工具或函数的说明与帮助信息的解释不一致时，以本书为准。

假设本文的读者已具备所论统计分析的基本知识。此外还假设读者掌握中文 Excel 的如下基本操作：

（1）新建、打开、关闭、保存工作簿；

（2）插入、移动或复制工作表；

（3）单元格内容的输入、修改，定义格式；

（4）选择工作区域、剪切、复制、粘贴、填充、清除、删除；

（5）向单元格输入公式、函数，公式的填充；

（6）公式中引用单元名字，相对引用、绝对引用和混合引用。

即使从来没有接触过 Excel 的读者，如果有中文 Word 的操作经验，上述操作也可以很快掌握。在实际操作中，通过点击和拖动鼠标，比书中文字描述的操作过程简单得多。本文介绍的中文 Excel 的功能、操作和结果在中文 Excel XP 和 2003 版本上是相同的。行文中对于菜单中的命令、选项、标签等用〈 〉标识，需由用户输入的内容以及分析结果显示的内容用“ ”标识。注意：公式中的标点符号要在英文输入法中输入。

第一节　学生成绩统计

下面用表 B－1 的数据，计算各人总分并以总分排名次（即等级）；计算各科及格率、平均分和标准差。

建立一个 Excel 工作簿，在第一张工作表（Sheet1）中输入表 B－1 数据，得到一个数据清单（见图 B－1）。将 Sheet1 的数据复制到 Sheet2，将 Sheet1 作为原始数据备用。

表 B－1　15 个学生的考试成绩

学号	姓名	性别	年龄	语文	数学	英语
2006101	赵小芸	女	16	85	85	91
2006102	李　俊	男	15	86	78	83
2006103	张　丽	女	17	88	81	89
2006104	周国正	男	16	86	83	79
2006105	陈　强	男	16	79	88	85
2006106	江　勇	男	17	78	93	68
2006107	卢　辉	男	15	85	58	86
2006108	钱长红	女	15	76	45	69
2006109	孔　智	男	15	77	65	86
2006110	成小珊	女	16	80	79	78
2006111	姚文远	女	17	80	76	68
2006112	张志成	男	16	72	60	80
2006113	姜　枚	女	17	58	65	57
2006114	宋　玉	女	15	69	87	76
2006115	韦　侠	男	16	72	48	72

H18　fx

	A	B	C	D	E	F	G
1	学号	姓名	性别	年龄	语文	数学	英语
2	2006101	赵小芸	女	16	85	85	91
3	2006102	李俊	男	15	86	78	83
4	2006103	张丽	女	17	88	81	89
5	2006104	周国正	男	16	86	83	79
6	2006105	陈强	男	16	79	88	85
7	2006106	江勇	男	17	78	93	68
8	2006107	卢辉	男	15	85	58	86
9	2006108	钱长红	女	15	76	45	69
10	2006109	孔智	男	15	77	65	86
11	2006110	成小珊	女	16	80	79	78
12	2006111	姚文远	女	17	80	76	68
13	2006112	张志成	男	16	72	60	80
14	2006113	姜枚	女	17	58	65	57
15	2006114	宋玉	女	15	69	87	76
16	2006115	韦侠	男	16	72	48	72

图 B－1

一、计算总分

（1）在 Sheet2 中，单击 H1 单元，输入“总分”。

（2）单击 H2 单元，输入“ = SUM（E2: G2）”。（**必须在英文输入状态下输入公式**。实际操作中可以通过点击编辑栏左边的 f_x 打开函数菜单，并拖动鼠标选择单元格来输入公式）

（3）拖动 H2 单元的填充柄至 H16 单元。

二、计算名次

（1）单击 I1 单元，输入“名次”。

（2）单击 I2 单元，输入“ = RANK（H2，$H $2: $H $16）”。（其中“ $ ”表示绝对引用。H2: H16 是用于排名时的比较范围，应当是绝对引用。不熟悉相对引用和绝对引用的读者，只需要比较一下有“ $ ”和无“ $ ”时，拖动填充柄后公式栏的变化情况和计算结果就可以体会出来了）

（3）拖动 I2 单元的填充柄至 I16 单元。

三、计算及格率

（1）单击 A17 单元，输入“及格率”。

（2）单击 E17 单元，输入“ = COUNTIF（E2: E16，‘ > = 60’）/15”，然后回车。

（3）击选〈**格式**〉菜单的〈**单元格**〉命令，在对话框中击选〈**数字**〉选项中的〈**百分比**〉，并在〈**小数点后位数**〉输入“0”，然后单击〈**确定**〉按钮。

（4）拖动 E17 单元的填充柄至 G17 单元。

四、计算平均分

（1）单击 A18 单元，输入“平均分”。

（2）单击 E18 单元，输入“ = AVERAGE（E2: E16）”。

（3）击选〈**格式**〉菜单的〈**单元格**〉命令，在对话框中击选〈**数字**〉选项中的〈**数值**〉，并在〈**小数点后位数**〉输入“1”，然后单击〈**确定**〉按钮（以后将这一步骤简称为“将 E18 单元取 1 位小数”，其余类似的步骤类推）。

（4）拖动 E18 单元的填充柄至 G18 单元。

五、计算标准差

（1）单击 A19 单元，输入“标准差”。

（2）单击 E19 单元，输入“ = STDEV（E2: E16）”。（这是样本标准差，如果计算总体标准差，用函数 STDEVP 计算，它比样本标准差小）

（3）将 E19 单元取 2 位小数。

（4）拖动 E19 单元的填充柄至 G19 单元。

上述操作结果见图 B－2。

I21 ▾ fx

	A	B	C	D	E	F	G	H	I
1	学号	姓名	性别	年龄	语文	数学	英语	总分	名次
2	2006101	赵小芸	女	16	85	85	91	261	1
3	2006102	李俊	男	15	86	78	83	247	5
4	2006103	张丽	女	17	88	81	89	258	2
5	2006104	周国正	男	16	86	83	79	248	4
6	2006105	陈强	男	16	79	88	85	252	3
7	2006106	江勇	男	17	78	93	68	239	6
8	2006107	卢辉	男	15	85	58	86	229	9
9	2006108	钱长红	女	15	76	45	69	190	14
10	2006109	孔智	男	15	77	65	86	228	10
11	2006110	成小珊	女	16	80	79	78	237	7
12	2006111	姚文远	女	17	80	76	68	224	11
13	2006112	张志成	男	16	72	60	80	212	12
14	2006113	姜枚	女	17	58	65	57	180	15
15	2006114	宋玉	女	15	69	87	76	232	8
16	2006115	韦侠	男	16	72	48	72	192	13
17	及格率				93%	80%	93%		
18	平均分				78.1	72.7	77.8		
19	标准差				7.99	14.95	9.48		

图 B－2

第二节　分类汇总

将表 B－1 的数据，按“性别”和“年龄”分类汇总各科的均值。为此，将 Sheet1 中的数据复制到 Sheet3。

（1）按分类变量进行排序：单击数据清单中任一单元，击选〈**数据**〉菜单的〈**排序**〉命令，在对话框的〈**主要关键字**〉中指定“性别”，〈**次要**

关键字〉中指定“年龄”，击选〈**有标题行**〉，然后单击〈**确定**〉按钮。（分类汇总前应先对用于分类的变量进行排序）

（2）先按“性别”进行汇总：在要分类汇总的数据清单中单击任一单元，击选〈**数据**〉菜单的〈**分类汇总**〉命令，在对话框的〈**分类字段**〉中指定“性别”，在〈**汇总方式**〉中指定“平均值”，在〈**选定汇总项**〉中指定“语文、数学、英语”，然后单击〈**确定**〉按钮。

（3）再按“年龄”进行汇总：再次击选〈**数据**〉菜单的〈**分类汇总**〉命令，在对话框的〈**分类字段**〉中指定“年龄”，在〈**汇总方式**〉中指定“平均值”，在〈**选定汇总项**〉中指定“语文、数学、英语”，取消〈**替换现有分类汇总**〉选项，然后单击〈**确定**〉按钮。最后将所有平均值数据所在单元取1位小数。

说明：分类汇总后，在汇总数据左侧提供了概要供用户使用：单击〈**按钮1**〉，只显示总计。单击〈**按钮2**〉，显示性别汇总与总计。单击〈**按钮3**〉，显示性别汇总和各性别的年龄汇总与总计（见图B－3）。单击〈**按钮4**〉，显示所有细节。

G31

	A	B	C	D	E	F	G
1	学号	姓名	性别	年龄	语文	数学	英语
5				15 平均值	82.7	67.0	85.0
10				16 平均值	77.3	69.8	79.0
12				17 平均值	78.0	93.0	68.0
13			男 平均值		79.4	71.6	79.9
16				15 平均值	72.5	66.0	72.5
19				16 平均值	82.5	82.0	84.5
23				17 平均值	75.3	74.0	71.3
24			女 平均值		76.6	74.0	75.4
25				总计平均值	78.1	72.7	77.8
26			总计平均值		78.1	72.7	77.8
27							
28							

图B－3

（4）按性别汇总结果作柱形图：单击〈**按钮2**〉，单击常用工具栏的〈**图表向导**〉，在打开的对话框中击选〈**标准类型**〉选项中的〈**柱形图**〉，选择子图表类型中的第一个（簇状柱形图），单击〈**下一步**〉按钮；在〈**数据区域**〉输入“$C$1:$G$25”，击选〈**系列产生在**〉的〈**列**〉，单击〈**完成**〉按钮。结果见图B－4。

（5）按年龄汇总结果作饼图：将Sheet1中的数据复制到Sheet4。先对

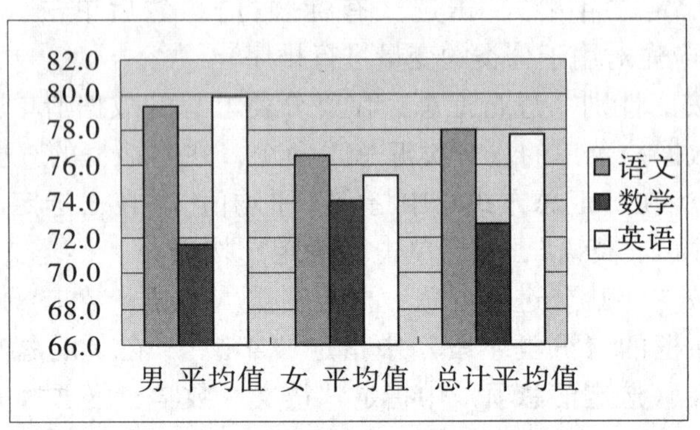

图 B-4

“年龄”进行排序，然后对“年龄”进行汇总，在〈**汇总方式**〉中指定“计数值”，单击“确定”按钮，显示年龄的计数分类汇总图。单击〈**按钮 2**〉，得到图 B-5。

	A	B	C	D	E	F	G	H
1	学号	姓名	性别		年龄	语文	数学	英语
7				**15 计数**	5			
14				**16 计数**	6			
19				**17 计数**	4			
20				**总计数**	15			

图 B-5

单击常用工具栏的〈**图表向导**〉，在打开的对话框中击选〈**标准类型**〉选项中〈**饼图**〉，选择子图表类型中的第一个（饼图），单击〈**下一步**〉按钮；在〈**数据区域**〉输入“ $D $1：$E $19”，击选〈**系列产生在**〉的〈**列**〉，单击〈**下一步**〉；单击〈**标题**〉，将“图标标题”改成“年龄”，再单击〈**数据标志**〉，击选〈**类别名称**〉和〈**百分比**〉，单击〈**下一步**〉；击选〈**作为新的工作表插入**〉，单击〈**完成**〉。结果如图 B-6。

第三节　多维汇总（透视表）

前面对表 B-1 的数据先按性别汇总，后按年龄汇总，是一种逐级的分类汇总。也可以同时对性别和年龄进行汇总（称为透视表）。为此，将

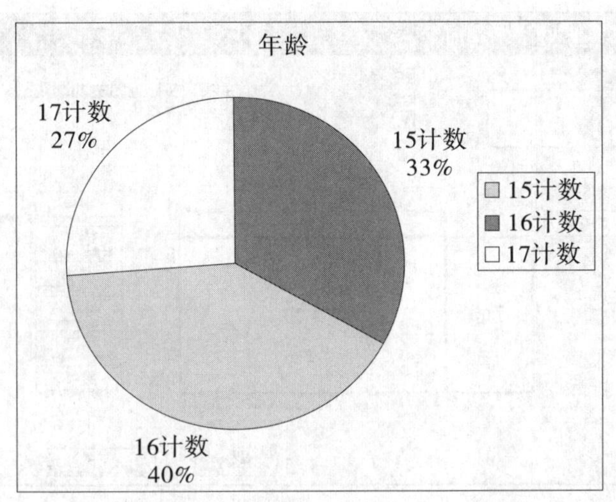

图 B－6

Sheet1 的数据复制到 Sheet5，下面只对语文的均值做透视表。

（1）击选〈**数据**〉菜单的〈**数据透视表和数据透视图**〉，打开〈**数据透视表向导——3 步骤之 1**〉。

（2）在〈**数据透视表向导——3 步骤之 1**〉中单击〈**下一步**〉按钮。

（3）在〈**数据透视表向导——3 步骤之 2**〉中的〈**选定区域**〉输入数据所在区域“$A$1：$G$16”，单击〈**下一步**〉按钮。

（4）在〈**数据透视表向导——3 步骤之 3**〉中，击选〈**布局**〉，出现一个布局图，如图 B－7 所示。

（5）在〈**布局**〉中，将“性别”拖动到〈**行**〉的位置，将“年龄”拖动到〈**列**〉的位置，将“语文”拖动到〈**数据**〉的位置；双击〈**求和项：语文**〉，打开〈**数据透视表字段**〉对话框，指定〈**汇总方式**〉为〈**平均值**〉，单击〈**确定**〉按钮，见图 B－8。

（6）在〈**数据透视表向导——3 步骤之 3**〉中，单击〈**完成**〉按钮。将表中数据取为 1 位小数，结果见图 B－9。

（7）单击数据透视表中任一单元，按功能键［F11］，将自动产生一个基于透视表的图。可以对图进行修改。

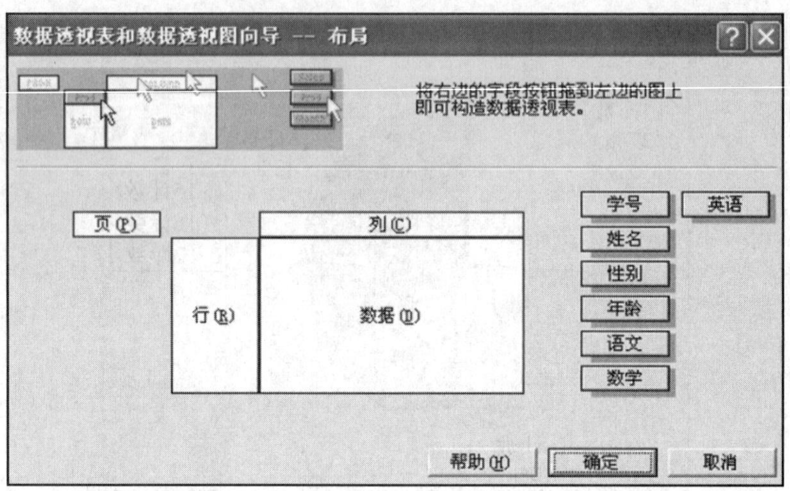

图 B－7

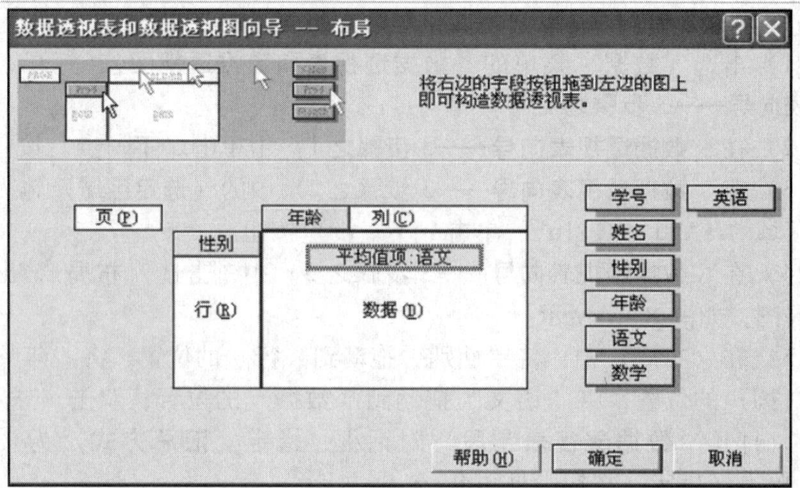

图 B－8

平均值项:语文	年龄			
性别	15	16	17	总计
男	82.7	77.3	78.0	79.4
女	72.5	82.5	75.3	76.6
总计	78.6	79.0	76.0	78.1

图 B－9

第四节　描述统计

下面将要用到的〈**描述统计**〉工具以及其他各种统计分析工具都放在〈**工具**〉菜单栏的〈**数据分析**〉命令中。如果〈**工具**〉菜单中没有〈**数据分析**〉命令，则可进行如下步骤把它装入。

(1) 击选〈**工具**〉菜单的〈**加载宏**〉命令，打开一个对话框。

(2) 击选〈**当前加载宏**〉下的〈**分析工具库**〉，然后单击〈**确定**〉按钮。如果原有的 Excel 没有安装完全，此时计算机可能提示要插入 Office 系统光盘。

上述〈**加载宏**〉操作成功后，〈**工具**〉菜单下就有了〈**数据分析**〉命令。现将 Sheet1 中的数据复制到 Sheet6 中，对语文成绩做描述统计。

(1) 击选〈**工具**〉菜单的〈**数据分析**〉命令。

(2) 在〈**数据分析**〉对话框中，击选〈**描述统计**〉并单击〈**确定**〉按钮。

(3) 在〈**描述统计分析**〉对话框的〈**输入区域**〉输入“$E$1: $E$16”，击选〈**标志位于第一行**〉。

(4) 在〈**输出选项**〉中击选〈**输出区域**〉并输入“$H$1”。击选〈**汇总统计**〉和〈**平均数置信度**〉，然后单击〈**确定**〉按钮。结果如图 B－10 所示。

H	I
语文	
平均	78.06667
标准误差	2.062053
中值	79
模式	85
标准偏差	7.986298
样本方差	63.78095
峰值	1.469688
偏斜度	-1.07139
区域	30
最小值	58
最大值	88
求和	1171
计数	15
置信度(95.0%)	4.422668

图 B－10

说明：

图 B－10 中的“模式”就是众数，“置信度”给出了均值的置信区间的半径。如果已知总体标准差，也可以使用函数 CONFIDENCE 计算置信区间。要做函数计算时，击选编辑栏左侧的〈***fx***〉，打开〈**插入函数**〉对话框，在统计类函数中选择所要的函数。

第五节　直方图和频数分析

在 Sheet6 的 J1∶J6 区域依次输入“语文、59、69、79、89、100”，将其中的数据作为分组的上限对语文成绩做频数分析并画出直方图。

（1）击选〈**工具**〉菜单的〈**数据分析**〉命令。

（2）在〈**数据分析**〉对话框中，击选〈**直方图**〉并单击〈**确定**〉按钮。

（3）在〈**直方图**〉对话框的〈**输入区域**〉输入“$E$1∶$E$16”，在〈**接收区域**〉输入“$J$1∶$J$6”，击选〈**标志**〉。

（4）在〈**输出选项**〉中击选〈**输出区域**〉并输入“$A$18”。击选〈**累积百分率**〉和〈**图表输出**〉，然后单击〈**确定**〉按钮，产生一个包括频数和累积百分率的表和相应的直方图（见图 B－11 和图 B－12）。

语文	频率	累积 %
59	1	6.67%
69	1	13.33%
79	6	53.33%
89	7	100.00%
100	0	100.00%
其他	0	100.00%

图 B－11

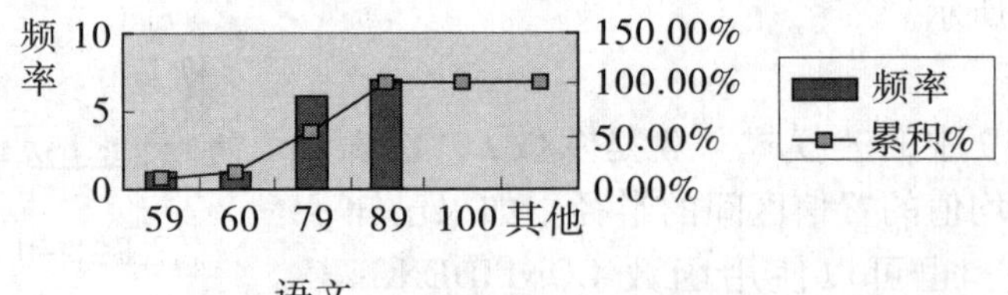

图 B－12

说明：直方图中的长方形没有连接在一起，与通常对直方图的要求不一致。此外，“频率”应当是“次数”或“频数”。用户需要在结果中做一些加工，改正这些瑕疵。

第六节　相关系数

通过函数 PEARSON 和 CORREL 都可以求出两个变量之间的相关系数 r，但如果要同时计算多个变量之间的相关系数，要用〈**工具**〉菜单的〈**数据分析**〉命令中的〈**相关系数**〉。下面求表 B－1 中年龄和各科成绩之间的相关系数，继续使用 Sheet6。

（1）击选〈**工具**〉菜单的〈**数据分析**〉命令。

（2）在〈**数据分析**〉对话框中，击选〈**相关系数**〉并单击〈**确定**〉按钮。

（3）在〈**相关系数**〉对话框的〈**输入区域**〉输入“$D$1：$G$16”，击选〈**标志位于第一行**〉。然后单击〈**确定**〉按钮，便得到一个相关系数矩阵（见图 B－13）。

	A	B	C	D	E
1		年龄	语文	数学	英语
2	年龄	1			
3	语文	-0.12242	1		
4	数学	0.327376	0.322025	1	
5	英语	-0.37915	0.720922	0.244519	1

图 B－13

第七节　假设检验

Excel 的〈**数据分析**〉命令提供了如下假设检验：

〈F **检验：双样本方差**〉，用于双样本等方差 F 检验；

〈z **检验：双样本平均差检验**〉，用于已知方差的均值差异检验；

〈t **检验：平均值的成对二样本分析**〉，用于相关样本的 t 检验；

〈t **检验：双样本等方差假设**〉，用于独立样本等方差的 t 检验；

〈t **检验：双样本异方差假设**〉，用于独立样本异方差的 t 检验。

下面就表 B-1 的数据，检验：(1) 数学成绩与英语成绩的方差是否相等；(2) 语文成绩与英语成绩的均值是否相等。(其实后一检验问题是没有什么意义的，因为语文成绩与英语成绩一般没有可比性。这里只作为操作的例子，同时提醒不要做类似的检验) 为此，将 Sheet1 复制到 Sheet7。

一、检验双样本方差是否相等的 F 检验

(1) 击选〈**工具**〉菜单的〈**数据分析**〉命令。

(2) 在〈**数据分析**〉对话框中，击选〈**F 检验：双样本方差**〉，并单击〈**确定**〉按钮。

(3) 在〈**F 检验：双样本方差**〉对话框的〈**变量 1 的区域**〉输入"$F$1：$F$16"，〈**变量 2 的区域**〉输入"$G$1：$G$16"，击选〈**标志**〉，显著性水平〈**α**〉默认为 0.05，单击〈**确定**〉按钮，结果见图 B-14。

A	B	C
F-检验 双样本方差分析		
	数学	英语
平均	72.73333	77.8
方差	223.4952	89.88571
观测值	15	15
df	14	14
F	2.486438	
P(F<=f) 单尾	0.049803	
F 单尾临界	2.483723	

图 B-14

说明：$F=2.49$，$P=0.0498<0.05$，所以检验结果是数学成绩与英语成绩的方差有显著差异。

如果要检验男女生的数学平均成绩有无显著差异，要将男生的数学成绩作为一列，女生的数学成绩作为另一列。先检验它们的方差是否相等。如果相等，用〈**t 检验：双样本等方差假设**〉进行 t 检验，否则用〈**t 检验：双样本异方差假设**〉进行 t 检验。操作方法和结果解释与下面成对样本的 t 检验相似，建议读者用第七章例 7.5 的数据进行操作，检验学生入学时的词汇量是否有性别差异。

二、成对样本的 t 检验

（1）击选〈**工具**〉菜单的〈**数据分析**〉命令。

（2）在〈**数据分析**〉对话框中，击选〈**t 检验：平均值的成对二样本分析**〉，并单击〈**确定**〉按钮。

（3）在〈**t 检验：平均值的成对二样本分析**〉对话框的〈**变量 1 的区域**〉输入“ $E $1: $E $16”,〈**变量 2 的区域**〉输入“ $G $1: $G $16”，击选〈**标志**〉,〈**假设平均差**〉默认为 0，显著性水平〈**α**〉默认为 0.05，单击〈**确定**〉按钮，结果见图 B－15。

A	B	C
t-检验：成对双样本均值分析		
	语文	英语
平均	78.06667	77.8
方差	63.78095	89.88571
观测值	15	15
泊松相关系数	0.720922	
假设平均差	0	
df	14	
t Stat	0.154831	
P(T<=t) 单尾	0.439582	
t 单尾临界	1.761309	
P(T<=t) 双尾	0.879165	
t 双尾临界	2.144789	

图 B－15

说明：

（1）检验均值是否相等应当用双尾检验，传统做法是将由样本计算的 t 值（这里是“t Stat” ＝0.154831）与“t 双尾临界”（这里是 2.144789）比较，小的 t 值意味着检验结果均值没有显著差异，显著性水平是 0.05。

（2）现在通常的做法是将 t 值和显著性概率［这里是“P（T＜＝t）双尾”0.879 165］一起列出来，更加明确。

（3）同一组学生的两科成绩、前后两次测验（如实验的前测和后测）分数等构成成对样本，使用本例的成对样本的 t 检验，无须做方差相等的 F 检验。

（4）图 B－15 中的“泊松相关系数”应为 Pearson 相关系数，通常翻译为皮尔逊相关系数。

第八节　回归分析

Excel〈**数据分析**〉命令中的〈**回归**〉是用“最小二乘法”拟合数据的线性回归分析。下面就表 B－1 的数据，以英语成绩为因变量，语文成绩为自变量，做回归分析。为此，将 Sheet1 中的数据复制到 Sheet7。

（1）击选〈**工具**〉菜单的〈**数据分析**〉命令。

（2）在〈**数据分析**〉对话框中，击选〈**回归**〉，并单击〈**确定**〉按钮。

（3）在〈**回归**〉对话框（见图 B－16）的〈Y **值输入区域**〉输入“$G$1: $G$16”,〈X **值输入区域**〉输入“$E$1: $E$16”，击选〈**标志**〉，〈**置信度**〉默认为95%，单击〈**确定**〉按钮，将结果中的数据取为3 位小数（自由度 *df* 除外），见图 B－17。

说明：

（1）因为这里只有一个自变量，复相关系数“Multiple R”0.721 就是因变量“英语”与自变量“语文”的相关系数 *r*（见图 B－13）。

（2）测定系数（复相关系数平方）“R Square”0.520 是因变量的总变异中被回归解释了的比例，最大的可能值为 1。当数据有重复观测时，不管模型拟合得多好，R^2 都不能达到 1。

（3）“Adjusted R”0.483 是调整后的 R，其平方等于 $1-(1-R^2)(n-1)/(n-p)$，p 为参数个数（这里是2）。

（4）“标准误差”6.818 是残差均方 46.490 的平方根，它可用于估计回归方程误差项的标准差。

（5）由方差分析表知，回归显著性检验中的 $F=14.068$，右尾概率“Significance F”0.002，远小于 0.05，说明回归非常显著，即回归方程中自变量的系数为 0 的假设被拒绝。这里只有一个自变量“语文”，说明其系数为 0 的假设被拒绝。实际上，从图 B－17 最后一行可知，“语文”的系数为 0.856，对应的 t 值为 3.751。（一个自变量情形 t 值平方就是 F 值，但注意此时显著性概率 0.002 是双尾概率）

（6）图 B－17 最后部分是回归直线的截距和回归系数的置信区间。注

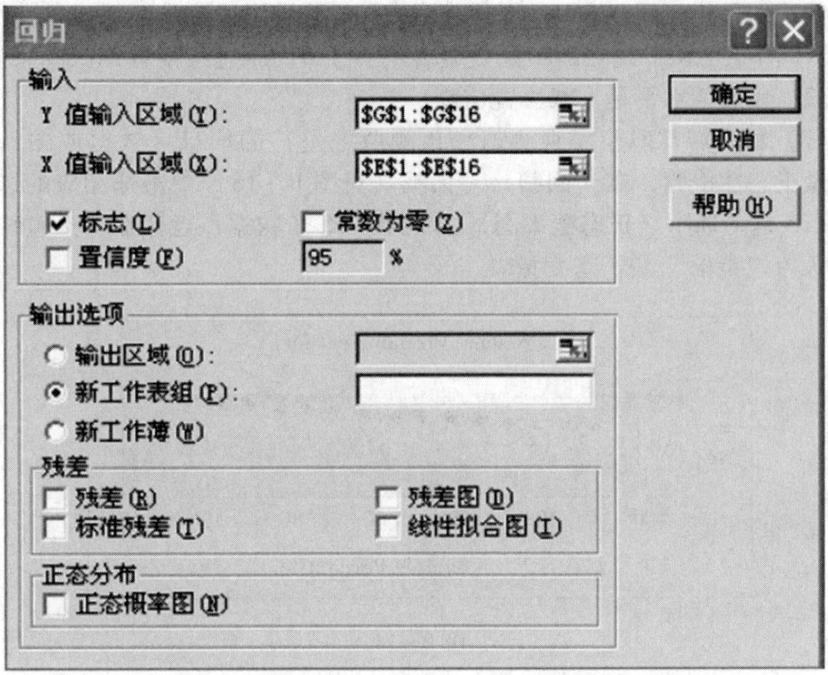

回归

输入

Y 值输入区域(Y): $G$1:$G$16

X 值输入区域(X): $E$1:$E$16

☑ 标志(L)　☐ 常数为零(Z)

☐ 置信度(F)　95 %

确定

取消

帮助(H)

输出选项

○ 输出区域(O):

◉ 新工作表组(P):

○ 新工作薄(W)

残差

☐ 残差(R)　☐ 残差图(D)

☐ 标准残差(T)　☐ 线性拟合图(I)

正态分布

☐ 正态概率图(N)

图 B－16

SUMMARY OUTPUT						
回归统计						
Multiple R	0.721					
R Square	0.520					
Adjusted R	0.483					
标准误差	6.818					
观测值	15					
方差分析						
	df	SS	MS	F	Significance F	
回归分析	1	654.026	654.026	14.068	0.002	
残差	13	604.374	46.490			
总计	14	1258.400				
	Coefficients	标准误差	t Stat	P-value	下限 95.0%	上限 95.0%
Intercept	10.988	17.900	0.614	0.550	-27.682	49.658
语文	0.856	0.228	3.751	0.002	0.363	1.349

图 B－17

意到截距的置信区间包含0，说明截距为0的假设可以接受，而“语文”的置信区间不包含0，说明回归系数显著不等于0。通过考察置信区间来做假设检验，显著性水平是1减去置信度。

(7) 如果需要残差（观测值与预测值之差）的信息（数据或图），或需要做正态性检验，在〈**回归**〉对话框（见图B-16）中击选相应的选项。图B-18是击选了〈**正态概率图**〉的结果，15个数据点近似在一条直线上，可以认为“英语”是正态变量。

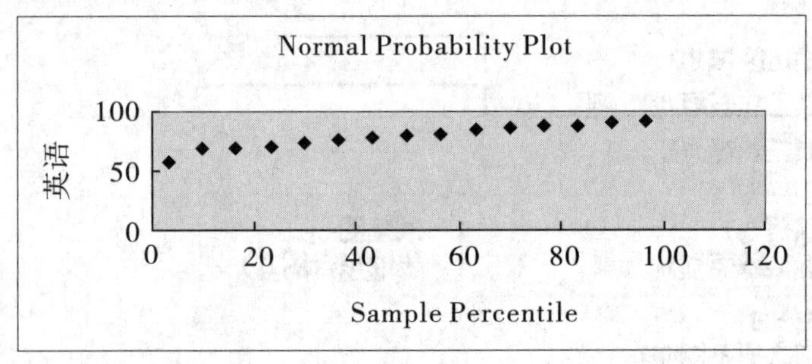

图 B-18

(8) 做多个自变量的回归时，只需要在〈**回归**〉对话框〈X **值输入区域**〉输入自变量所在的区域（必须是相邻区域），其他操作与单个自变量情形相同。图B-19是以语文成绩和年龄为自变量的结果（操作过程留给读者）。测定系数由0.520增加到0.606，但注意到“年龄”的置信区间包含了0，其系数为0的假设可以接受，因而没有必要增加该自变量。

(9) 对于只有一个变量的回归，可以使用统计函数FORECAST对新观测的自变量做出预测，形式是FORECAST（x，Y值区域，X值区域）。作为一个练习，读者可以在Sheet7的某个单元输入FORECAST函数后拖动填充柄，求出全部15个“语文”对应的“英语”的预测值，并与残差表中的“英语”预测值比较。

第九节 方差分析

Excel〈**数据分析**〉命令中的〈**方差分析**〉提供了单因素方差分析、无

SUMMARY OUTPUT						
回归统计						
Multiple R	0.778					
R Square	0.606					
Adjusted R Square	0.540					
标准误差	6.431					
观测值	15					
方差分析						
	df	SS	MS	F	Significance F	
回归分析	2	762.133	381.067	9.214	0.004	
残差	12	496.267	41.356			
总计	14	1258.400				
	Coefficients	标准误差	t Stat	P-value	下限 95.0%	上限 95.0%
Intercept	70.186	40.319	1.741	0.107	-17.661	158.033
年龄	-3.505	2.168	-1.617	0.132	-8.229	1.218
语文	0.813	0.217	3.749	0.003	0.340	1.285

图 B－19

重复两因素方差分析和等重复两因素方差分析。下面将使用同样的数据介绍这三种方差分析的操作方法。使用哪种分析方法取决于实验设计，而不是数据本身。对于不同的分析方法，数据清单的格式略有不同。

一、单因素方差分析

在第十章例 10.2 中，研究了学生对文章内容的不同预期对阅读理解的影响，“不同预期”在文章中具体表现为“不同类型标题提示”（因素 *A*），有三个水平：正确标题提示、中性标题提示、误导标题提示。采用单因素完全随机实验设计，36 名被试随机分成 3 组，实验结果见图 B－20。

（1）击选〈**工具**〉菜单的〈**数据分析**〉命令。

（2）在〈**数据分析**〉对话框中，击选〈**方差分析：单因素方差分析**〉，并单击〈**确定**〉按钮。

（3）在〈**单因素方差分析**〉对话框的〈**输入区域**〉输入“ $A $1: $C $13”，击选〈**标志位于第一行**〉，默认〈**分组方式**〉为“列”、〈α〉为“0.05”，单击〈**确定**〉按钮，结果见图 B－21（保留 3 位小数）。

说明：

（1）方差分析表中的“SS”表示平方和，“df”表示自由度，“MS”表示均方，“F”是由样本算得的 *F* 值，“P-value”是显著性概率，“F crit”是

	A	B	C
1	A1	A2	A3
2	7	5	3
3	7	3	3
4	6	8	5
5	6	4	6
6	8	6	7
7	7	6	5
8	7	4	5
9	9	6	4
10	9	4	2
11	6	8	6
12	5	5	6
13	6	7	5

图 B－20

方差分析：单因素方差分析						
SUMMARY						
组	计数	求和	平均	方差		
A1	12	83	6.917	1.538		
A2	12	66	5.500	2.636		
A3	12	57	4.750	2.205		
方差分析						
差异源	SS	df	MS	F	P-value	F crit
组间	29.056	2	14.528	6.833	0.003	3.285
组内	70.167	33	2.126			
总计	99.222	35				

图 B－21

显著性水平 0.05 对应的 F 临界值。（方差分析中的 F 检验都是单尾检验）

（2）由方差分析表，本例中由样本算得的 F 值 6.833，P 值 0.003，远小于 0.05，说明因素 A 的效应显著。

二、无重复两因素方差分析

考虑第十章例 10.2 的区组设计，用同一专业的 2 人在同一处理上的平均成绩来做方差分析，变成了无重复两因素方差分析。图 B－22 中的数据每一列代表一个水平，每一行代表一个区组，共有 6 个区组。

	A	B	C	D
1		A1	A2	A3
2	B1	7.0	4.0	3.0
3	B2	6.0	6.0	5.5
4	B3	7.5	6.0	6.0
5	B4	8.0	5.0	4.5
6	B5	7.5	6.0	4.0
7	B6	5.5	6.0	5.5

图 B－22

（1）击选〈**工具**〉菜单的〈**数据分析**〉命令。

（2）在〈**数据分析**〉对话框中，击选〈**方差分析：无重复双因素分析**〉，并单击〈**确定**〉按钮。

（3）在〈**无重复双因素分析**〉对话框的〈**输入区域**〉输入“$A$1：$D$7”，击选〈**标志**〉，默认〈$\boldsymbol{\alpha}$〉为“0.05”，单击〈**确定**〉按钮，方差分析结果见图 B－23（保留 3 位小数）。

方差分析						
差异源	SS	df	MS	F	P-value	F crit
行	5.278	5	1.056	1.134	0.403	3.326
列	14.528	2	7.264	7.806	0.009	4.103
误差	9.306	10	0.931			
总计	29.111	17				

图 B－23

说明：

（1）“列平方和”是因素 A 的平方和，“行平方和”是因素 B（区组）的平方和。

（2）对于真正的两因素无重复设计，“行”和“列”各代表一个因素，进行方差分析和 F 检验。

（3）因素 A 对应的 F 值 7.806，P 值 0.009，故 A 的效应显著。因素 B（区组）的 F 值 1.134，P 值 $0.403>0.05$，故区组效应不显著。

三、等重复两因素方差分析

对于第十章例 10.2 的区组设计，如果使用原始数据，每个处理（因素的水平组合）重复了 2 次实验。等重复方差分析的数据格式见图 B－24。

	A	B	C	D
1		A1	A2	A3
2	B1	7	5	3
3	B1	7	3	3
4	B2	6	8	5
5	B2	6	4	6
6	B3	8	6	7
7	B3	7	6	5
8	B4	7	4	5
9	B4	9	6	4
10	B5	9	4	2
11	B5	6	8	6
12	B6	5	5	6
13	B6	6	7	5

图 B－24

（1）击选〈**工具**〉菜单的〈**数据分析**〉命令。

（2）在〈**数据分析**〉对话框中，击选〈**方差分析：可重复双因素分析**〉，并单击〈**确定**〉按钮。

（3）在〈**可重复双因素分析**〉对话框的〈**输入区域**〉输入“$A$1：$D$13”，在〈**每一行样本的行数**〉输入“2”，默认〈$\boldsymbol{\alpha}$〉为“0.05”，单击〈**确定**〉按钮，方差分析结果见图 B－25（保留 3 位小数）。

说明：

（1）图 B－25 的方差分析表中，“列平方和”表示因素 A 的平方和，“样本平方和”表示因素 B（区组）的平方和；“内部平方和”是误差平方和，是由重复实验引起的。

（2）与图 B－21 的结果比较可以看出，因素 A 的平方和没有改变，但单因素实验的组内平方和在两因素实验中被分成了三部分：因素 B（区组）平方和、交互效应平方和以及重复实验引起的误差平方和。

方差分析						
差异源	SS	df	MS	F	P-value	F crit
样本	10.556	5	2.111	0.927	0.487	2.773
列	29.056	2	14.528	6.378	0.008	3.555
交互	18.611	10	1.861	0.817	0.617	2.412
内部	41.000	18	2.278			
总计	99.222	35				

图 B－25

(3) 因素 A 对应的 F 值 6.378，P 值 0.008，故 A 的效应显著；因素 B（区组）对应的 F 值 0.927，P 值 $0.487>0.05$，故区组效应不显著。

(4) 对有重复的两因素实验，可以检验两因素间的交互效应。本例中交互效应的 F 值 0.817，P 值 $0.617>0.05$，说明交互效应不显著。

(5) 因素 A 和因素 B 是对称的，读者可以将因素 B 作为“列”，重新做一份数据清单（共有 6 行 6 列数据）进行方差分析，虽然得到的方差分析结果与图 B－25 不一样，但经过解释后的最后结果是相同的。

第十节 χ^2 检验

Excel 的〈**数据分析**〉命令中没有提供 χ^2 检验，如果要做拟合检验、列联表分析等与 χ^2 检验有关的统计分析，可以利用统计函数 CHITEST，格式是 CHITEST（观测数据区域，期望数据区域），它返回的是显著性概率。如果要得到由样本计算的 χ^2 值，还要使用函数 CHIINV，格式是 CHIINV（显著性概率，自由度）。

一、拟合检验

随机抽取 240 名考生，看看他们对 6 个专业的志愿选择上是否有偏向，实测数据如下：34，23，42，48，58，35。如果学生选择志愿无偏向，则选择每个专业的期望人数都是 40。

(1) 新建一个工作表，在 A1: A6 区域依次输入实测数据，B1: B6 区域每个单元输入 40（见图 B－26）。

D1	=CHITEST(A1:A6, B1:B6)				
	A	B	C	D	E
1	34	40		0.0023	
2	23	40			
3	42	40		18.550	
4	48	40			
5	58	40			
6	35	40			
7					

图 B－26

（2）在 D1 单元输入“＝CHITEST（A1: A6，B1: B6）”，得到显著性概率 0.0023。

因为显著性概率远小于 0.01，说明学生的专业选择是有偏向的。如果要得到由样本计算的 χ^2 值，则在上述操作的基础上进行下一步。

（3）在 D3 单元输入“＝CHIINV（D1，5）”，得到值 18.55。

当然，由函数 CHIINV 也可以求出给定显著性水平的临界值，但没有多大必要。

二、独立性检验

下面用第八章例 8.4 的数据来说明在 Excel 中如何进行列联表分析。首先像图 B－27 左上角（区域 A1: D5）那样输入数据（以及文字）。

（1）计算行和、列和及总和：在 E3 单元输入“＝SUM（B3: D3）”，拖动 E3 单元的填充柄至 E5 单元；在 B6 单元输入“＝SUM（B3: B5）”，拖动 B6 单元的填充柄至 E6 单元。

（2）计算各单元的期望值：在 B8 单元输入“＝B $6 * $ E3/ $E $6”，拖动 B8 单元的填充柄向右至 D8 单元，接着拖动 B8: D8 区域的填充柄至 D10 单元。

（3）在 B12 单元输入“＝CHITEST（B3: D5，B8: D10）”，得到显著性概率 0.013。如果需要计算 χ^2 值，在 B13 单元输入“＝CHIINV（B13，4）”，得到值为 12.599（结果见图 B－27）。

说明：

（1）在 B13 单元输入“＝CHIINV（B13，4）”，其中第二个参数“4”是卡方的自由度，它等于（行数－1）×（列数－1）。此处行数和列数都是 3，所以自由度是 4。

	A	B	C	D	E
1	家庭经济状况	参加意愿			
2		参加	不参加	未定	合计
3	好	36	14	10	60
4	中	25	22	23	70
5	差	18	20	8	46
6	合计	79	56	41	176
7					
8		26.9	19.1	14.0	
9		31.4	22.3	16.3	
10		20.6	14.6	10.7	
11					
12	P	0.013			
13	Chi-square	12.599			

图 B－27

（2）由于显著性概率 0.013 小于 0.05，在 0.05 的显著性水平上拒绝"学生对参加第二课堂的意愿（*Y*）与他们的家庭经济状况（*X*）独立"的假设，即家庭经济状况不同的学生对参加第二课堂的意愿存在显著差异。

（3）各单元的期望值是对应行和与列和的积除以总和，在计算期望值时，只需输入一个公式，其余的可通过拖动填充柄的方法得出，其过程可充分体会相对引用与绝对引用的效果。

参考文献

1. BARTHOLOMEW D J, STEELE F, MOUSTAKI I, et al. *The analysis and interpretation of multivariate data for social scientists*. Boca Raton, Fla. : Chapman & Hall/CRC, 2002.

2. FIELDING J L, GILBERT G N. *Understanding social statistics*. London: SAGE Publications, 2000.

3. GRAVETTER F J, WALLNAU L B. *Statistics for the behavioral sciences : a first course for students of psychology and education*. 5th ed. Belmont, CA: Wadsworth/Thomson Learning, 2000.

4. HOWELL D C. *Fundamental statistics for the behavioral sciences*. 4th ed. Pacific Grove, CA: Duxbury Press, An imprint of Brooks/Cole Publishing Company, 1999.

5. HUTCHESON G D, SOFRONIOU N. *The multivariate social scientist: introductory statistics using generalized linear models*. London: Sage Publications, Inc. , 1999.

6. JACCARD J. *Interaction effects in Logistic regression*. London: Sage Publications, Inc. , 2001.

7. KIESS H O. *Statistical concepts for the behavioral sciences*. Boston: Allyn and Bacon, 2002.

8. MANTZOPOULOS V L. *Statistics for the social sciences*. Englewood Cliffs, N. J. : Prentice Hall, 1995.

9. RAUDENBUSH B. *Statistics for the behavioral sciences: a short course and student manual*. Dallas : University Press of America, 2004.

10. SPSS Reference Guide. Chicago, IL: SPSS, 1995.

11. WRIGHT D B. *First steps in statistics*. London: SAGE Publications, 2002.

12. 郭志刚. 社会统计分析方法——SPSS软件应用. 北京：中国人民大学出版社，1999.

13. 胡竹菁. 平均数差异显著性检验统计检验力和效果大小的估计原理与方法. 心理学探新, 2010, 30 (1): 68-73.

14. 柯惠新, 黄京华, 沈浩. 调查研究中的统计分析法. 北京: 北京广播学院出版社, 1992.

15. 李沛良. 社会研究中的统计分析. 台北: 巨流图书公司, 2000.

16. 刘新平. 教育统计与测评导论. 北京: 科学出版社, 2003.

17. 卢纹岱, 等. SPSS for Windows 从入门到精通. 北京: 电子工业出版社, 1997.

18. 石磊, 王学仁, 孙文爽. 试验设计基础. 重庆: 重庆大学出版社, 1997.

19. 舒华. 心理与教育研究中的多因素实验设计. 北京: 北京师范大学出版社, 1994.

20. 孙文爽, 陈兰祥. 多元统计分析. 北京: 高等教育出版社, 1994.

21. 王才康. 基于项目的方差分析探讨. 心理学报, 2000, 32 (2): 224-228.

22. 王济川, 郭志刚. Logistic 回归模型: 方法与应用. 北京: 高等教育出版社, 2001.

23. 王孝玲. 教育统计学. 2 版. 上海: 华东师范大学出版社, 2001.

24. 王学仁, 温忠麟. 应用回归分析. 重庆: 重庆大学出版社, 1991.

25. 王学仁, 王松桂. 实用多元统计分析. 上海: 上海科学技术出版社, 1990.

26. 魏宗舒, 等. 概率论与数理统计教程. 北京: 高等教育出版社, 1983.

27. 温忠麟. 教育研究方法基础. 北京: 高等教育出版社, 2004.

28. 温忠麟, 邢最智. 现代教育与心理统计技术. 南京: 江苏教育出版社, 2004.

29. 温忠麟, 叶宝娟. 测验信度估计: 从 α 系数到内部一致性信度. 心理学报, 2011, 43 (7): 821-829.

30. 吴艳, 温忠麟. 与零假设检验有关的统计分析流程. 心理科学, 2011, 34 (1): 230-234.

31. 张厚粲, 徐建平. 现代心理与教育统计学. 北京: 师范大学出版社, 2004.

32. 张敏强. 教育与心理统计学. 北京: 人民教育出版社, 1993.

33. 张文彤，董伟. SPSS 统计分析高级教程. 北京：高等教育出版社，2004.

34. 邢最智，司徒伟成. 现代教育测量理论. 广州：华南理工大学出版社，1989.

35. 杨晓明. SPSS 在教育统计中的应用 . 北京：高等教育出版社，2004.

36. 杨旭. 语言学实验研究中基于项目的方差分析. 韶关学院学报，2012（4）：13－17.

37. 郑昊敏，温忠麟，吴艳. 心理学常用效应量的选用与分析. 心理科学进展，2011，19（12）：1 868－1 878.

名词索引